全国高等职业教育规划教材

CPLD/FPGA 应用项目教程

主编　张智慧　辛显荣

参编　张建新　张　玲

机械工业出版社

本书根据可编程逻辑器件开发实践性强的特点，基于阿尔特拉（Altera）公司的 Quartus Ⅱ 7.2 开发平台，从简单电路设计到较复杂系统设计，以项目设计为载体，由浅入深，逐步构建可编程逻辑器件开发设计的知识和能力基础。典型电路设计任务，从常用电路功能模块设计到较为复杂的数字系统的设计，逐步深化 VHDL 语言常用语法、语句的应用，展现数字系统设计的一般流程和设计方法。本书结合项目设计细致讲解了可编程逻辑器件 CPLD/FPGA 的开发流程和步骤、宏功能模块 IP 核的定制、应用第三方工具 Model Sim 实现与 Quartus Ⅱ的联调方法等内容，帮助读者更好地应用开发平台，形成对可编程逻辑器件的初步开发设计能力。

本书可作为高职高专院校电子类相关专业的教材，也可作为初学者的入门参考书。

本书配有授课电子课件，需要的教师可登录 www.cmpedu.com 免费注册，审核通过后下载，或联系编辑索取（QQ：1239258369，电话：010-88379739）。

图书在版编目（CIP）数据

CPLD/FPGA 应用项目教程 / 张智慧，辛显荣主编. —北京：机械工业出版社，2015.7

全国高等职业教育规划教材

ISBN 978-7-111-50701-7

Ⅰ. ①C… Ⅱ. ①张… ②辛… Ⅲ. ①可编程序逻辑器件－系统设计－高等职业教育－教材 ②硬件描述语言－程序设计－高等职业教育－教材 Ⅳ. ①TP332.1

中国版本图书馆 CIP 数据核字（2015）第 145051 号

机械工业出版社（北京市百万庄大街 22 号 邮政编码 100037）

策划编辑：王 颖 责任编辑：王 颖

责任校对：张艳霞 责任印制：李 洋

北京宝昌彩色印刷有限公司印刷

2015 年 8 月第 1 版 • 第 1 次印刷

184mm×260mm • 13.75 印张 • 334 千字

0001－3000 册

标准书号：ISBN 978-7-111-50701-7

定价：36.00 元

全国高等职业教育规划教材

电子类专业编委会成员名单

出版说明

《国务院关于加快发展现代职业教育的决定》指出："到2020年，形成适应发展需求、产教深度融合、中职高职衔接、职业教育与普通教育相互沟通，体现终身教育理念，具有中国特色、世界水平的现代职业教育体系，推进人才培养模式创新，坚持校企合作、工学结合，强化教学、学习、实训相融合的教育教学活动，推行项目教学、案例教学、工作过程导向教学等教学模式，引导社会力量参与教学过程，共同开发课程和教材等教育资源。"机械工业出版社组织全国60余所职业院校（其中大部分是示范性院校和骨干院校）的骨干教师共同策划、编写并出版的"全国高等职业教育规划教材"系列丛书，已历经十余年的积淀和发展，今后将更加紧密结合国家职业教育文件精神，致力于建设符合现代职业教育教学需求的教材体系，打造充分适应现代职业教育教学模式的、体现工学结合特点的新型精品化教材。

"全国高等职业教育规划教材"涵盖计算机、电子和机电三个专业，目前在销教材300余种，其中"十五""十一五""十二五"累计获奖教材60余种，更有4种获得国家级精品教材。该系列教材依托于高职高专计算机、电子、机电三个专业编委会，充分体现职业院校教学改革和课程改革的需要，其内容和质量颇受授课教师的认可。

在系列教材策划和编写的过程中，主编院校通过编委会平台充分调研相关院校的专业课程体系，认真讨论课程教学大纲，积极听取相关专家意见，并融合教学中的实践经验，吸收职业教育改革成果，寻求企业合作，针对不同的课程性质采取差异化的编写策略。其中，核心基础课程的教材在保持扎实的理论基础的同时，增加实训和习题以及相关的多媒体配套资源；实践性较强的课程则强调理论与实训紧密结合，采用理实一体的编写模式；涉及实用技术的课程则在教材中引入了最新的知识、技术、工艺和方法，同时重视企业参与，吸纳来自企业的真实案例。此外，根据实际教学的需要对部分课程进行了整合和优化。

归纳起来，本系列教材具有以下特点：

1）围绕培养学生的职业技能这条主线来设计教材的结构、内容和形式。

2）合理安排基础知识和实践知识的比例。基础知识以"必需、够用"为度，强调专业技术应用能力的训练，适当增加实训环节。

3）符合高职学生的学习特点和认知规律。对基本理论和方法的论述容易理解、清晰简洁，多用图表来表达信息；增加相关技术在生产中的应用实例，引导学生主动学习。

4）教材内容紧随技术和经济的发展而更新，及时将新知识、新技术、新工艺和新案例等引入教材；同时注重吸收最新的教学理念，并积极支持新专业的教材建设。

5）注重立体化教材建设。通过主教材、电子教案、配套素材光盘、实训指导和习题及解答等教学资源的有机结合，提高教学服务水平，为高素质技能型人才的培养创造良好的条件。

由于我国高等职业教育改革和发展的速度很快，加之我们的水平和经验有限，因此在教材的编写和出版过程中难免出现问题和疏漏。我们恳请使用这套教材的师生及时向我们反馈质量信息，以利于我们今后不断提高教材的出版质量，为广大师生提供更多、更适用的教材。

机械工业出版社

前　言

现代电子产品正在以前所未有的革新速度向功能多样化、功耗最低化的方向发展。基于芯片的系统设计方法已经成为电子系统设计方法的主流。现代电子产品设计越来越多地使用复杂可编程逻辑器件（Complex Programmable Logic Device，CPLD）和现场可编程门阵列（Field Programmable Gate Array，FPGA），同时应用先进的电子设计自动化（Electronic Design Automation，EDA）工具进行电子系统设计与产品开发。其显著优势是开发周期短，投资风险小，产品上市速度快，有效增强电子产品的市场竞争力和适应能力。目前，可编程逻辑器件被广泛应用于逻辑控制和数字信号处理等方面，在航空、航天、工业、能源、通信以及家用电器等领域日趋明显地发挥着作用。

对于高职高专院校电子类相关专业的学生而言，具有初步的电子设计自动化的知识和技能是企业要求具备的核心职业能力，学生应掌握可编程逻辑器件设计开发的芯片编程、仿真、调试等能力。

本书的编写重视学习能力和技能形成的规律，从基本数字电路设计到数字系统设计，结合可编程逻辑器件的开发软件、开发语言的学习，对学生能力的培养由浅入深。本书适当把握难度和深度，突出教材的实用性，同时兼顾学习者个人的可持续发展。

本书采用项目实践的形式编写，体现“做中学，学中做”的指导思想，将理论知识融于任务实施过程中，真正做到了教、学、做一体化。同时，结合实验箱、开发板等进行硬件验证，以使学习者对电路硬件设计、测试和软件编程设计有全面的认识，对电子类相关专业学生的专业技能与专业素养的培养起到了推动作用。

本书包括 3 章，主要内容如下：

第 1 章　学习使用可编程逻辑器件开发环境。

任务　基于原理图的全加器设计，采用学习者熟悉的原理图设计方式完成，介绍基于 Quartus Ⅱ的可编程逻辑器件的设计流程。

第 2 章　VHDL 语言基础设计（包含 3 个设计任务）。

任务 1　基本门电路设计，学习 VHDL 程序基本结构、基本语法要素等。

任务 2　4 选 1 数据选择器设计，学习常用并行语句的语法格式和应用、组合逻辑电路的设计方法。

任务 3　N 进制计数器设计，学习常用顺序语句的语法格式和应用、时序逻辑电路的设计方法。

第 3 章　数字系统设计与实践（包含 5 个设计任务）。

任务 1　数字钟系统设计，学习自上而下的系统设计方法。

任务 2　数字电压表设计，学习有限状态机设计、数据处理方法。

任务 3　简易波形发生器设计，学习宏功能 IP 核设计、Signal Tap 应用。

任务 4　数字频率计设计，学习测频方法，开发板资源的应用。

任务 5　直流电动机控制器设计，学习 PWM 控制设计、步进电动机控制、测试文件的编写与 Model Sim 仿真。

另外，每章都配有一定数量的项目实践练习，有针对性地巩固练习相关知识和设计方法。

本书的大部分设计程序在 CPLD/FPGA 的主流生产制造公司之一阿尔特拉（Altera）公司的开发平台 Quartus Ⅱ 7.2 上采用 VHDL 语言完成设计、编译、仿真。考虑到在 Quartus Ⅱ10.0 版本后需要用到第三方 Model Sim 进行仿真，增加了在 Quartus Ⅱ11.1 和 Model Sim 10.0c 联调内容。

为了与 Quartus Ⅱ软件保持一致，本书采用国外流行门电路符号，与国标符号对照表请见附录。

本书第 1 章由山东电子职业技术学院辛显荣编写，第 2 章由北京信息职业技术学院张玲、张建新编写，第 3 章由北京信息职业技术学院张智慧、张建新编写。全书由张智慧统稿。

由于编者水平有限，书中难免存在疏漏之处，敬请广大读者批评指正。

编　者

目　录

第 1 章　学习使用可编程逻辑器件开发环境

【引言】

起源于 20 世纪 70 年代的可编程逻辑器件（Programmable Logic Device, PLD）发展至今，已经成为数字系统设计的主要硬件平台，在通信、数字控制、音视频处理、生物医学及雷达等领域有着广泛应用。简单来说，PLD 是一种由用户根据设计要求构造逻辑功能的数字集成电路，与具有固定逻辑功能的集成电路芯片不同，PLD 本身没有确定的逻辑功能，就如同一张白纸或一堆积木。PLD 开发示意图如图 1-1 所示，PLD 需要用户利用计算机辅助设计，依托一定的开发环境（平台），通过原理图或硬件描述语言方式表达设计思想，经过编译、仿真、综合、实现和布局布线等步骤，生成目标文件，由编程器或下载电缆将其配置到目标器件中，PLD 就变成能满足用户要求的专用集成电路，同时还可以利用 PLD 的可重复编程功能，随时修改器件的逻辑功能而无需改变硬件电路。

图 1-1　PLD 开发示意图

在本书中，读者将学习如何使用开发工具、开发语言对可编程逻辑器件 CPLD/FPGA 进行开发进而实现简单数字电路的设计。

1.1　任务——基于原理图的全加器设计

1. 任务描述

“一位全加器”是用门电路实现两个一位二进制数相加求和的组合逻辑电路。一位全加器示意图如图 1-2 所示，一位全加器可以处理低位进位，并输出本位和、高位进位。多个一位全加器进行级联可以得到多位全加器。

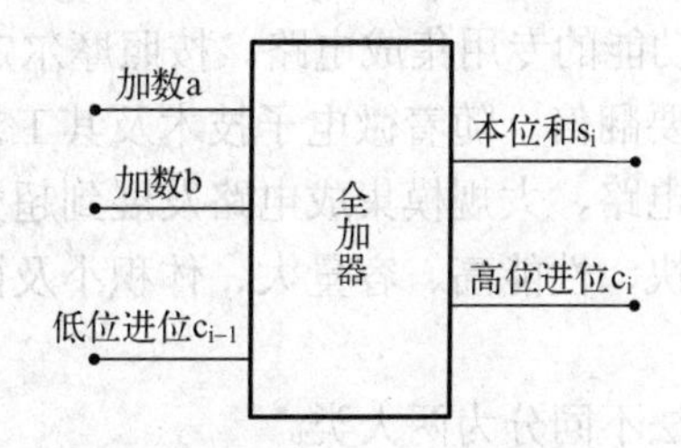

图 1-2　一位全加器示意图

“一位全加器设计”是本书的第一个任务，从读者熟悉的原理图输入方式入手，学习可编程逻辑器件开发工具 Quartus Ⅱ的使用，并在此基础上完成一位全加器功能的设计实现。

2．任务目标

1）能根据一位全加器的设计要求，利用数字电路的知识基础设计出一位全加器的电路原理图。

2）能完成全加器电路设计的原理图输入、设计编译、功能仿真及时序分析，能看懂软件给出的实时信息和分析报告。

3）能根据设计需要合理分配、利用实验箱/实验板等硬件资源，配置引脚，完成下载验证。

4）能根据硬件验证过程中遇到的问题现象，进行分析、判断并解决问题。

3．学习重点

1）可编程逻辑器件基础知识。

2）应用 Quartus Ⅱ开发可编程逻辑器件的基本流程。

3）简单数字电路的设计思路和方法。

4）原理图输入方法的应用。

5）分析、判断及解决问题的方法。

4．学习难点

1）工程、各类文件建立及特点。

2）设计输入的故障排除。

3）在原理图输入模式下元器件的封装、调用方法。

4）仿真方案设计与仿真结果分析。

1.1.1 认识可编程逻辑器件

可编程逻辑器件是在专用集成电路（Application Specific Integrated Circuit，ASIC）的基础上发展起来的新型逻辑器件。用户通过软件进行配置和对可编程逻辑器件进行编程，使之完成某种特定的电路功能。可编程逻辑器件可以反复擦写，当通过软件来修改和升级程序时，不需要改变电路板，从而缩短了设计周期，提高了实现的灵活性，降低了开发成本，逐渐成为电子产品开发和设计的主流器件。

1.1.1.1 可编程逻辑器件的发展

1．可编程逻辑器件发展的背景

数字集成电路在不断地进行更新换代。由早期的电子管、晶体管、小中规模集成电路逐渐发展到大规模、超大规模集成电路（Very Large Scale Integrated Circuit，VLSIC，含几万以上门电路）以及许多具有特定功能的专用集成电路。按照摩尔定律，每隔 1.5～2 年，一个集成电路芯片上的晶体管数目就要翻倍。随着微电子技术及其工艺的发展，集成电路规模也从小规模集成电路、中规模集成电路、大规模集成电路发展到超大规模集成电路以及特大规模集成电路。集成电路具有速度快、性能高、容量大、体积小及微功耗的特点，因此在电路设计中被广泛采用。

集成电路按照芯片设计方法不同分为两大类。

1）通用集成电路包括：标准芯片和通用可编程逻辑器件 PLD。

标准芯片的电路功能是固定的，不能改变。如：74 系列、cc4000 系列、74HC 系列等。进行电路设计时，用户根据设计需求，从电子元器件制造商提供的具有不同功能的标准芯片中进行选择，有点类似于“搭积木”游戏。使用标准芯片的开发设计流程示意图如图 1-3 所示。其优点是成本低廉，适用于简单电路设计，但无法满足较复杂电路系统设计的需求。

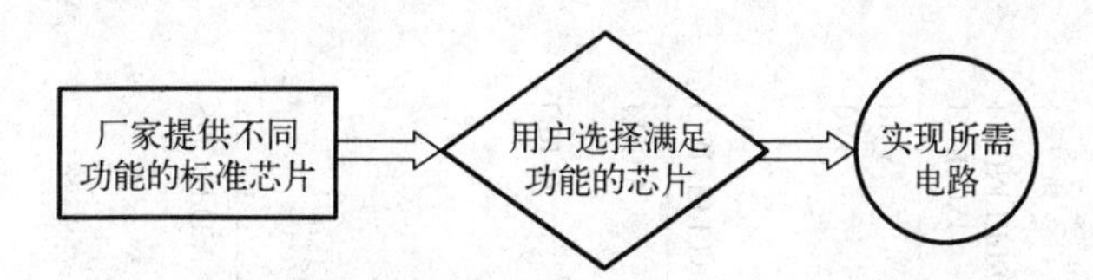

图 1-3　使用标准芯片的开发设计流程示意图

通用可编程逻辑器件 PLD 集成度高，电路功能需由用户设计，通用性强。PLD 有通用的结构，包含许多可编程开关，这些开关由设计者编程，选择适当开关结构实现其所需的特殊功能。其优点：终端用户编程，开发时间短，集成度高。缺点：会有性能不满足或成本过高问题。使用 PLD 的开发设计流程示意图如图 1-4 所示。

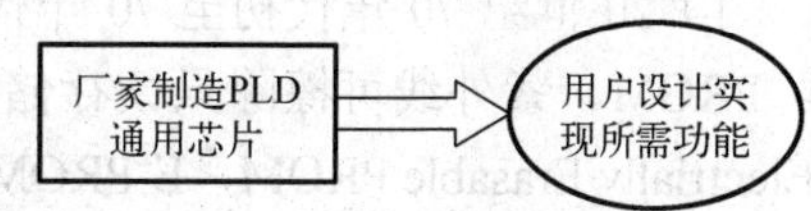

图 1-4　使用 PLD 的开发设计流程示意图

2）专用集成电路 ASIC 又称为全定制设计芯片（如微处理器）。芯片商提供的中、小规模集成电路可以组合成复杂电子系统，但为了减小系统电路的体积、重量、功耗和提高可靠性，设计人员会把设计的系统直接做成一片大规模或超大规模集成电路，实现某种专用用途。但开发周期较长，成本高，风险大。

ASIC 的优点：针对特殊任务进行优化，达到更好的性能。缺点：开发周期过长，投入成本高，开发风险大。使用 ASIC 的开发设计流程示意图如图 1-5 所示。

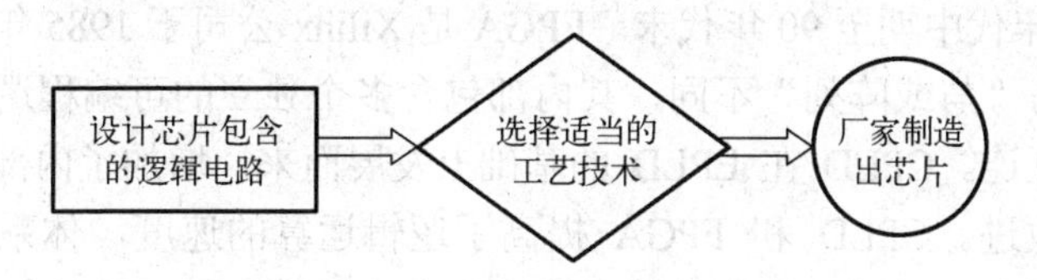

图 1-5　使用 ASIC 的开发设计流程示意图

随着微电子技术的发展，设计与制造集成电路的任务已不完全由半导体厂商来独立承担了。系统设计师们更愿意自己设计专用集成电路芯片，而且希望 ASIC 的设计周期尽可能短，最好是在实验室里就能设计出合适的 ASIC 芯片，可以较快地投入到实际应用之中，因而出现了可编程逻辑器件，其中应用最广泛的当属现场可编程门阵列（Field Programmable Gate Array，FPGA）和复杂可编程逻辑器件（Complex Programmable Logic Device，CPLD）。

因此，PLD 解决了专用集成电路的专业性强和成本较高以及开发周期较长的问题。

2．可编程逻辑器件的发展概况

可编程逻辑器件 PLD 是 20 世纪 70 年代发展起来的一种新型逻辑器件，具有速度快、集成度高、可加密及可反复编程的特点。可编程逻辑器件是目前电子设计自动化（Electronic

Design Automation，EDA）技术的硬件设计载体，也是数字系统设计的主要硬件基础，广泛应用到电子设计的各个相关领域。

伴随着半导体工艺和微电子技术的飞速发展，可编程逻辑器件的发展从最初的可编程只读存储器（Programmable Read Only Memory，PROM）到现在的 FPGA 器件，其结构、工艺、集成度、速度等各项技术性能都在不断改进和提高。图 1-6 所示为可编程逻辑器件发展概况。

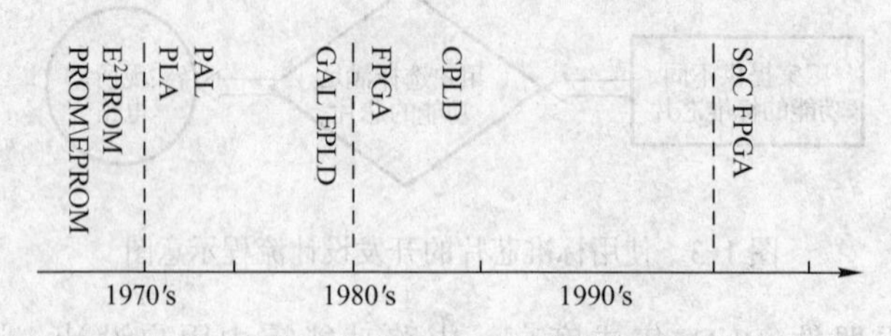

图 1-6　可编程逻辑器件发展概况

可编程逻辑器件的发展大致分为 4 个阶段。

1）20 世纪 70 年代初至 70 年代中期。这一阶段可编程逻辑器件代表为可编程只读存储器 PROM、紫外线可擦除只读存储器（Erasable PROM，EPROM）、电可擦除只读存储器（Electrially Erasable PROM，E^2PROM）三种。受结构的限制只能完成简单的数字逻辑功能。

2）20 世纪 70 年代中期至 80 年代中期。这一阶段出现了可编程逻辑阵列（Programmable Logic Array，PLA）、可编程阵列逻辑（Programmable Array Logic，PAL）、通用阵列逻辑（Generic Array Logic，GAL），这些器件在结构上较 PROM 复杂，基于“与或阵列”实现大量的逻辑组合功能。

可擦除可编程逻辑器件（Erasable Programmable Logic Device，EPLD）是改进的 GAL，在 GAL 的基础上大量增加了输出宏单元的数量和更大的与阵列，集成度更高。

3）20 世纪 80 年代中期至 90 年代末。FPGA 是 Xilinx 公司于 1985 年首先推出的新型高密度 PLD 器件，与“与或阵列”不同，其内部包含多个独立的可编程逻辑块，这些逻辑块通过连线资源灵活互连。CPLD 在 EPLD 的基础上发展而来，增加了内部连线，逻辑单元和 I/O 单元都有重大改进。CPLD 和 FPGA 提高了逻辑运算的速度，体系结构和逻辑单元灵活，集成度高，编程方式灵活，是产品原型设计和中小规模电子产品的首选。

4）20 世纪 90 年代末至今。由于可编程片上系统（System On Programmable Chip，SOPC）和片上系统（System On Chip，SOC）技术的出现，从而可以在 FPGA 器件中内嵌复杂的功能模块实现系统级电路设计。

3．可编程逻辑器件的分类

1）按集成度分，可编程逻辑器件分为：低密度可编程逻辑器件和高密度可编程逻辑器件。

较早发展起来的 PROM、PLA、GAL 等 PLD 产品为低密度可编程逻辑器件，EPLD、CPLD 和 FPGA 为高密度可编程逻辑器件。

2）按结构特点分，可编程逻辑器件的基本结构可分为“与或阵列”和“门阵列”两大类。

“与或阵列”类的基本逻辑结构由“与阵列”和“或阵列”组成，有效实现了布尔逻辑函数之“积之和”。主要包括 PROM、PLA、GAL、EPLD 和 CPLD。

“门阵列”类的基本逻辑单元包含门、触发器等，通过改变内部走线的布线程序实现一些较大规模的复杂数字系统。主要包括 FPGA。

3）按编程方式分，可编程逻辑器件可分为 4 类。包括：一次性编程的熔丝/反熔丝编程器件、紫外线擦除/电可编程 U/EPROM 编程器件、电擦除/电可编程 E^2PROM 编程器件及基于静态随机存储器 SRAM 编程器件。

大多数 CPLD 用第 2 种方式编程，FPGA 用第 4 种方式编程。前 3 种方式的特点是系统断电后，编程信息不会丢失。基于 SRAM 的可编程器件的编程信息在系统断电后会丢失，属于易失性器件，此类器件工作前需要从芯片外部加载配置数据，配置数据可存储在片外的 EPROM 或 CPLD 上。

1.1.1.2　简单 PLD 的结构

PLD 器件由用户在相应的软硬件平台上完成电路功能设计开发，由于其具有的逻辑设计灵活性，逐渐成为现代电路设计的主流方向。读者有必要了解 PLD 内部的资源和结构。简单 PLD 主要包括早期发展的 PROM、PLA、PAL 和 GAL 等，在结构上，它们一般包含逻辑阵列、输入单元和输出单元，PLD 结构示意图如图 1-7 所示。

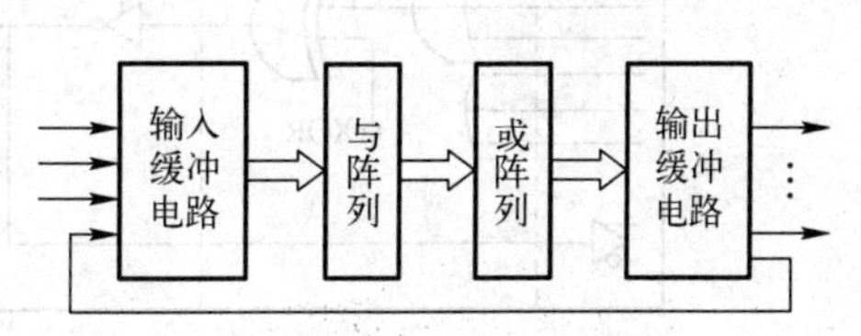

图 1-7　PLD 结构示意图

逻辑阵列由与或阵列和反相器组成。在与或阵列中每一个交叉点都是一个可编程熔丝，如果导通就是实现“与”逻辑，在“与”阵列后一般还有一个“或”阵列，用以完成最小逻辑表达式中的“或”关系。另外，通过反相器可以得到信号的反变量，这样通过可编程与或阵列可以实现任意组合逻辑。与或阵列示意图如图 1-8 所示，为三输入三输出的乘积项结构示意图，A_0、A_1、A_2 为三个输入端（可实现原、反变量的输入），F_0、F_1、F_2 为三个输出端，“×”为可编程连接点，通过与、或门构成可编程的八个乘积项。

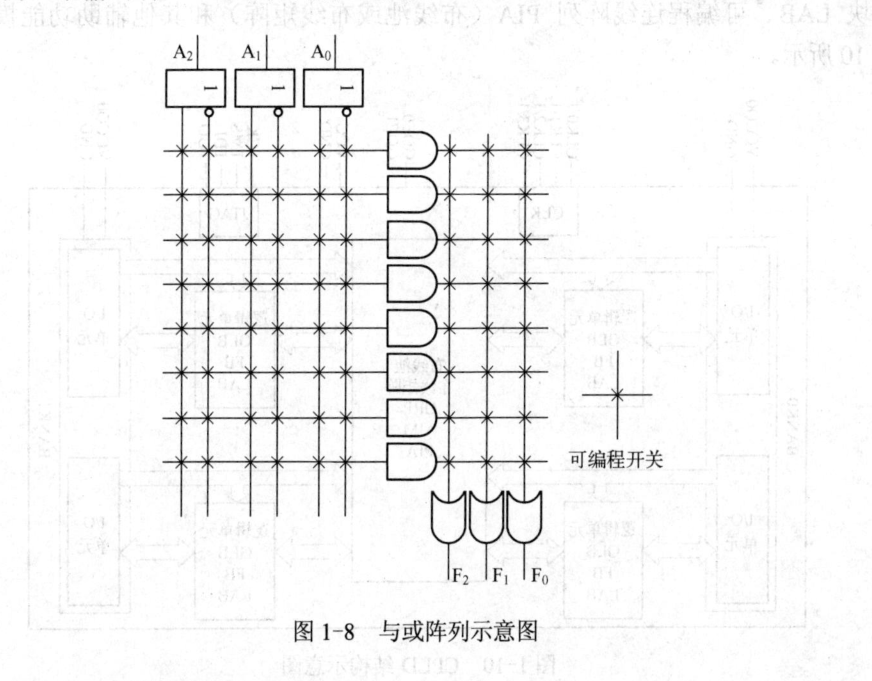

图 1-8　与或阵列示意图

PROM、PLA、PAL、GAL 的主要区别在于哪个矩阵可编程以及输出结构的形式，见表 1-1。

表 1-1　简单可编程逻辑器件“与”“或”阵列和输出结构表

器 件 类 型	“与”阵列	“或”阵列	输　出
PROM	固定	可编程	
PLA	可编程	可编程	
PAL	可编程	固定	IO 可编程
GAL	可编程	固定	宏单元

简单 PLD 的输出单元电路结构如图 1-9 所示，主要包括寄存器，完成直接输出（实现组合逻辑）或寄存器输出及输出信号的反馈（实现时序逻辑）。

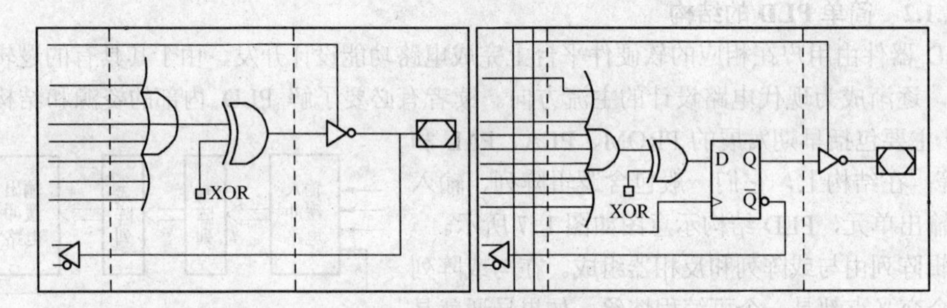

图 1-9　输出单元电路结构

1.1.1.3　CPLD 的结构

Altera 公司和 Xilinx 公司对可编程逻辑器件 CPLD、FPGA 的结构定义和描述基本相同，只是某些名称不同，本书中采用 Altera 公司的说法。

CPLD 器件相比简单 PLD 器件，其结构要复杂得多。CPLD 器件主要由 I/O 单元、逻辑阵列模块 LAB、可编程连线阵列 PIA（布线池或布线矩阵）和其他辅助功能模块构成，如图 1-10 所示。

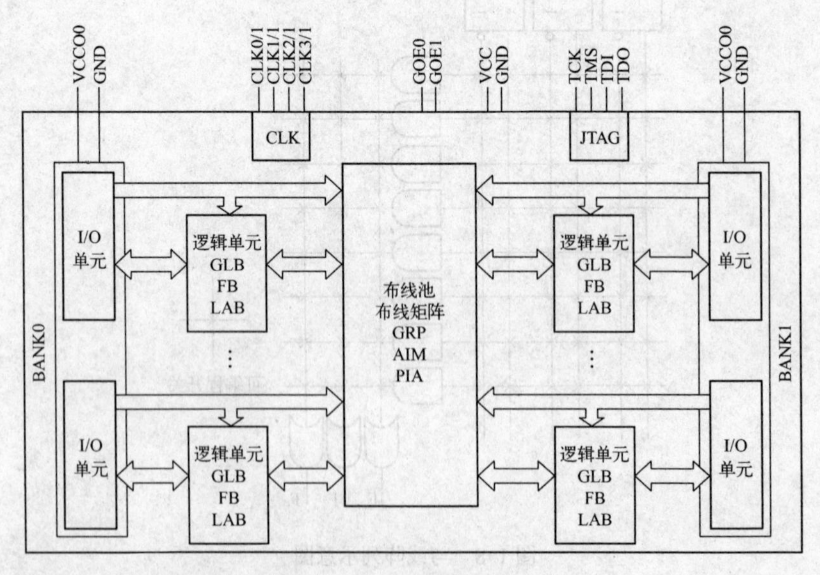

图 1-10　CPLD 结构示意图

1．I/O 单元

I/O 单元是芯片与外界电路的接口部分，完成不同电气特性下对输入/输出信号的驱动与匹配需求。可编程 I/O 单元可以通过软件的灵活配置，适配不同的电气标准和 I/O 物理特性，或调整匹配阻抗特性，上、下拉电阻等。

所有 I/O 引脚都有一个三态缓冲器，当三态缓冲器的控制端接地时，输出为高阻态，此时 I/O 可作为输入引脚使用；当三态缓冲器的控制端接高电平时，输出有效。用户可以根据设计需求进行编程配置，将引脚设置为输入、输出、漏极开路及多电压 I/O 接口等。

CPLD 应用范围局限性较大，I/O 的性能和复杂度与 FPGA 相比有一定的差距，支撑的 I/O 标准较少，频率也较低。

2．逻辑阵列块 LAB

CPLD 中用于实现逻辑功能的主体是 LAB。LAB 中的主要逻辑单元称为宏单元 LE。宏单元由逻辑阵列、乘积项选择矩阵和可编程触发器组成。其中，逻辑阵列、乘积项选择矩阵用以实现组合逻辑功能，可编程触发器用以实现时序逻辑。Altera 公司 MAX 7000 系列 CPLD 器件内部结构示意图如图 1-11 所示，一个 LAB 包含 16 个宏单元。

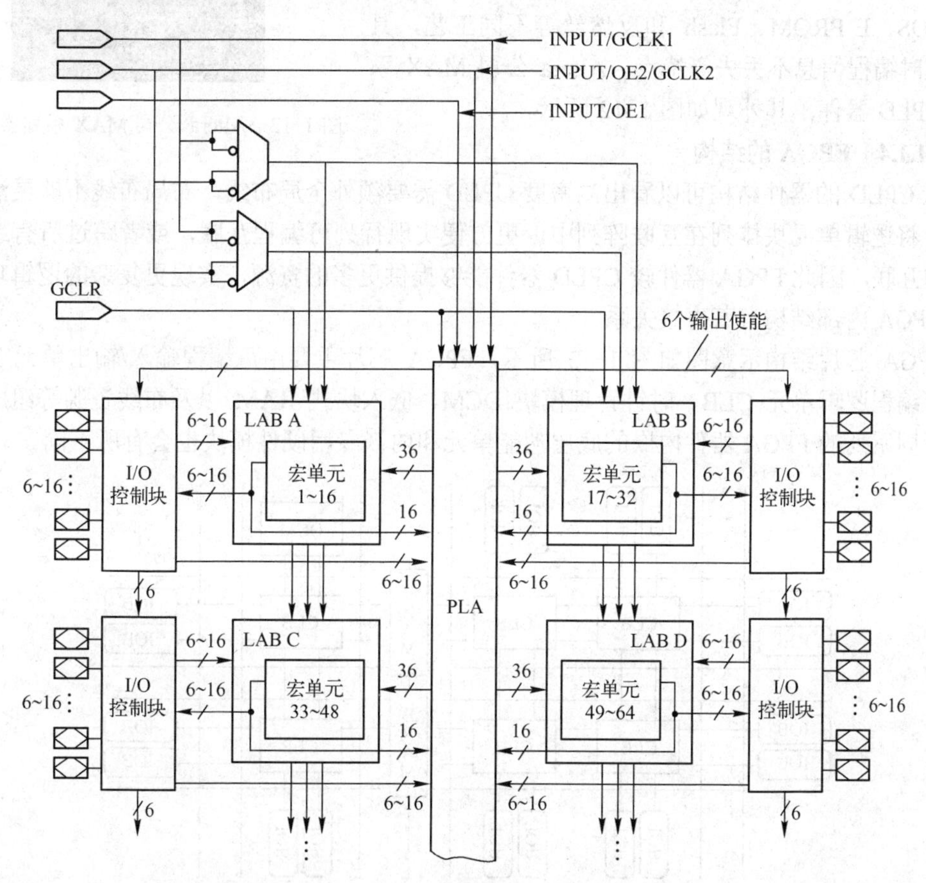

图 1-11　MAX 7000 系列 CPLD 器件内部结构示意图

MAX 7000 系列 CPLD 器件允许应用共享和并联扩展乘积项实现复杂逻辑。共享乘积项是由每个宏单元提供一个未使用的乘积项，将其反相后反馈到逻辑阵列，以便集中使用；并联扩展乘积项是利用 LAB 中没有使用的宏单元及其乘积项，将它们分配到邻近的宏单元中，实现高速复杂的逻辑功能。

3．可编程连线阵列 PIA

PIA 提供信号传递的通道。CPLD 中的布线资源相对 FPGA 要简单、有限，一般采用集中式布线池结构。布线池本身就是一个开关矩阵，通过可编程连线完成不同宏单元输入与输出项之间的连接。

CPLD 器件内部互连资源比较缺乏，所以在某些情况下器件布线时会遇到一定的困难。由于 CPLD 的布线池结构固定，故 CPLD 的输入引脚到输出引脚的标准延时固定，被称为“Pin to Pin”延时，用 Tpd 表示，Tpd 延时反映了 CPLD 器件可以实现的最高频率，也就清晰地表明了 CPLD 器件的速度等级。

4．其他辅助功能模块

其他辅助功能模块包括：JTAG 编程模块，一些全局时钟、全局使能及全局复位/置位单元等。

总体来说，CPLD 多为乘积项结构，工艺为 EECMOS、E^2PROM、Flash 和反熔丝等不同工艺，具有断电时编程信息不丢失等特点。Altera 公司 MAX 系列为 CPLD 器件，其外观如图 1-12 所示。

图 1-12　Altera 公司 MAX 系列器件外观

1.1.1.4　FPGA 的结构

从 CPLD 的器件结构可以看出高密度 CPLD 需要额外全局布线，布局布线不够灵活，而 FPGA 将逻辑单元块排列在互联阵列中，更方便实现行列可编程互联，或者跨过所有或部分阵列的互联，因此 FPGA 器件较 CPLD 器件能够提供更多的资源，实现更复杂的逻辑功能，这与 FPGA 内部结构有着直接关系。

FPGA 芯片结构示意图如图 1-13 所示，FPGA 芯片主要由可编程输入/输出单元 IOB、基本可编程逻辑单元 CLB、时钟管理模块 DCM、嵌入块式 RAM 以及布线资源等组成，另外，不同系列的 FPGA 器件内嵌的底层功能单元和内嵌专用硬件模块也会有所不同。

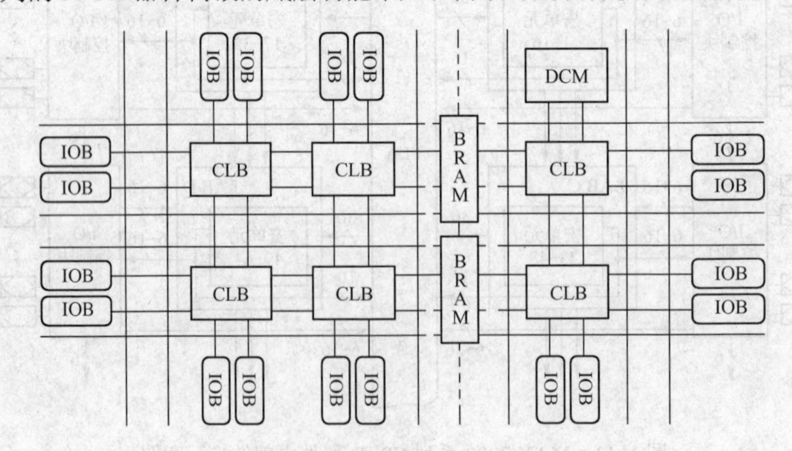

图 1-13　FPGA 芯片结构示意图

1．可编程输入/输出单元 IOB

IOB 简称为 I/O 单元，是芯片与外界电路的接口部分，将外部信号引入到 FPGA 内部可配置逻辑块 CLB 进行逻辑功能的实现并把结果输出给外部电路，并且可以根据需要进行配置来支持多种不同的接口标准，完成不同电气特性下对输入/输出信号的驱动与匹配要求。

为了便于管理和适应多种电气标准，FPGA 的 IOB 被划分为若干个组（Bank），每个 Bank 的接口标准由其接口电压 VCCO 决定，一个 Bank 只能有一种 VCCO，但不同的 Bank 的 VCCO 可以不同。只有相同电气标准的端口才能连接在一起，通过软件的灵活配置，可适配不同的电气标准与 I/O 物理特性。

图 1-14 所示为 CycloneIII EP3C 系列的 IOB Bank 分布示意图。

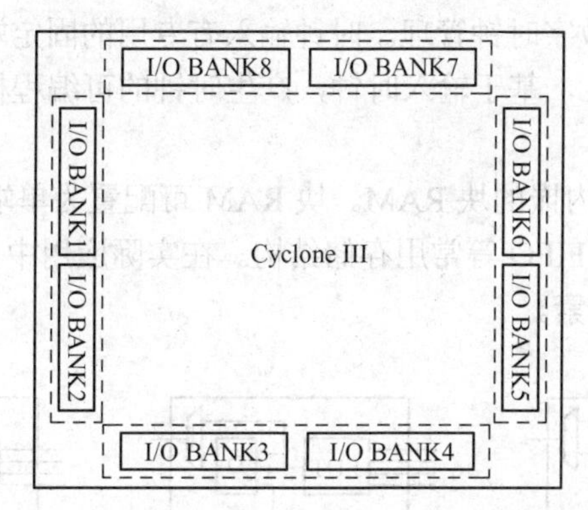

图 1-14　CycloneIII EP3C 系列的 IOB Bank 分布示意图

2．可配置逻辑块 CLB

CLB 是 FPGA 内的基本逻辑单元，CLB 的实际数量和特性会依器件的不同而不同。CLB 几乎都是查找表（Look-up-table，LUT）加寄存器结构，实现工艺为 SRAM、Flash、Anti-Fuse（反熔丝）等。CLB 是高度灵活的，可以对其进行配置以便处理组合逻辑、移位寄存器或 RAM。

根据数字电路基础知识可知，对于一个 n 输入的逻辑运算，无论与、或、非运算还是异或运算，最多可能存在 2^n 种结果。所以如果事先将相应的结果存放在一个存储单元里，就相当于实现了逻辑电路的功能。FPGA 通过烧写文件去配置查找表的内容，从而在相同 PCB 电路的情况下实现了不同的逻辑功能。

LUT 本身就是一个 RAM，目前 FPGA 中多使用 4 输入的 LUT，每个 LUT 可以看成一个有 4 位地址线的 RAM。当用户通过原理图或硬件描述语言（Hardware Description Language，HDL）描述一个逻辑电路后，可编程逻辑器件的开发软件会自动计算逻辑电路的所有可能结果，并把真值表（即结果）事先写入 RAM，这样，每输入一个信号进行逻辑运算就等于输入一个地址进行查表，找出地址对应的内容，然后输出即可，查找表实现原理见表 1-2。

表 1-2　查找表实现原理

实际逻辑电路		LUT 的实现方式	
a/b/c/d 输入	逻辑输出	RAM 地址	RAM 中存储的内容
0000	0	0000	0
0001	0	0001	0
…	…	…	…
1111	1	1111	1

从表 1-2 可以看出 LUT 具有和逻辑电路相同的功能，但 LUT 具有更快的执行速度和更大的规模。采用基于 SRAM 工艺的查找表结构，提供了多次重复编程实现的基础（注：一些军品、宇航级 FPGA 采用 Flash 或者熔丝与反熔丝工艺的查找表结构）。通过烧写文件改变查找表内容的方法来实现对 FPGA 的重复配置。

在 Xilinx 公司的 FPGA 器件中，CLB 由多个相同的 Slice 和附加逻辑组成。

3．数字时钟管理模块 DCM

大多数 FPGA 都提供数字时钟管理。时钟输入有专用的固定端口。FPGA 器件生产商在 FPGA 内部集成 PLL 或 DLL，基于输入时钟，产生时钟的可编程模块用于整个器件。

4．嵌入式块 RAM

图 1-15 所示为 FPGA 内嵌的块 RAM。块 RAM 可配置为单端口 RAM、双端口 RAM、内容地址存储器 RAM 以及 FIFO 等常用存储结构。在实际应用中，芯片内嵌块 RAM 的数量也是选择芯片的一个重要因素。

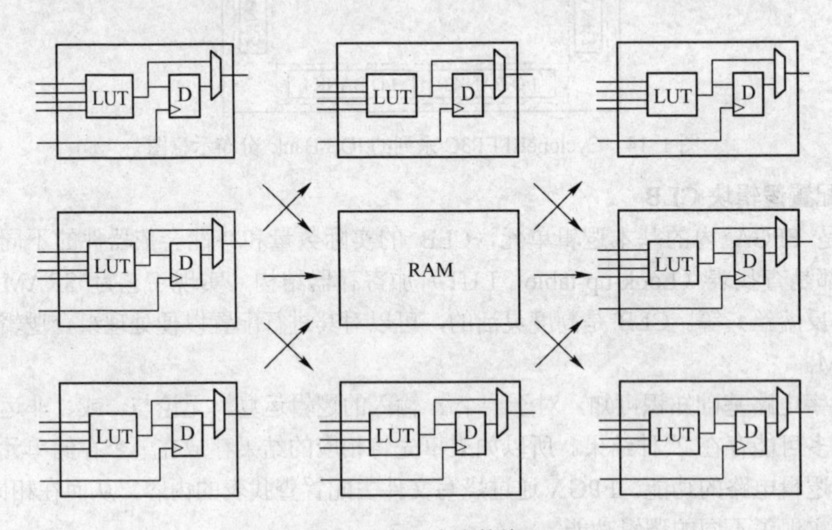

图 1-15　FPGA 内嵌的块 RAM

5．布线资源

FPGA 内部丰富的互连线资源对其可编程灵活性起着关键的作用。布线资源连通 FPGA 内部的所有单元，根据工艺、长度、宽度和分布位置不同划分为四种不同类别。

1）全局布线资源用于芯片内部全局时钟和全局复位/置位的布线。

2）长线资源用于完成芯片 Bank 间的高速信号和第二全局时钟信号的布线。

3）短线资源用于完成基本逻辑单元之间的逻辑互联和布线。

4）分布式的布线资源用于专有时钟、复位等控制信号线。

实际设计中，设计者不需要直接选择布线资源，布局布线器可自动根据输入逻辑网表的拓扑结构和约束条件选择布线资源来连通各个模块单元。

6．底层内嵌功能单元

内嵌功能模块主要指 DLL（Delay Locked Loop）、PLL（Phase Locked Loop）、DSP 等软

处理核，现在越来越丰富的内嵌功能单元，使得单片 FPGA 成了系统级的设计工具，使其具备了软硬件联合设计的能力，并逐步向 SOC 平台过渡。

7．内嵌专用硬核

相对于底层嵌入的软核而言，内嵌专用硬核指 FPGA 处理能力强大的硬核（Hard Core），等效于 ASIC 电路。为了提高 FPGA 性能，芯片生产商在芯片内部集成了一些专用的硬核，例如：为了提高 FPGA 的乘法速度，主流的 FPGA 中都集成了专用乘法器；为了适用通信总线与接口标准，很多高端 FPGA 内部集成了串并收发器，可达到数十 Gbit/s 的收发速度。

根据器件型号可以获得该 FPGA 芯片的基本信息。这里介绍一下 Altera 公司 FPGA 芯片的命名规则：工艺+型号+封装+引脚+温度+芯片速度+（可选扩展名）。

Altera 公司 FPGA 器件型号命名示意图如图 1-16 所示，以 Altera 公司的 Cyclone III 系列 EP3C16Q240C8 器件为例，该器件是 EP 工艺，3C 为 Cyclone 3 系列，16 表示该器件所含逻辑单元数量约为 16K（具体为 15408 logic elements），Q 表示封装类型为 PQFP，240 表示为 240pins，C 表示 commercial temperature 为 0℃~85℃，8 为该器件速度级别，这个数值越小，速度越快。

EP3C	16	Q	240	C	8
1	2	3	4	5	6

1—工艺+型号　2—LE数量　3—封装类型　4—引脚数目　5—工作温度　6—器件速度

图 1-16　Altera 公司 FPGA 器件型号命名示意图

FPGA 典型工艺结构对比情况见表 1-3，按照配置信息用何种存储器保存可将 FPGA 工艺结构分为基于反熔丝结构的 FPGA、基于 Flash 结构的 FPGA 和基于 SRAM 结构的 FPGA 三类。

表 1-3　FPGA 典型工艺结构对比情况

	熔丝/反熔丝工艺	Flash 工艺	SRAM 工艺
技术要点	一次性编程、非丢失性	反复擦写、断电后内容非易失	反复擦写，断电后失去所有配置，需上电重新加载
可编程性	一次性编程	可重复编程	可重复编程
优点	工作效率高，上电即运行； 安全性高，无需配置外部芯片 抗干扰性强 功耗低	上电配置时间极短 安全性高 不需外部配置芯片 功耗较低	技术成熟 可选产品多 广泛使用
缺点	失去反复可编程灵活性	成本较高，未广泛使用	需片外配置芯片，功耗较高，安全性差
适用范围	国防、航空航天应用	一般商用，要求设计安全性	一般商用数字系统

工艺结构决定了 CPLD、FPGA 芯片的特性和应用场合。

1.1.1.5　CPLD 与 FPGA 的对比

1．两类器件的结构和性能对比

CPLD、FPGA 的结构、性能对比见表 1-4。

表 1-4　CPLD/FPGA 结构性能对比表

	CPLD	FPGA
结构	多为乘积项	多为查找表+寄存器结构
逻辑布局	LAB 围绕全局互联	LAB 排列在网格阵列中
板上存储器	—	存储器模块，可用于互联
板上 DSP	—	专用乘法器、加法器、累加器，可使用互联
工艺	EPROM/E^2PROM/闪存	多为 SRAM
规模与逻辑复杂度	规模小，逻辑复杂度低	规模大，逻辑复杂度高
布线的延迟	固定	每次布线的延迟不同
布线资源	相对有限	丰富
编程与配置	编程器烧写 ROM 或 ISP 在线编程，断电后程序不丢失	BOOTRAM 或 CPU/DSP 在线编程，多数属 RAM 型，断电后程序丢失
成本与价格	成本低，价格低	成本高，价格高
保密性能	可加密，保密性好	不可加密，一般保密性较差
适用设计类型	简单逻辑系统	复杂时序系统

一般来说，CPLD 适用于低端、小型或中等设计。FPGA 由于具有数千个 LE，可建立大型复杂设计，可以直接移植到 ASIC。某些 FPGA 器件为很多协议提供收发器支持，适合用于高速通信设计开发。

2．两类器件的供应商和产品

（1）FPGA 的供应商和产品

1984 年，Xilinx 发明了现场可编程门阵列 FPGA，至今，Xilinx 在 FPGA 开发领域已经拥有领先优势和较大份额。其主要两大类 FPGA 产品：Spartan 系列和 Virtex 系列。前者主要面向低成本的中低端应用，后者面向高端应用，两个系列的差异主要在于芯片的规模和专用模块。

Spartan 系列适用于普通的工业、商业领域，目前主流芯片包括：Spartan-2、Spartan-3、Spartan-3A、Spartan-3E、Spartan-6 等。其中 Spartan-3A、Spartan-3E、Spartan-6 增加了大量的内嵌专用乘法器和专用块 RAM 资源，具备实现复杂数字信号处理和片上系统的能力。

Virtex 系列主要面向电信基础设施、汽车工业及高端消费电子等应用。目前主流芯片包括：Virtex-4、Virtex-5、Virtex-6、Virtex-7 等。

Altera 公司是 20 世纪 90 年代以来发展较快的 PLD 生产厂家。在激烈的市场竞争中，Altera 公司凭借其雄厚的技术实力、独特的设计构思和功能齐全的芯片系列，跻身于世界最大的可编程逻辑器件供应商行列。早期经典产品包括：Classic、MAX3000A、MAX5000、MAX7000、MAX9000 系列等。其主要两大类 FPGA 产品：Cyclone 系列和 Startix 系列。前者侧重于低成本应用，容量中等，性能可以满足一般的逻辑设计要求；后者侧重于高性能应用，容量大，性能满足各类高端应用。

Cyclone 系列为中低端应用的通用 FPGA。目前主流芯片包括：Cyclone II、Cyclone III、Cyclone IV、Cyclone V 等。该系列能提供硬件乘法器等单元且功耗低，系统成本低，满足批量应用的市场需求。

Startix 系列为大容量 FPGA。主流芯片包括：Stratix、Stratix II、Stratix V 等。其中，Stratix V 为 Altera 的高端产品，采用 28nm 工艺，提供了 28Gbit/s 的收发器件。

（2）CPLD 的供应商和产品

Xilinx 公司 CPLD 器件系列有：XC9500、CoolRunner XPLA 和 CoolRunner-II 系列器件。

Altera 公司 CPLD 器件系列有：MAX II、IIZ 和 V 器件；MAX 3000 系列；MAX 7000 系列。

1.1.2 CPLD/FPGA 开发语言和开发流程

1.1.2.1 硬件描述语言

硬件描述语言（Hardware Description Language，HDL）是一种用文本形式来描述数字电路和系统的语言。应用最广泛的 HDL 是 VHDL 语言和 Verilog HDL 语言。

VHDL（VHSIC Hardware Description Language）语言的发展如下所述。

20 世纪 80 年代初：美国国防部为实现其高速集成电路硬件 VHSIC（Very High Speed Integrated Circuit）计划提出了 VHDL 描述语言。

1986 年：IEEE 开始致力于 VHDL 的标准化工作，融合了其他 ASIC 芯片制造商开发的硬件描述语言的优点。

1993 年：形成了标准版本（IEEE.std_1164）。

1995 年：我国国家技术监督局推荐 VHDL 做为电子设计自动化硬件描述语言的国家标准。

Verilog HDL 语言的发展如下所述。

1983 年：由 GDA（Gateway Design Automation）公司的 PhilMoorby 首创。

1985 年：PhilMoorby 设计出第一个 Verilog-XL 仿真器。

1990 年：Cadence 公司收购 GDA 公司后，成立 OVI（Open Verilog International）组织正式推广 Verilog HDL。

1995 年：成为 IEEE 标准。

在实际应用中这两种语言各有优势。一般认为 Verilog HDL 在门级开关电路描述方面较 VHDL 强些，VHDL 在系统级抽象方面比 Verilog HDL 表现好。

其他的硬件描述语言包括 ABEL-HDL 和 AHDL 等。ABEL-HDL 是美国 DATA I/O 公司开发的硬件描述语言，是在早期的简单可编程逻辑器件（如 GAL）基础上发展起来的。AHDL 语言是 Altera 公司为开发自己的产品而专门设计的语言。

1.1.2.2 基本开发流程

可编程逻辑器件的设计包括硬件设计和软件设计两部分。硬件包括 CPLD/FPGA 芯片电路、存储器、输入/输出接口电路以及其他外围设备，软件是相应的 HDL 程序或嵌入式 C 程序。对于 CPLD/FPGA 设计采用自顶向下，按照层次化、结构化的设计方法，从系统级到功能模块的软、硬件协同设计，达到软、硬件的无缝结合。

CPLD/FPGA 的设计流程就是利用开发软件和编程工具对 CPLD/FPGA 芯片进行开发的过程。CPLD/FPGA 典型的设计流程图如图 1-17 所示。

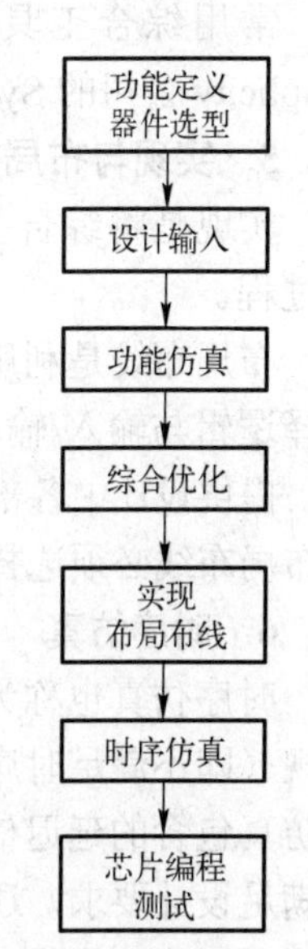

图 1-17 CPLD/FPGA 典型设计流程图

1．功能定义/器件选型

根据设计项目的任务要求，必须定义系统功能、划分模块，另外根据系统功能和复杂度，权衡工作速度、器件本身资源、成本和连线的可布性，选择合适的设计方案和器件类型。系统设计一般都采用自顶向下的设计方法，把系统分成若干个基本单元，然后再把每个基本单元划分为下一层次的基本单元。

2．设计输入

设计输入是将所设计的系统或电路以行为描述或者结构描述的形式表示出来，并输入给EDA工具的过程。常用方法有硬件描述语言HDL和原理图输入方法等。

原理图输入直观，易于仿真，但不易维护，不利于模块构造和重用，可移植性差。

HDL 语言输入利用文本描述设计，其语言与芯片工艺无关，利于自顶向下设计，便于模块的划分与移植，具有较强的逻辑描述和仿真功能，输入效率高。

也可以采用以HDL为主，原理图为辅的混合设计方法，以发挥二者各自的特色。

3．功能仿真

功能仿真也称为前仿真，是在编译之前对用户所设计的电路进行逻辑功能验证，此时的仿真没有时序延迟，仅验证逻辑模型和数据流是否符合设计要求。

仿真前，要利用波形编辑器编辑输入测试激励信号或应用HDL语言编写Testbench测试文件（根据该测试文件生成测试用输入信号）。仿真结果将会产生报告文件和输出信号波形，从中可以观察各个节点信号的变化情况。如果发现错误，则需要返回修改逻辑设计。常用的第三方工具有Model Tech公司的Model Sim或其他仿真器。

4．综合优化

综合优化 Synthesis 就是将抽象设计编译为可编程逻辑器件的专用基本单元，即编译成由与门、或门、非门、RAM、触发器等基本逻辑单元组成的逻辑连接网表，同时还要进行优化，以满足面积和性能的约束要求。

常用综合工具包括各个 FPGA 厂家推出的综合开发工具和第三方综合工具，如Synplicity公司的Synplify Pro软件等。

5．实现与布局布线

实现是将综合生成的逻辑网表配置到具体的 FPGA 芯片上，布局布线是其中最重要的过程。

布局布线是利用实现工具把逻辑映射到目标器件结构的资源中，决定逻辑的最佳布局，选择逻辑与输入/输出功能链接的布线通道进行连线，布线结束后，软件工具会自动生成报告，提供设计中各部分资源的使用情况。由于只有 FPGA 芯片生产商对芯片结构最为了解，故布局布线必须选择芯片开发商提供的工具。

6．时序仿真

时序仿真也称为后仿真，指将布局布线的延时信息反标注到设计网表中来检测有无时序违规（即不满足时序约束条件或器件固有的时序规则，如建立时间、保持时间等）现象。时序仿真包含的延迟信息最全，也最精确，能较好地反映芯片的实际工作情况。如果时序仿真不满足设计要求，还需要返回进一步修改设计。

对时序要求较严格的设计需要进行静态时序分析，即设计者添加特定的时序约束，时序分析工具根据特定的时序模型进行分析，以获得全部路径的时序关系。

在高速电路设计中会应用到板级仿真，用于对高速系统的信号完整性、电磁干扰等特征进行分析，一般都以第三方工具进行仿真和验证。

7．芯片编程与测试

设计的最后一步是芯片编程与测试。芯片编程是指生成的配置数据文件（如：位数据流文件 bit 文件、sof 文件等），然后将编程数据下载到 FPGA 芯片中进行验证。主流的 FPGA 芯片生产商都提供内嵌的在线逻辑分析仪（如 XILINX ISE 中的 chipscope、Altera Quartus 中的 SignalTap Ⅱ以及 SignalProb）来进行测试。

1.1.2.3 编程方式

可编程逻辑器件编程又称为配置，指将开发系统编译后产生的配置数据文件装入可编程逻辑器件内部的可配置存储器的过程。

这里简单介绍 Altera 公司 FPGA 芯片编程配置方法。根据 FPGA 在配置电路中的角色，其配置数据可以用三种方式载入到目标器件中：主动方式 AS、被动方式 PS 和 JTAG 方式，配置 FPGA 方法如图 1-18 所示。

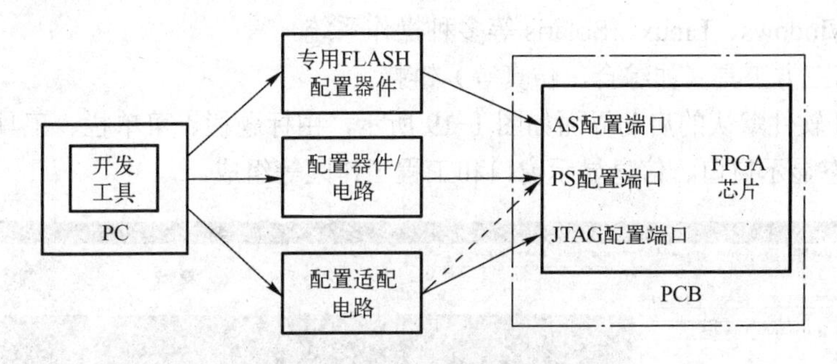

图 1-18 配置 FPGA 方法

AS 方式是由目标 FPGA 主动输出控制和同步信号（包括配置时钟）给 Altera 专用串行配置芯片（EPCS1、EPCS4 等），在配置芯片收到命令后，把配置数据发到 FPGA，完成配置过程。

PS 方式是由系统中的其他设备发起并控制配置过程，这些设备可以是 Altera 专用配置芯片（EPC 系列），或者是微处理器、CPLD 等智能设备。FPGA 在配置过程中完全处于被动地位，只是输出一些状态信号来配合配置过程。

JTAG 方式是 IEEE1149.1 边界扫描测试的标准接口。从 FPGA 的 JTAG 接口进行配置可以使用 Altera 的下载电缆，通过开发工具下载，也可以采用微处理器来模拟 JTAG 时序进行配置。

1.1.3 Quartus Ⅱ开发环境及应用

1.1.3.1 Quartus Ⅱ开发环境简介

Quartus Ⅱ软件是 Altera 公司新一代的 EDA 设计工具，由该公司的 MAX+Plus Ⅱ升级而来。Quartus Ⅱ不仅继承了 MAX+Plus Ⅱ工具的优点，而且提供了对新器件和新技术的支持，集成了 Altera 的 CPLD/FPGA 开发流程中所涉及的所有工具和第三方软件接口。通过使用此综合开发工具，设计者可以创建、组织和管理自己的设计。

Quartus Ⅱ支持多种编辑输入法，包括图形编辑输入法、VHDL、Verilog HDL 的文本编辑输入法、符号编辑输入法以及内存编辑输入法。Quartus Ⅱ与 MATLAB 和 DSP Builder 结合可进行基于 FPGA 的 DSP 系统开发，是 DSP 硬件系统实现的关键 EDA 工具；与 SOPC Builder 结合，可实现 SOPC 系统开发。

Quartus Ⅱ开发系统具有以下主要特点。

1）支持多时钟定时分析、LogicLock™ 基于块的设计、SOPC（可编程片上系统）、内嵌 SignalTapⅡ逻辑分析器和功率估计器等高级工具。

2）易于引脚分配和时序约束。

3）具有强大的 HDL 综合能力。

4）支持的器件种类众多，主要有 Straix 系列、Cyclone 系列、HardCopy 系列、APESⅡ系列、FLEX10K 系列、FLEX6000 系列及 MAXⅡ系列等。

5）包含 MAX+Plus Ⅱ的 GUI，且容易使 MAX+Plus Ⅱ的工程平稳过渡到 Quartus Ⅱ的开发环境。

6）对于时钟 Fmax 约束的设计具有很好的效果。

7）支持 Windows、Linux、Solaris 等多种操作系统。

8）提供第三方工具（如综合、仿真等）链接。

Quartus Ⅱ软件默认的启动界面如图 1-19 所示，由标题栏、菜单栏、工具栏、资源管理窗口、编译状态显示窗口、信息显示窗口和工程工作区等组成。

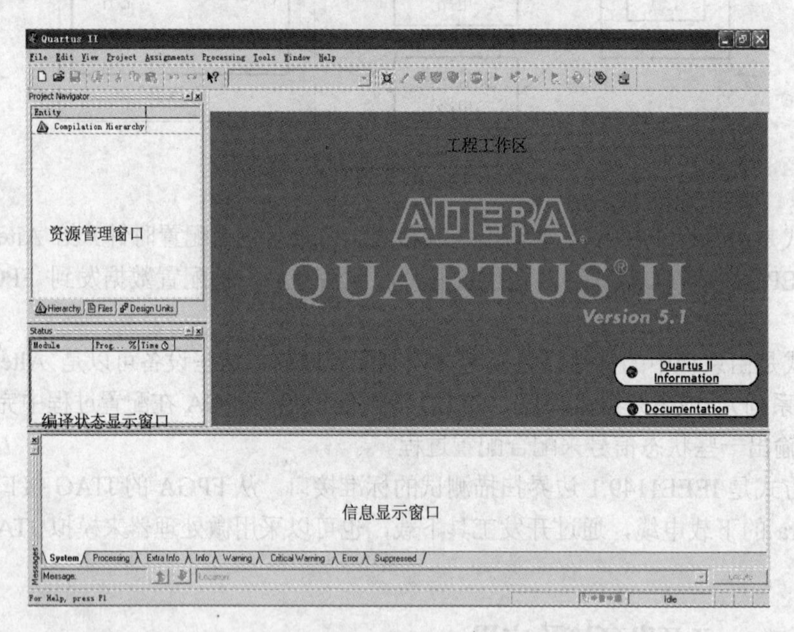

图 1-19　Quartus Ⅱ软件默认的启动界面

1.1.3.2　简单门电路设计

原理图设计输入法是一种最直接的输入方式，使用系统提供的元器件库和各种符号完成电路原理图的设计，形成原理图输入文件，多用在对系统电路很熟悉的情况下或用在系统对时间特性要求较高的场合。当系统功能较复杂时，原理图输入方式效率低。

原理图设计输入的主要优点是容易实现仿真，便于信号的观察和电路的调整。这里以简单二输入与门电路设计为例，介绍原理图输入法。

1．创建工程

1）在“File”菜单中选取“New Project Wizard”选项，弹出的建立工程向导窗口，如图 1-20 所示，在该窗口中指定工作目录、工程名称和顶层模块名称。

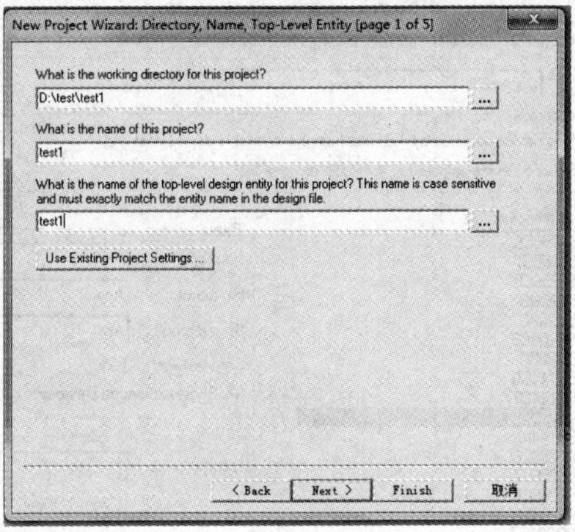

图 1-20　建立工程向导窗口

注意：

在默认情况下，工程名与顶层实体名相同。

顶层实体名不能与 Quartus Ⅱ中已经提供的逻辑函数名或模块名相同（例如：and2），否则在编译时会出现错误。

如果要在新建立的工程中使用以前建立的工程中的设置，可单击“Use Existing Project Settings”。

2）在“建立工程向导窗口”界面中单击“Next”按钮，进入图 1-21 所示的“Add Files”——添加文件窗口。可以将已经存在的输入文件添加到新建的工程中，该步骤也可在后面完成。本例中单击“Next”按钮进入下一步。

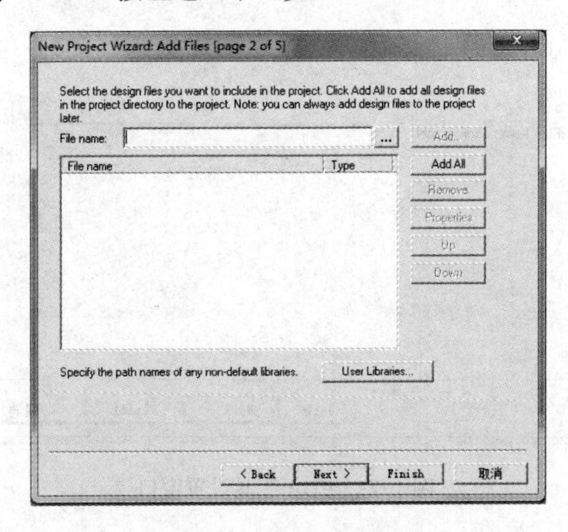

图 1-21　添加文件窗口

3）在图 1-22 所示的选择器件窗口中选择使用的器件系列和器件型号，本例选择 Cyclone Ⅱ系列的 EP2C5T144C8。用户要根据具体使用的芯片来选择器件系列和器件型号。单击“Next”按钮进入下一步。

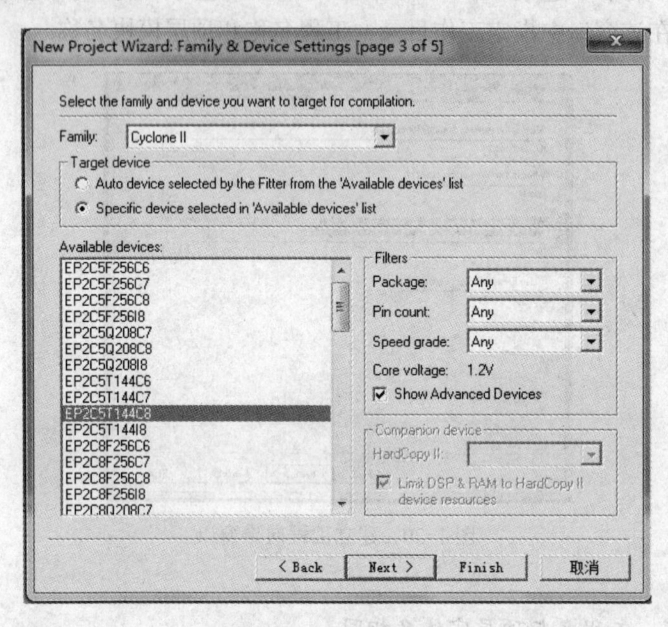

图 1-22　选择器件窗口

4）进入图 1-23 所示的 EDA 工具设置窗口，本例不选用第三方工具，故直接单击“Next”按钮。

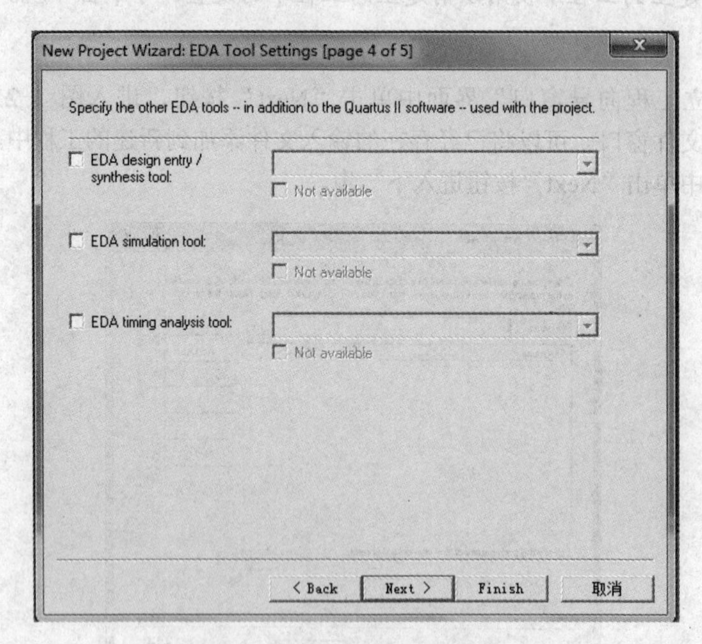

图 1-23　EDA 工具设置窗口

5）图 1-24 所示为所建立工程完成窗口，单击“Finish”按钮完成工程建立。

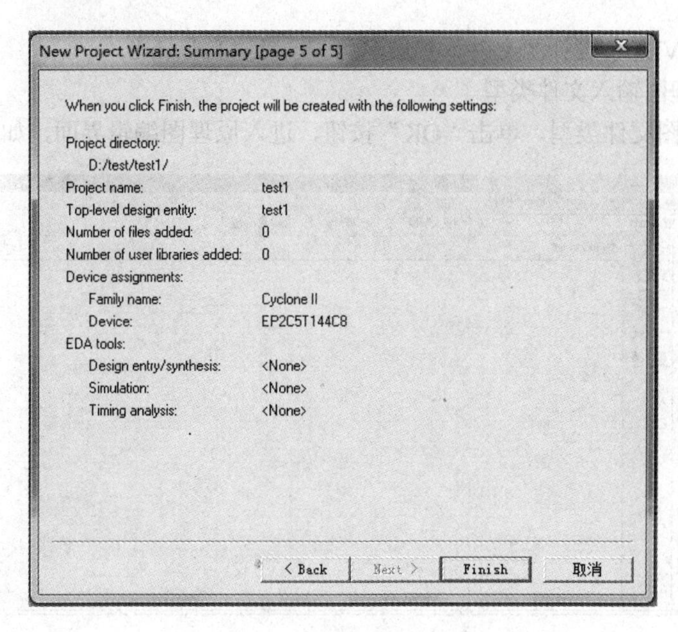

图 1-24　建立工程完成窗口

2．设计输入

进入工程工作界面中，完成设计输入步骤。

1）在“File”下拉菜单中选择“New”选项，进入图 1-25 所示的设计输入类型选择窗口，Quartus Ⅱ提供以下不同的输入方式。

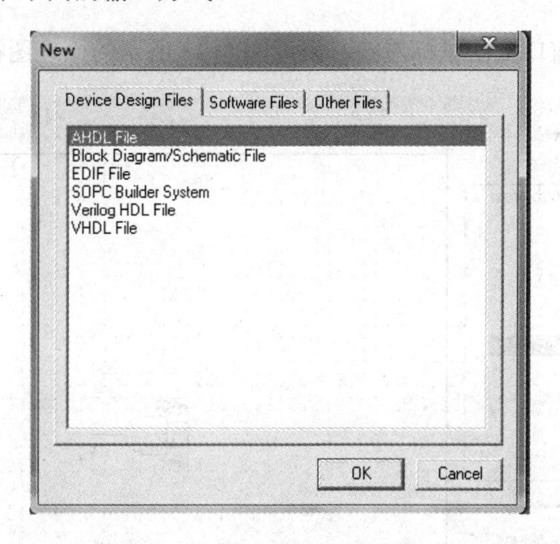

图 1-25　设计输入类型选择窗口

AHDL File：Altera 硬件描述语言 AHDL 设计文件，扩展名为.tdf。

Block Diagram/Schematic File：结构图/原理图设计文件，扩展名为.bdf。

EDIF File：其他 EDA 工具生成的标准 EDIF 网表文件，扩展名为.edf 或.edif。

SOPC Builder System：可编程片上编译器系统输入。

Verilog HDL File：Verilog HDL 设计源文件，扩展名为.v 或.vlg 或.verilog。

VHDL File：VHDL 设计源文件，扩展名为.vh 或.vhl 或.vhdl。

本例选择原理图输入文件类型。

2）选择原理图文件类型，单击“OK”按钮，进入原理图编辑界面，如图 1-26 所示。

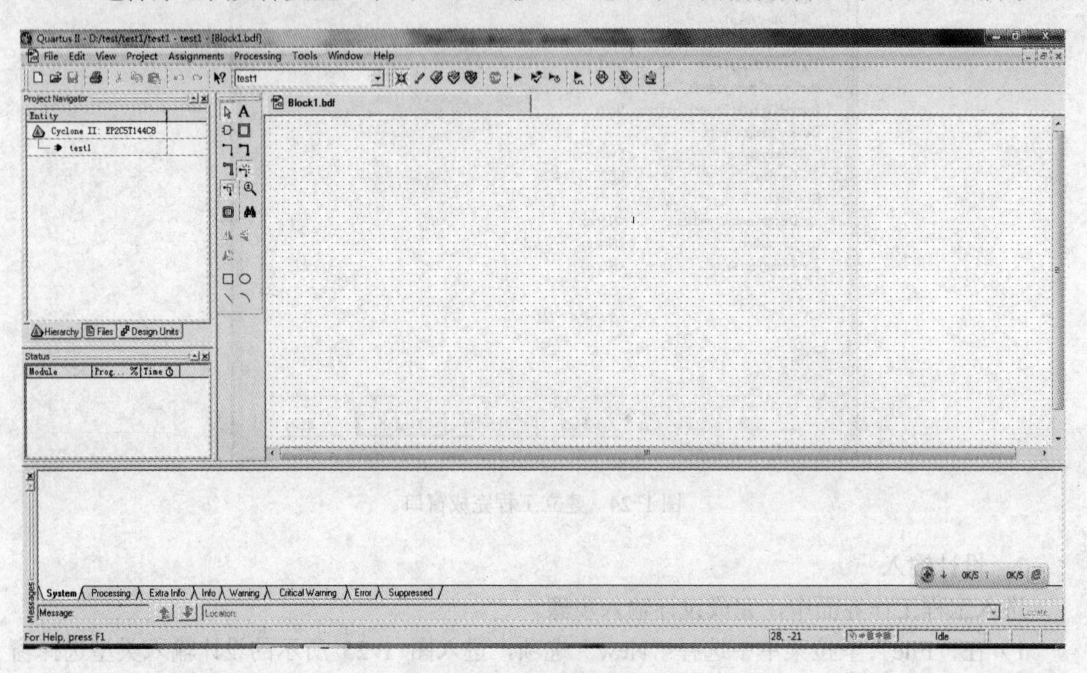

图 1-26　原理图编辑界面

3）在原理图编辑窗口双击鼠标左键，出现图 1-27 所示的原理图符号窗口。

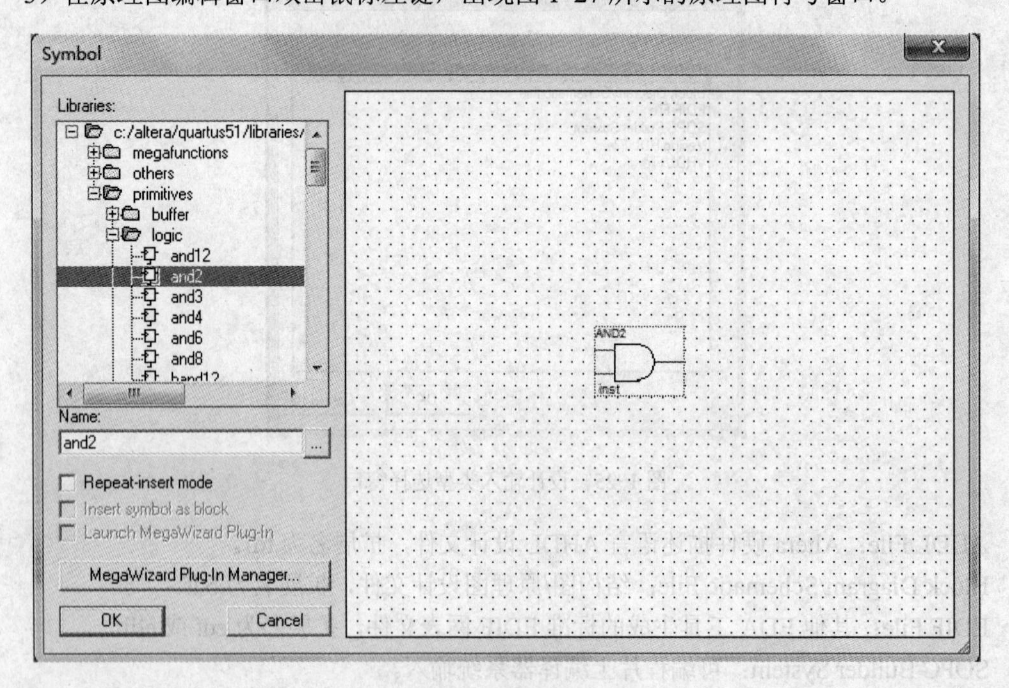

图 1-27　原理图符号窗口

打开原理图符号窗口有以下几种方法：

在原理图编辑窗口内双击鼠标左键。

单击左侧快捷工具栏中的 Symbol Tool 按钮。

在“Edit”下拉菜单中选择“Insert Symbol”选项。

4）在原理图符号窗口的“Name”栏中输入“and2”，“Library”栏中出现所选择的器件名称，窗口右侧出现二输入与门的符号，单击“OK”按钮，将该元件符号引入到原理图编辑窗口。如果选择了“Repeat-insert mode”方式，则可连续放置该元件。当放置完毕时单击鼠标右键，会弹出提示窗口，选择“cancel”即可退出连续放置元件的操作状态。

同理，引入两个输入引脚（input）符号和一个输出引脚（output）符号。

注：常用的基本逻辑元件在 primitives 库中。

5）更改输入、输出引脚的名称。在 PIN_NAME 处双击鼠标左键，进行更名，本例两输入引脚分别为 a 和 b，输出为 y。

6）单击左侧快捷工具栏中的直交节点连线工具进行连线，二输入与门原理图如图 1-28 所示。或者将光标靠近引脚，当出现十字时，单击鼠标左键并拖动到目标节点松开鼠标即可完成连线。

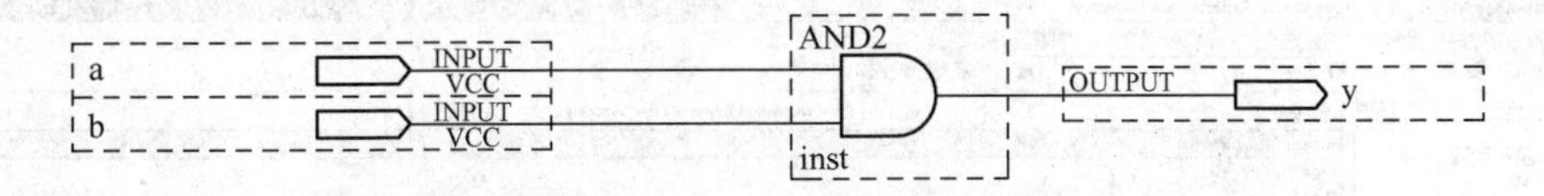

图 1-28　二输入与门原理图

如果按住鼠标左键拖动元件符号，连线随符号移动而拉伸，则说明连线正确，否则连线没有连接好，需要重新绘制连线。

7）选择“File”下拉菜单中的“save”选项出现，原理图文件保存窗口如图 1-29 所示。将“Add file to current project”前的选项选中，该原理图文件自动添加到当前工程中。

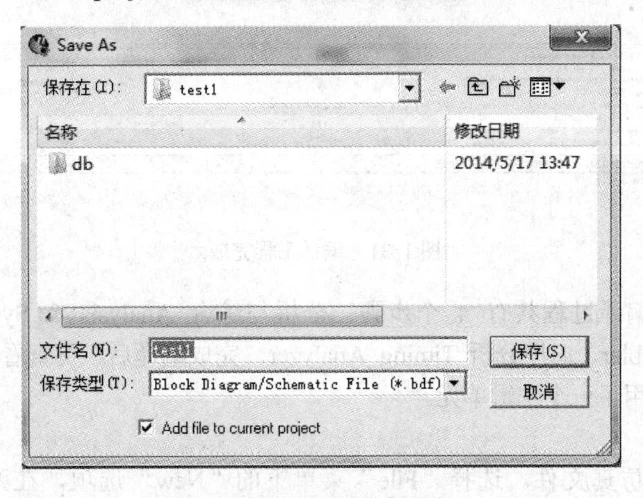

图 1-29　原理图文件保存窗口

保存后，在主界面左侧“Project Navigator”的“Files”选项卡，即可看到原理图文件已经添加到工程中了，如图 1-30 所示。

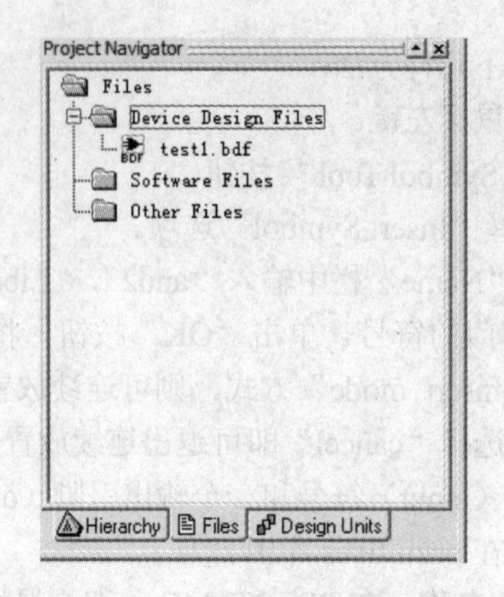

图 1-30　原理图文件添加到工程中

3．工程编译

选择“Processing”下拉菜单中的“Start Compilation”选项，或者单击位于工具栏的编译按钮▶，编译工程完成如图 1-31 所示。

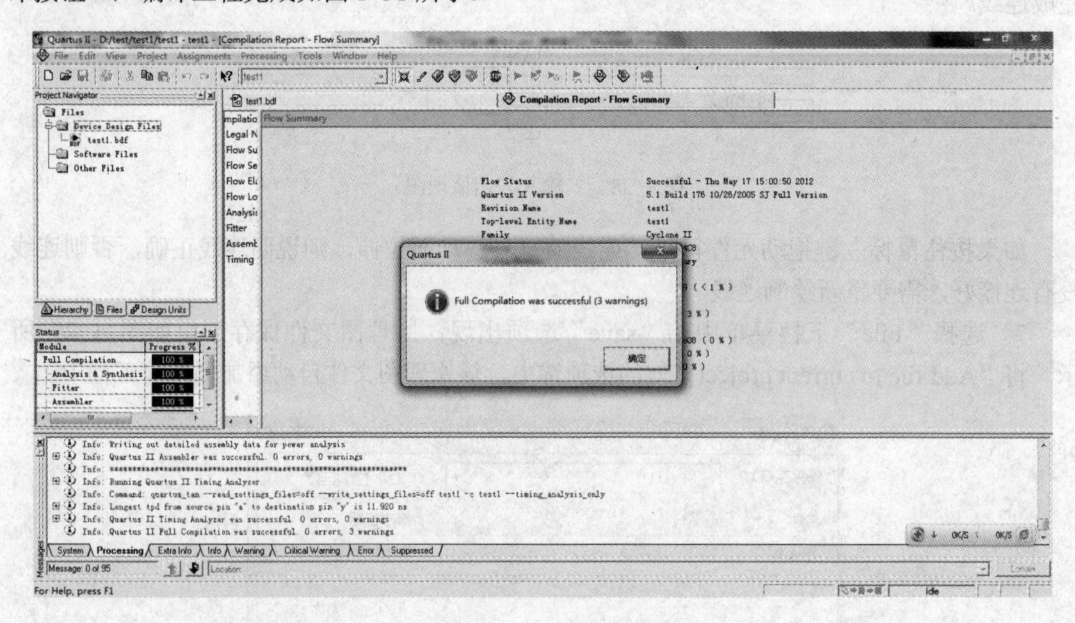

图 1-31　编译工程完成

Quartus Ⅱ的编译过程共有 4 个步骤：分析与综合 Analysis & Synthesis、布局连线 Fitter、装配 Assembler、时序分析 Timing Analyzer。完成编译后，可查看最终生成的系统编译报告。本例仅使用了一个逻辑单元。

4．设计仿真

1）建立波形仿真文件。选择“File”菜单下的“New”选项，在弹出的窗口中选择“Other Files”选项卡中的“Vector Waveform File”，图 1-32 所示为新建波形仿真文件。在波形仿真文件编辑窗口中单击“File”菜单下的“Save as”选项，将该波形文件另存为“test1.vwf”。

2）添加观察信号。在波形文件编辑窗口的右边空白处双击鼠标左键，进入“Insert Node

or Bus”窗口，如图 1-33 所示。

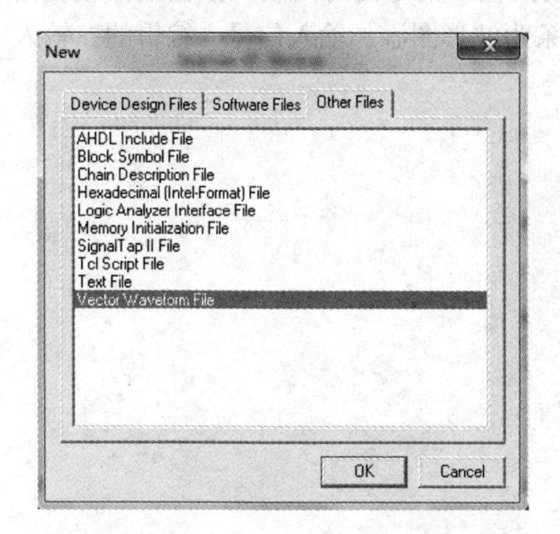

图 1-32 新建波形仿真文件

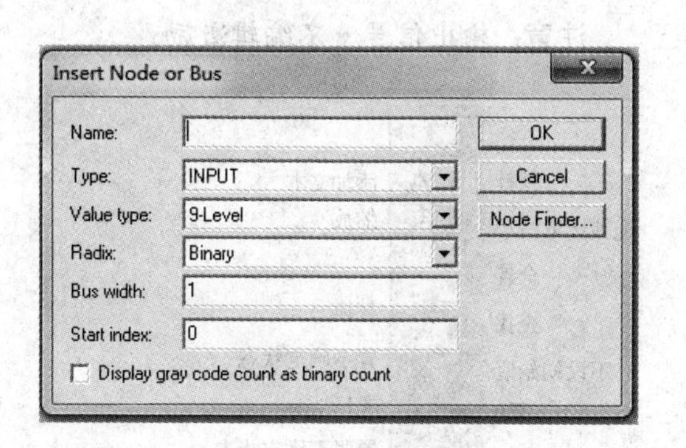

图 1-33 插入节点窗口

在该窗口下单击“Node Finder”按钮，出现图 1-34 所示的“Node Finder”窗口，注意：第二行的“Look in”后面的文件名应和相应的波形文件对应。单击“List”按钮，二输入与门的 3 个引脚出现在左边窗口，单击窗口中间的“》”按钮，3 个引脚出现在窗口右边的空白处，表示为“被选择的节点”，单击“OK”按钮回到波形编辑窗口，如图 1-35 所示。

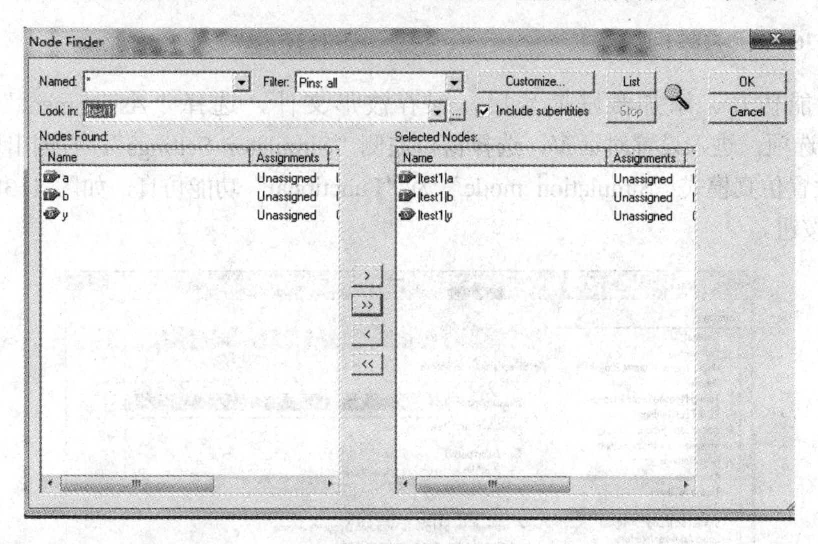

图 1-34 选择节点窗口

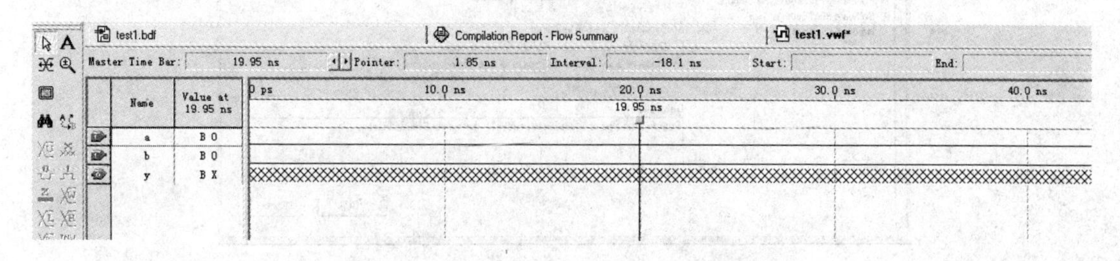

图 1-35 完成观察节点输入的波形编辑窗口

3）添加激励。在波形编辑窗口中先选择要编辑的输入信号的时间段，按住鼠标左键拖拉完成选择，再利用图 1-36 所示的波形控制工具条为波形图添加输入信号，编辑的二输入与门激励信号如图 1-37 所示。

注意：输出信号 y 不编辑激励。

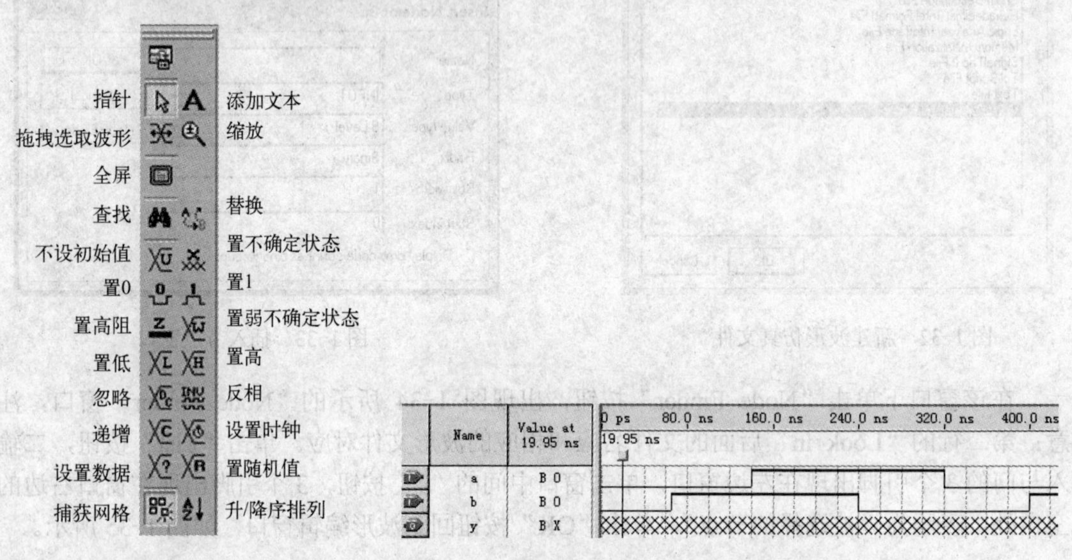

图 1-36　波形控制工具条　　　　图 1-37　二输入与门激励信号

4）功能仿真。添加激励信号后，保存波形文件，选择“Assignment”菜单下的“Settings”选项，进入设置对话窗，选择窗口左侧“Simulator Settings”，右侧出现仿真器设置窗口，设置仿真模式“Simulation mode”为“Functional”功能仿真，如图 1-38 所示，单击“OK”按钮。

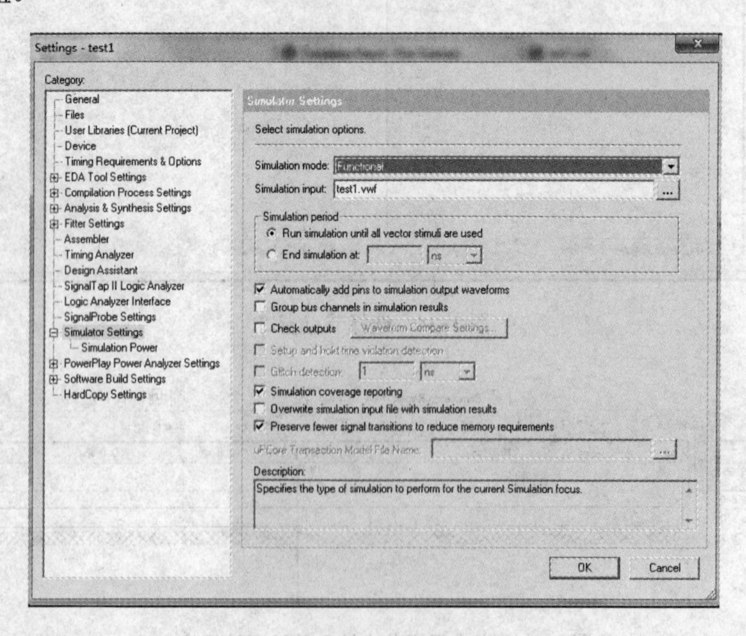

图 1-38　功能仿真模式选择

然后在“Processing”菜单下选择“Generate Functional Simulation Netlist”生成功能仿真网表，网表生成后，单击工具栏按钮，开始仿真。二输入与门功能仿真结果如图 1-39 所示。

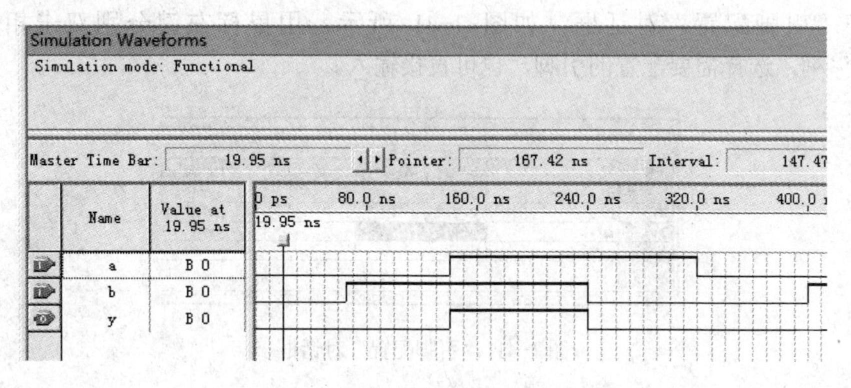

图 1-39　二输入与门功能仿真结果

5）时序仿真。在前面“Simulator Settings”窗口，将仿真模式“Simulation mode”设置为“Timing”时序仿真，不需要建立功能仿真网表，图 1-40 所示为二输入与门时序仿真结果。

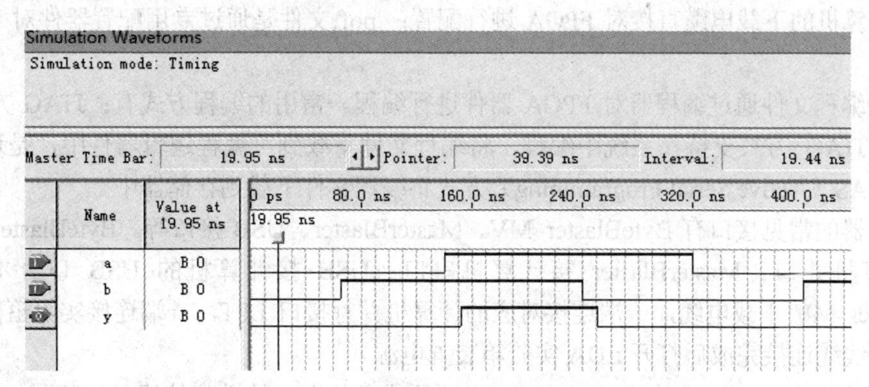

图 1-40　二输入与门时序仿真结果

信号通过连线和逻辑单元时，都有一定的延时，延时的大小与连线的长短、逻辑单元的数目有关，同时还受器件的制造工艺、工作电压、温度等条件的影响。在图 1-39 中反映的是不考虑电路中的信号传输延时，在理想状态下的电路逻辑功能。图 1-40 则反映在信号传输延时下的情况，即当 a 和 b 都为高电平时，输出信号 y 延迟一段时间后才产生由 0 到 1 的改变。

由于信号高低电平转换也需要一定的过渡时间，包括上升时间和下降时间，这些因素会使组合逻辑电路在特定输入条件下输出出现毛刺，即竞争和冒险现象，在电路设计中是要考虑的。

5. 器件编程与配置

把编译好的设计文件下载到 FPGA 器件中验证设计的正确性。本例中的两个输入信号用拨码开关实现二进制数据输入，输出接一个发光二极管，通过二极管的亮灭验证设计的输出是否正确。

1）配置引脚，就是将设计文件的输入/输出信号分配到器件引脚的过程。结合所使用的实验箱 FPGA 外部引脚的连接，进行引脚配置。选择“Assignments”菜单中的“Pins”选项，打开“引脚配置”对话框，如图 1-41 所示，用鼠标左键分别双击相应引脚的“Location”列，选择需要配置的引脚，也可直接输入。

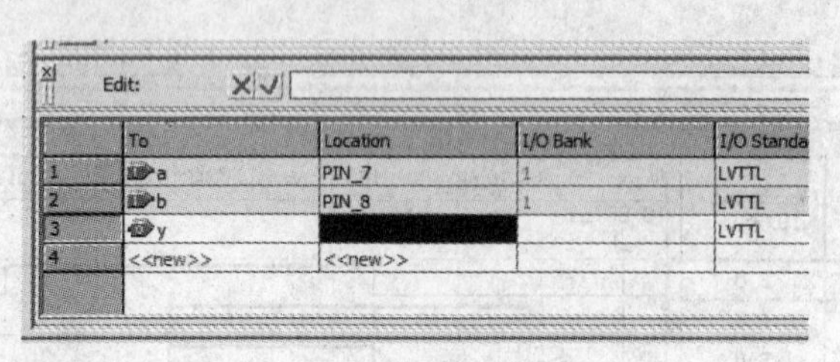

图 1-41 “引脚配置”对话框

引脚配置完成后，需要对工程设计进行重新编译。

2）编程下载。重新编译完成后，Quartus Ⅱ 软件会自动生成编程数据文件，这个文件中包含了根据设计文件对 FPGA 内部硬件资源连接的配置，实现对芯片的编程设计。

Quartus Ⅱ 软件生成的编程文件主要有两类：.sof 文件和.pof 文件。其中，.sof 文件是通过连接计算机的下载电缆直接对 FPGA 进行配置；.pof 文件是通过专用配置器件对 FPGA 进行配置。

这些编程文件通过编程器对 FPGA 器件进行编程。常用的编程方式有：JTAG 方式、AS 方式等。JTAG 方式支持在系统中编程，将编程文件下载到可编程逻辑器件中，是通用的编程方式；AS（Active Serial Programming）方式将编程文件下载到存储器中。

编程器的常见接口有 ByteBlaster MV、MasterBlaster、USB 接口等。ByteBlaster MV 需要接计算机并口；MasterBlaster 接计算机串口；USB 接计算机的 USB 口。本例使用 ByteBlaster MV 下载电缆，一端连接对应的计算机并行接口 LPT，一端连接实验箱核心板下载接口。线缆连接完成后打开 EDA 实验箱装置电源。

单击菜单“Tools”中的“Programmer”选项或者单击工具栏按钮，打开图 1-42 所示的编程下载窗口。

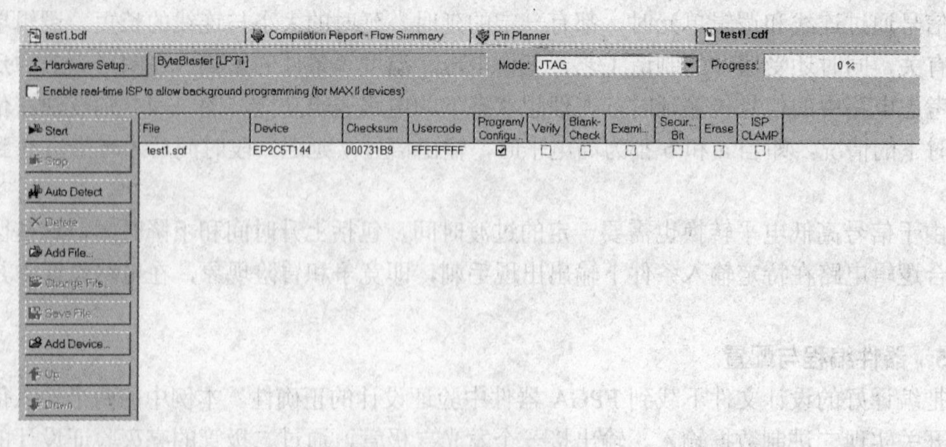

图 1-42 编程下载界面

单击编程下载界面中的“Hardware Setup”按钮，弹出图1-43所示的“硬件配置”对话框。

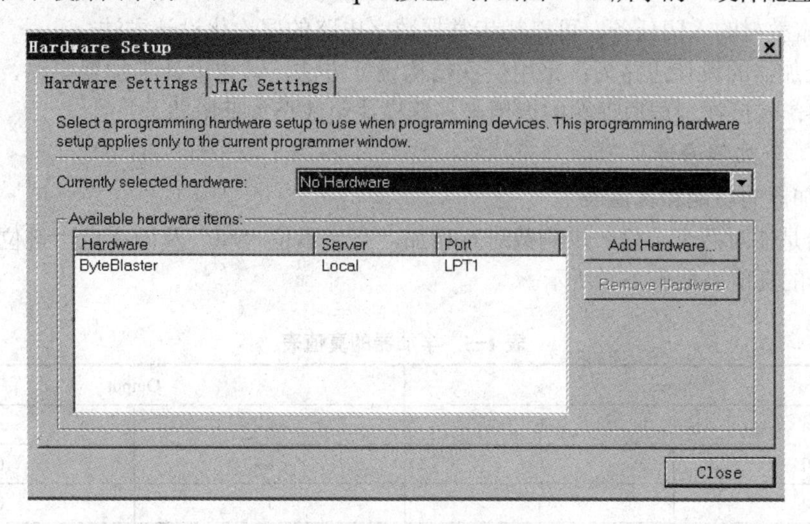

图1-43 “硬件配置”对话框

单击“硬件配置”对话框中的“Add Hardware”按钮，弹出图1-44所示的“添加硬件”对话框。

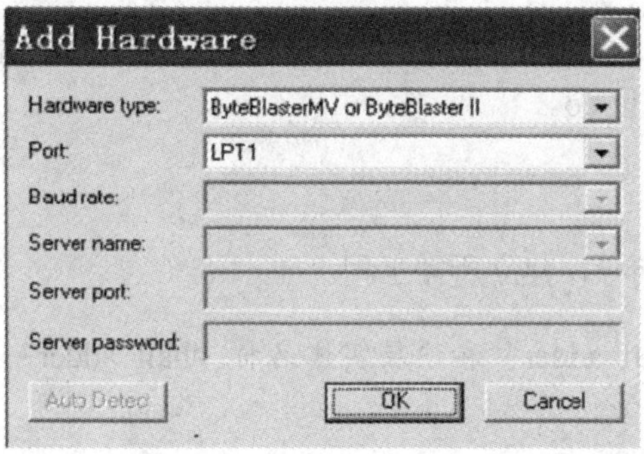

图1-44 “添加硬件”对话框

单击“添加硬件”对话框中的“Hardware type”输入框右端的下拉按钮，列出各种编程机制的可选内容，从中选择适合目前所具备编程条件的方案，如“LPT1”接口，单击“OK”按钮，回到“硬件配置”对话框，单击“Close”按钮，关闭“硬件配置”对话框。

在图1-42所示的编程下载界面中，单击“Mode”输入框右端的下拉按钮，选中JTAG编程方式。然后单击“Add Files”按钮，在弹出的对话框中选中要下载的test1.sof文件。通常情况下，引脚配置编译后打开编程下载界面时，会自动加载新生成的编程文件。

单击编程下载中的“Start”按钮，即可开始对芯片编程。

完成下载后，就可以利用实验箱上的拨码进行设计功能验证。

1.1.4 一位全加器设计

“一位全加器”是通过门电路实现两个一位二进制数相加求和的逻辑电路。全加器能对两个一位二进制数以及来自低位的“进位”进行相加，产生本位“和”以及向高位的“进位”。作为本教材的入门任务，可以初步掌握数字电路的层次化设计方法。

一位全加器的设计思路为：采用层次结构设计方法，首先设计半加器电路，将其封装为半加器模块，然后在顶层原理图中调用半加器模块组成全加器电路。

1.1.4.1 半加器设计

1. 半加器的功能和真值表

半加器是能对两个一位二进制数进行相加，产生本位“和”及向高位“进位”的逻辑电路。半加器的真值表如表 1-5 所示。

表 1-5 半加器的真值表

Input		Output	
a	b	so	co
0	0	0	0
0	1	1	0
1	0	1	0
1	1	0	1

分析真值表，可得逻辑关系：so＝ab'+a'b；co＝ab。

2. 半加器框图

半加器框图如图 1-45 所示。其中输入端为两个加数 a、b；输出端为本位和 so，向高位进位 co。

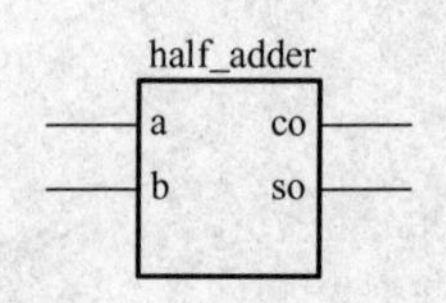

图 1-45 半加器框图

3. 设计过程

（1）建立工程和文件

1）按照建立工程的向导，建立所需工程。

注意： 工程名称“half_adder”和顶层实体名称“half_adder”一致，选择与实验箱相同的 FPGA 芯片型号。

2）在建好的工程中，新建工程源文件。

注意： 文件的类型为 Block Diagram/Schematic File。

（2）画原理图

1）输入各种元器件逻辑符号及输入/输出端口引脚，如图 1-46 所示。

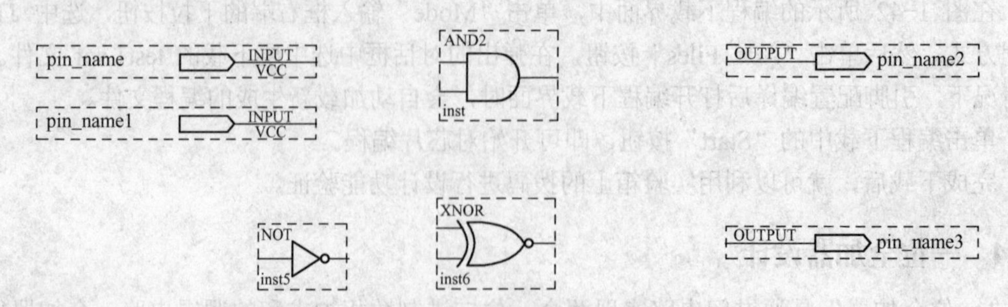

图 1-46 输入各种元器件逻辑符号及输入/输出端口引脚

2）重命名输入和输出引脚的名称，如图 1-47 所示。

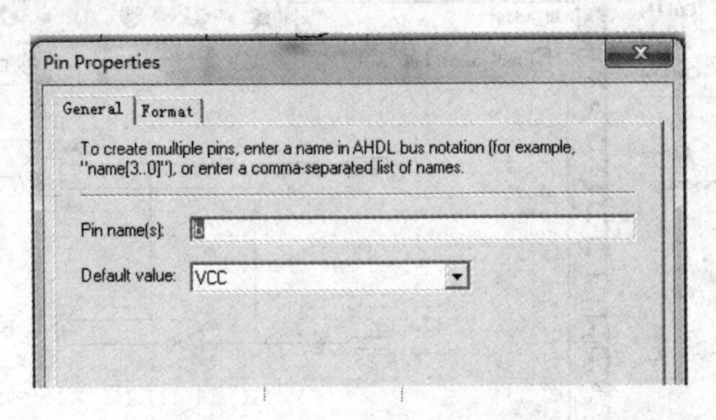

图 1-47　更改引脚名称

3）连接逻辑图，半加器原理图如图 1-48 所示。

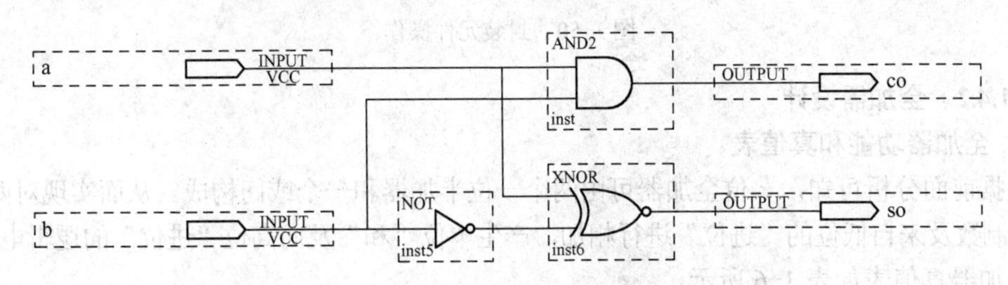

图 1-48　半加器原理图

（3）编译

保存原理图文件，编译工程。

根据编译结果的错误提示，修改错误，直至编译通过。

（4）功能仿真

建立仿真文件，并添加相应引脚和输入信号，保存后进行功能仿真。半加器仿真结果如图 1-49 所示。

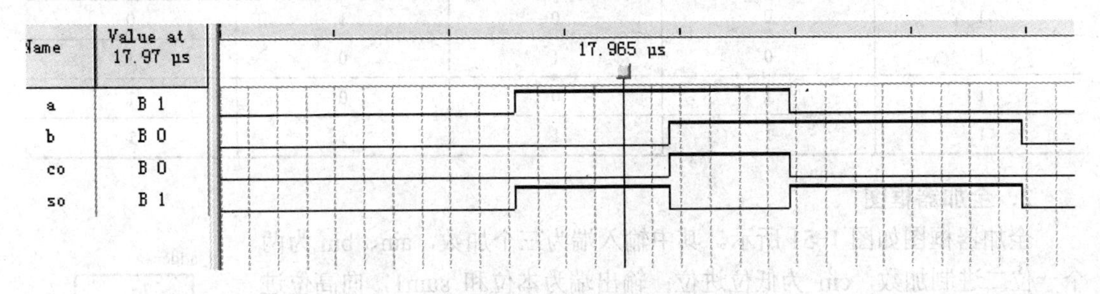

图 1-49　半加器仿真结果

（5）创建半加器电路符号

将完成的半加器电路封装成元件，即创建半加器电路符号。

在半加器原理图设计文件为当前文件的状态下，打开“File”菜单，找到“Create/Update”选项下“Create Symbol Files for Current File”，封装元件操作如图 1-50 所示。单击完成元件封装，生成“half_adder.bsf”文件，表明封装完成，并保存到本工程文件夹下。

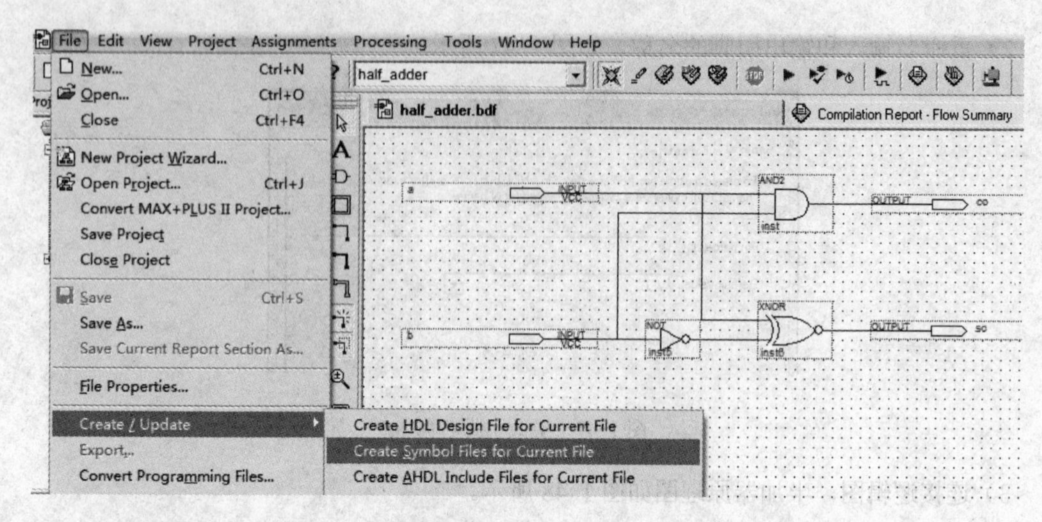

图 1-50　封装元件操作

1.1.4.2　全加器设计

1．全加器功能和真值表

根据前面分析可知，一位全加器可由两个一位半加器和一个或门构成。从而实现对两个一位二进制数及来自低位的“进位”进行相加，产生本位“和”及向高位“进位”的逻辑电路。

全加器真值表如表 1-6 所示。

表 1-6　全加器真值表

Input			Output	
ain	bin	cin	sum1	cout1
0	0	0	0	0
0	0	1	1	0
0	1	0	1	0
0	1	1	0	1
1	0	0	1	0
1	0	1	0	1
1	1	0	0	1
1	1	1	1	1

2．全加器框图

全加器框图如图 1-51 所示。其中输入端为三个加数，ain、bin 为两个一位二进制加数，cin 为低位进位；输出端为本位和 sum1，向高位进位 cout1。

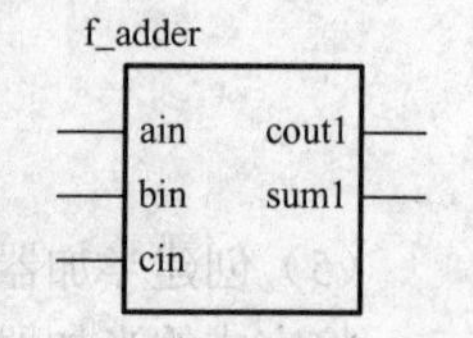

图 1-51　全加器框图

3．设计过程

（1）画原理图

在前面半加器设计已经建好的工程中，再新建工程设计文件，文件命名为“f_adder”。

注意：文件的类型为 Block Diagram/Schematic File。

1）调用封装好的半加器元件，如图 1-52 所示。

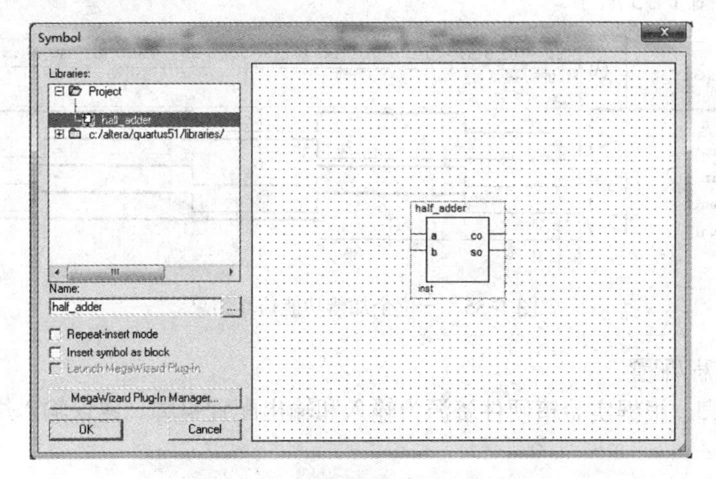

图 1-52　调用封装好的半加器元件

2）完成原理图输入，一位全加器原理图设计如图 1-53 所示。

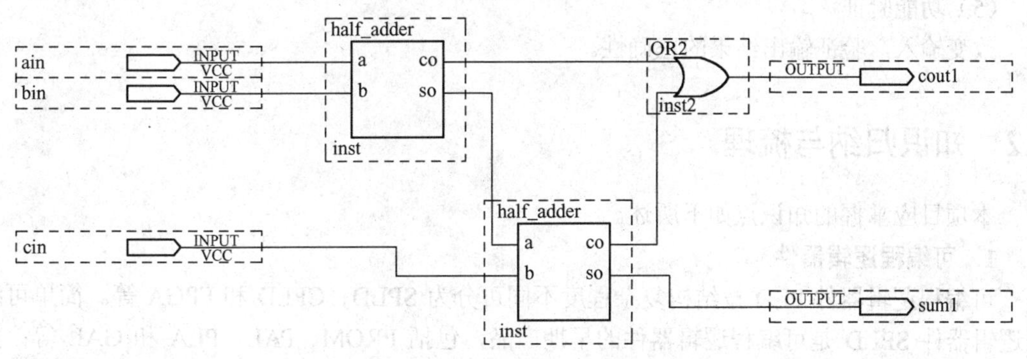

图 1-53　一位全加器原理图设计

（2）编译

保存原理图文件，图 1-54 所示为将“f_adder”文件设置为顶层实体，然后编译工程。

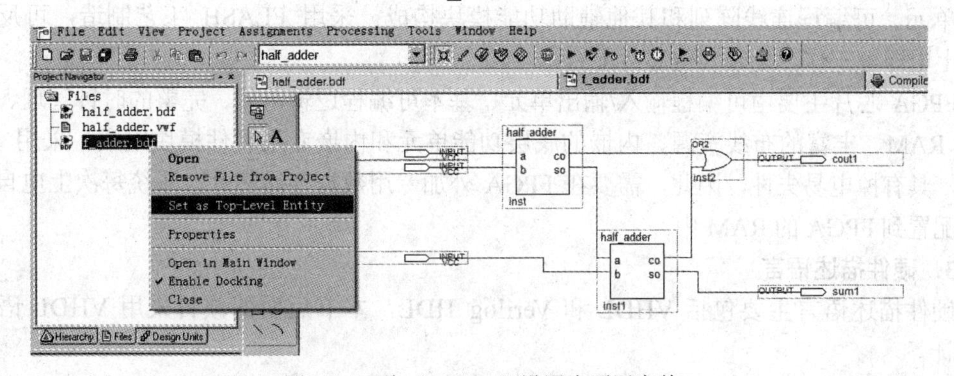

图 1-54　将“f_adder”设置为顶层实体

根据编译结果的错误提示，修改错误，直至编译通过。

（3）功能仿真

建立仿真文件，并添加相应节点，编辑输入信号，保存后，进行功能仿真。一位全加器功能仿真结果如图 1-55 所示。

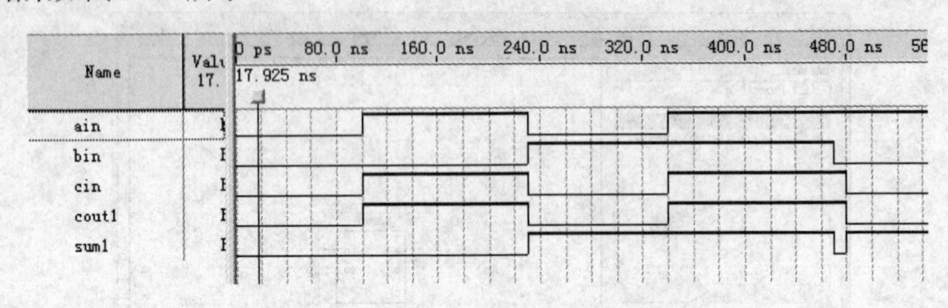

图 1-55　一位全加器功能仿真结果

（4）器件编程/配置

1）锁定引脚，根据实验箱硬件资源为输入和输出配置引脚。建议输入用拨码控制，输出用发光二极管。

2）编译，完成引脚配置后，一定要重新编译。

3）硬件下载，把编译好的.sof 文件下载到目标 FPGA 芯片中。

（5）功能验证

改变输入，验证输出结果的正确性。

1.2　知识归纳与梳理

本项目应掌握的知识点如下所述。

1．可编程逻辑器件

可编程逻辑器件 PLD 按结构复杂程度不同可分为 SPLD、CPLD 和 FPGA 等。简单可编程逻辑器件 SPLD 是可编程逻辑器件的早期产品，包括 PROM、PAL、PLA 和 GAL 等；复杂可编程逻辑器件包括 CPLD 和 FPGA 等。

2．CPLD/FPGA 的结构

CPLD 一般都是基于乘积项结构，其结构相对比较简单，主要由可编程 I/O 单元、基本逻辑单元、可编程连线阵列和其他辅助功能模块构成。采用 FLASH 工艺制造，可反复编程，上电即可工作，无须其他芯片配合。

FPGA 芯片主要由可编程输入/输出单元、基本可编程逻辑单元、完整的时钟管理、嵌入块式 RAM、丰富的布线资源、内嵌的底层功能单元和内嵌专用硬件模块组成。采用 RAM 工艺，具有掉电易失性，因此，需要在 FPGA 外加专用数据存储芯片，系统每次上电自动将数据配置到 FPGA 的 RAM 中。

3．硬件描述语言

硬件描述语言主要包括 VHDL 和 Verilog HDL，本书后面的项目采用 VHDL 语言实现设计。

4．应用 Quartus Ⅱ实现基本开发流程

Quartus Ⅱ是 Altera 公司推出的第四代开发软件，适用于大规模逻辑电路的设计，本章通过实例详细阐述了 Quartus Ⅱ开发环境及应用，给出了基本开发流程。应用步骤包括项目模块的设计、编译与时序仿真、引脚配置、.pof 文件和.sof 文件的生成及下载等。

1.3 本章习题

1. 简述可编程逻辑器件的发展。

2. 简述 FPGA 芯片的结构。

3. 简述 FPGA 的一般设计流程。

4. 浏览 Altera、Xilinx、Lattice 和 Actel 公司的网站，了解可编程逻辑器件的相关信息。

5. 填空题

1）Quartus Ⅱ是________公司的 EDA 设计工具，由该公司早先 MAX+PLUSⅡ升级而来。

2）可编程逻辑器件从集成密度上分类，可分为________和________。

3）可编程逻辑器件从结构上分为________和________，简单可编程逻辑器件属于________结构器件。

4）HDL 的中文意思是________________。

5）写出下列英文单词的中文意思

PROM ________	PLA ________
EPLD________	CPLD________
FPGA________	VHDL________
LUT________	EDA________
project________	device________
pin________	family________
input________	output________
compilation________	synthesis________
analysis________	fitter________
assembler________	waveform________
node________	simulator________
functional________	timing ________
assignment________	wizard________

6. 简述 Quartus Ⅱ软件的完整设计流程。

7. 根据全加器的原理图写出逻辑表达式。

8. 分析 3 线-8 线译码器的输入输出逻辑关系并写出真值表。

1.4 项目实践练习

1.4.1 实践练习 1——原理图输入设计多位全加器

1. 实践练习目的

1）掌握多位串行进位加法器的设计思路。

2）进一步练习 Quartus Ⅱ软件平台的操作方法。

3）掌握模块符号的创建和调用方法。

4）初步学习实验箱资源的应用。

5）进一步掌握 FPGA 原理图输入设计流程。

2．设计要求

1）利用全加器和半加器设计一个两位二进制加法器电路。

2）完成设计的仿真。

3）完成设计的硬件验证。

3．设计指导

（1）设计思路

一个全加器可以实现一位二进制数加法运算，多个全加器可以构成串行进位加法器实现多位二进制数的运算。串行进位加法器的优点是电路结构比较简单，缺点是运算速度慢。

应用前面所学的元器件封装的操作方法，将一位全加器封装为一个元器件，再调用该元器件，实现多位全加器的设计。

（2）设计步骤

1）建立工程，首先在硬盘相关目录下建立文件夹 ex1-1，启动 QuartusⅡ软件，新建一个工程项目。

2）按照 QuartusⅡ软件操作步骤完成原理图设计输入，两位二进制全加器参考电路图如图 1-56 所示。

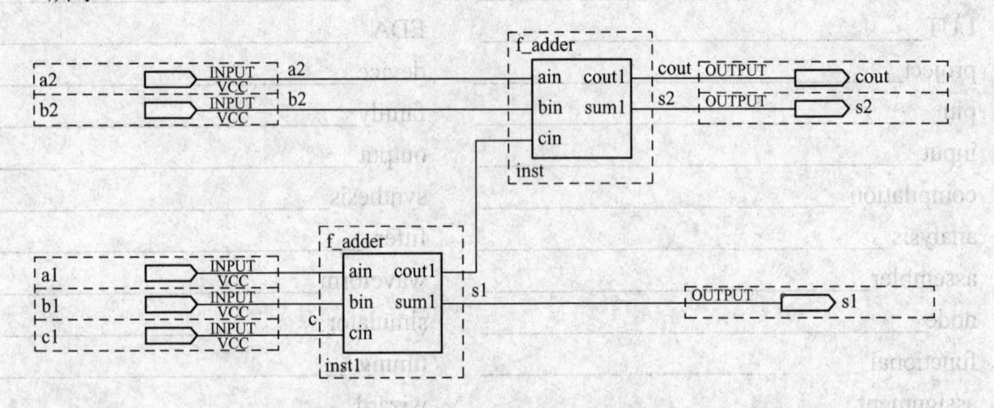

图 1-56　两位二进制全加器参考电路图

3）保存该文件，文件名要求为“two_all_adder.bdf”。

4）编译、仿真、并下载到器件进行分析。

（3）硬件环境

设计可以在 FPGA 实验装置上实现，选择和实验箱相对应的 FPGA 型号，两个两位的二进制加数和低位进位由五个拨码输入，相加结果用三个 LED 发光二极管显示（灯亮表示为“1”）。

1.4.2　实践练习 2——3 线-8 线译码器设计

1．实践练习目的

1）掌握 3 线-8 线译码器的设计思路。

2）进一步练习 Quartus Ⅱ软件平台的操作方法。

3）掌握模块符号的调用方法。

4）进一步掌握 FPGA 原理图输入设计流程。

2．设计要求

在 QuartusⅡ软件环境下设计并测试 3 线–8 线译码器逻辑电路。

3．设计指导

（1）设计步骤

1）建立工程，首先在硬盘相关目录下建立文件夹 ex1-2，启动 QuartusⅡ软件，新建一个工程项目。

2）新建 Block Diagram→Schematic File。

3）保存该文件至 ex1-2 文件夹，改文件名为 decode3_8.bdf。

4）创建图 1-57 所示 3 线–8 线译码电路逻辑图，进行编译、仿真、并下载到器件进行分析，给出真值表。

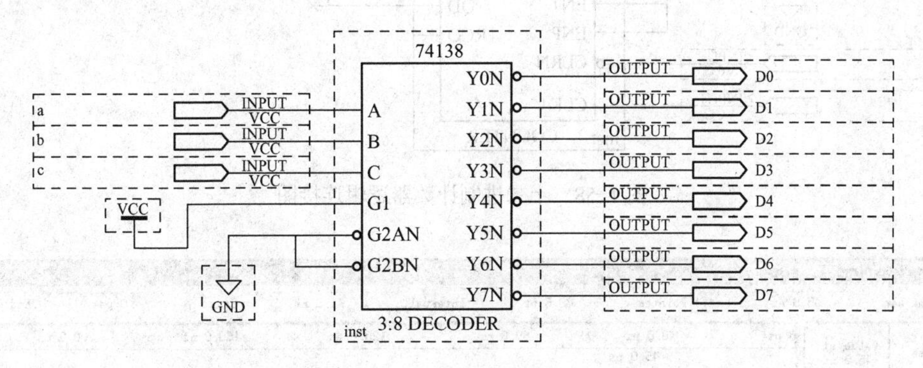

图 1-57　3 线–8 线译码电路逻辑图

（2）硬件实现

设计可以在 FPGA 实验装置上实现，选择和实验箱相对应的 FPGA 型号，三位输入 a,b,c 由三个拨码输入，译码结果用八个 LED 发光二极管显示（灯亮表示为“1”）。

1.4.3　实践练习 3——十二进制计数器设计

1．实践练习目的

1）掌握十二进制计数器的设计思路。

2）进一步练习 Quartus Ⅱ软件平台的操作方法。

3）掌握模块符号的调用方法。

4）进一步掌握 FPGA 原理图输入设计流程。

2．设计要求

在 QuartusⅡ软件环境下设计并测试计数器逻辑电路。

3．设计指导

（1）设计步骤

1）建立工程，首先在硬盘相关目录下建立文件夹 ex1-3，启动 QuartusⅡ软件，新建一个工程项目。

2）完成设计输入新建 Block Diagram→Schematic File。

3）保存该文件，改文件名为 count12.bdf。

4）创建图 1-58 所示十二进制计数器逻辑连接图，进行编译、仿真（逻辑功能仿真波形图如图 1-59 所示）。

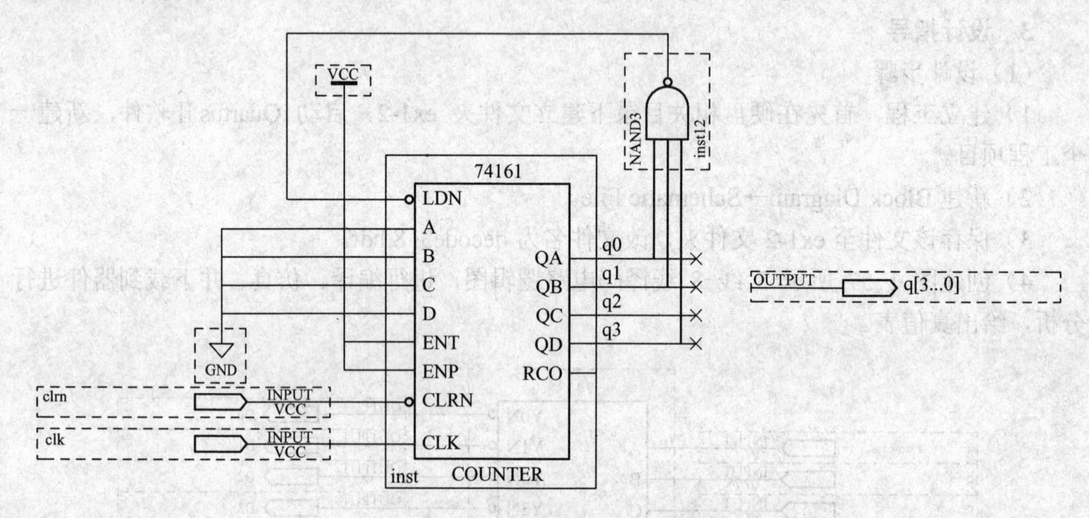

图 1-58　十二进制计数器逻辑连接图

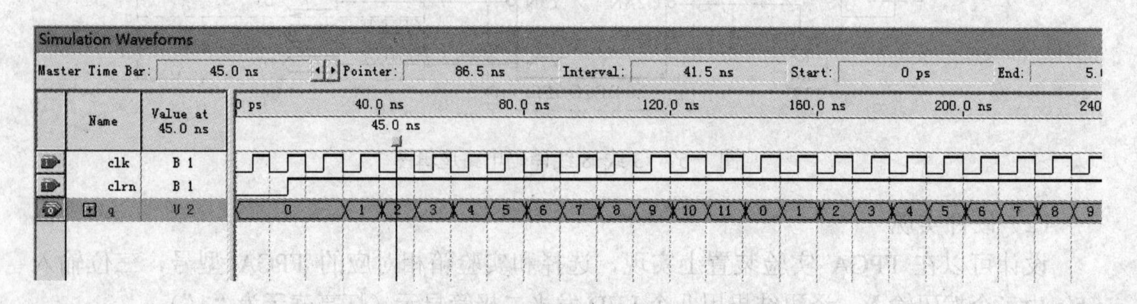

图 1-59　逻辑功能仿真波形图

（2）硬件实现

设计可以在 FPGA 开发装置上实现，选择和实验箱相对应的 FPGA 型号，CLRN 可以接到复位信号端子上，时钟信号从实验箱相应的引脚通过分配引脚实现。计数结果可以接在带译码的数码显示管上。

第2章　VHDL语言基础设计

【引言】

所有“idea（想法）”都需要表达出来才会实现，VHDL语言就是表达的工具之一。在初步掌握CPLD/FPGA可编程逻辑器件开发平台Quartus Ⅱ的使用方法，并且能用原理图设计输入的方式完成一些数字电路设计的前提下，本章将重点学习VHDL语言的表达方法，并应用VHDL语言实现常用数字电路的设计。

本章由3个任务组成，分别是基本门电路设计、4选1数据选择器设计和N进制计数器设计。3个任务由浅入深，在完成任务的过程中，逐步掌握VHDL语言的基本要素、常用语法格式及使用方法，初步形成基于可编程逻辑器件的程序开发设计思路和方法，为后面的数字系统设计奠定基础。

2.1　任务1——基本门电路设计

1．任务描述

数字系统的逻辑关系通常可由与、或、非等基本逻辑关系组合构成。能够实现基本逻辑关系的电路称为基本门电路。常用的门电路有：与门、或门、非门、与非门、或非门、同或门和异或门。学习VHDL语言设计，本书从最基础的门电路设计开始，掌握VHDL程序的基本结构和常用数据类型。

2．任务目标

1）掌握VHDL程序的基本结构。

2）能读出程序的相关信息，如：实体名、对外端口及模式等。

3）能利用简单信号赋值语句完成基本门电路的程序设计。

4）能进行程序编译和简单错误排查。

5）能对设计进行仿真验证。

3．学习重点

1）VHDL程序的基本结构、数据对象与类型、运算符号。

2）VHDL赋值语句的语法格式与使用方法。

3）利用Quartus Ⅱ文本输入进行项目设计的方法。

4）程序编译与排错的方法。

5）仿真方法和仿真分析。

6）分析、判断、解决问题的方法。

4．学习难点

1）VHDL程序的基本结构、数据对象与类型、运算符号。

2）VHDL赋值语句的语法格式与使用方法。

3）利用 Quartus Ⅱ文本输入进行项目设计的方法。

2.1.1 VHDL 的基本结构

超高速集成电路硬件描述语言（Very-High-Speed Integrated Circuit Hardware Description Language，VHDL）是 20 世纪 80 年代初由美国国防部为其超高速集成电路 VHSIC 计划提出的硬件描述语言。1986 年 IEEE-SA 标准化组织开始工作，讨论 VHDL 语言标准，历时一年有余，于 1987 年 12 月通过标准审查并宣布实施，即 IEEE STD 1076—1987[VHDL 1987]。1993 年 VHDL 重新修订，形成了新的标准，即 IEEE STD 1076—1993[VHDL 1993]。

VHDL 是一种用普通文本形式设计数字系统的标准硬件描述语言。在各种硬件描述语言中，VHDL 的抽象描述能力最强，支持硬件的设计、验证和综合测试。VHDL 主要用于描述数字系统的结构、行为、功能和接口，可以在多种文字处理编辑软件环境中使用。除了含有许多具有硬件特征的语句外，VHDL 的语言形式、描述风格与句法十分类似于计算机高级语言，既能容易被人读懂，又能被计算机识别。作为技术人员编写的源文件，它既是计算机程序、技术文档和技术人员交流的文件，又是签约双方约定的合同文件之一。

VHDL 语言能够成为标准化的硬件描述语言并获得广泛应用，它自身必然具有很多其他硬件描述语言所不具备的优点。归纳起来，VHDL 语言主要具有以下优点：

1）VHDL 语言功能强大，设计方式多样。

2）VHDL 语言具有强大的硬件描述能力。

3）VHDL 语言具有很强的移植能力。

4）VHDL 语言的设计描述与器件无关。

5）VHDL 语言程序易于共享和复用。

用 VHDL 语言编写电路系统前必须有这样的概念，即：一个完整的 VHDL 程序可看作一个独立的设计单元，或者一个元件。开发者要做的事情就是把要实现的功能用 VHDL 语言描述出来，并能被编译软件理解和实现。

先通过下面的例子来了解 VHDL 程序的基本结构。

【例 2-1】 用 VHDL 语言设计一个二输入与门，文件名为 ym2.vhd。

```
--库和程序包部分
LIBRARY IEEE;                          --IEEE 库声明
USE IEEE.STD_LOGIC_1164.ALL;           --调用 STD_LOGIC_1164 程序包
-- 实体部分
ENTITY ym2 IS                          --定义实体名为 ym2
PORT( a, b : IN   STD_LOGIC ;          --端口说明，定义端口类型和数据类型
      y : OUT STD_LOGIC ) ;
END [ENTITY] ym2 ;                     --实体结束，[ ]中的内容可不写
--结构体部分
ARCHITECTURE one OF ym2 IS             --定义结构体名为 one
BEGIN
y <= a AND b ;                         --将 a 与 b 相与的值赋给输出端口 y
END [ARCHITECTURE] one;                --结构体结束，[ ]中的内容可不写
```

VHDL 程序包括库（LIBRARY）、程序包（PACKAGE）、实体（ENTITY）、结构体（ARCHITECTURE）和配置（CONFIGURATION）五部分。其中，实体、结构体是每个 VHDL 程序的必需部分，配置、程序包和库是可选部分，但大多数的程序包含库和程序包。下面一一介绍 VHDL 程序的各组成部分。

1．库

库是专门存放预先编译好的程序包的地方，其功能相当于一个共享资源的仓库，已经完成设计的资源存入库中才能被其他的实体所调用。库的声明语句总是放在设计单元的最前面，表示该库资源对以下的设计单元开放。常用的库有 IEEE 库、STD 库和 WORK 库。

库声明的语句格式为： LIBRARY 库名;

例如：

```
LIBRARY IEEE;            --IEEE 库声明
```

IEEE 库是 VHDL 设计中最常用的资源库，包含 STD_LOGIC_1164、STD_LOGIC_ARITH、STD_LOGIC_UNSIGNED 以及其他一些支持工业标准的程序包。

STD 库是 VHDL 语言标准库，使用时无需声明。STD 库定义了 STADNARD 和 TEXTIO 两个标准程序包。其中：STADNARD 程序包中定义了 VHDL 的基本数据类型，如字符（CHARACTER）、整数（INTEGER）等数据类型。用户在程序中可以随时调用 STADNARD 包中的内容，不需要进行说明。TEXTIO 程序包中定义了对文本文件进行读、写控制的数据类型和子程序。用户在程序中需要调用 TEXTIO 程序包的内容时，需要使用 USE 语句加以说明。

WORK 库是用户当前编辑文件所在的文件夹，即用户在进行 VHDL 设计时的现行工作库，用户的设计成果将自动保存在这个库中，是用户自己的仓库，同 STD 库一样，使用该库不需要任何说明。

库声明的作用范围是从一个实体说明开始到其所属的结构体、配置为止，当一个源程序中出现两个以上的实体时，必须重复说明。

【例 2-2】 一个设计中包含两个实体 example1 和 example2，需要两次库声明。

```
LIBRARY   IEEE;                     }
USE   IEEE.STD_LOGIC_1164.ALL;      }  实体 example1 的库声明
ENTITY   example1   IS              }
……
END ENTITY example1;

LIBRARY   IEEE;                     }
USE   IEEE.STD_LOGIC_1164.ALL;      }  实体 example2 的库声明
ENTITY   example2   IS              }
……
END ENTITY example2;
```

2．程序包

程序包是用硬件描述语言编写的一段程序，定义了数据类型、逻辑操作和元件等，可以供其他设计单元调用和共享，相当于公用“工具箱”，类似 C 语言的头文件。IEEE 标准库中常用程序包包括：STD_LOGIC_1164、STD_LOGIC_ARITH、STD_LOGIC_SIGNED 和 STD_ LOGIC_UNSIGNED。其中 STD_LOGIC_1164 程序包是 IEEE 标准库中最常用的标准程序包。

调用程序包的语句格式为：USE 库名.程序包名;

例如：USE IEEE.STD_LOGIC_1164.ALL;　　　　-- 调用 IEEE 库中的 STD_LOGIC_1164 程序包

3. 实体

实体用于描述设计系统的外部接口信号。设计实体是 VHDL 程序的基本单元，是电子系统的抽象。简单的实体可以是一个门电路，复杂的实体可以是一个微处理器或一个数字电子系统。一个设计可以有多个实体，但只有处于最高层的实体称为顶层实体，编译和仿真都是对顶层实体进行的。实体通常以 ENTITY 开头，以 END 结束。

IEEE 标准中实体定义的格式如下：

```
ENTITY   实体名 IS
[GENERIC（类属说明）;]              --可选项
PORT（端口说明）;                    --必需项
END [ENTITY]  实体名;
```

注意：在语句格式中，用[ ]括起来的内容为可选项，即可写可不写，根据需要而定。

一个二输入与门设计的实体部分如下：

```
ENTITY ym2 IS                          --定义实体名为 ym2
PORT( a, b : IN STD_LOGIC ;            --端口说明，定义端口模式和数据类型
      y : OUT STD_LOGIC ) ;
END   ym2 ;                            --实体结束
```

根据上面程序实体部分的描述，画出该二输入与门的外部接口，如图 2-1 所示。

（1）实体名

首先实体名要与所在的设计文件名相同，并符合标识符规则。标识符的命名规则如下：

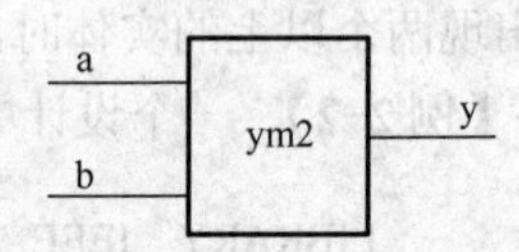

图 2-1　二输入与门的外部接口

1）由英文字母（不区分大小写）、数字 0～9 及下划线“_”组成。

2）第一个字符必须是字母，最后一个字符不能是下划线“_”。

3）下划线“_”不能连用。

4）不能使用 VHDL 中的关键字，如 ENTITY、PORT、BEGIN、END、AND 等。

最好根据电路的功能来定义实体名，这样便于程序阅读。如：二输入与门的实体名可用 ym2；半加器可用 half_adder；4 选 1 数据选择器可用 select4。

（2）类属说明

类属说明是一种端口界面常数。类属的值由设计实体外部提供，设计者可以从外面通过类属参量的重新设定而容易地改变一个设计实体或一个元件的内部电路结构和规模。类属说明是实体中的可选项，放在端口说明之前。

类属说明语句的书写格式为：GENERIC(常量名:数据类型:＝设定值);

例如：

```
GENERIC(m:TIME:=3ns);
```

这个类属说明是指在 VHDL 程序中，参数 m 的值为 3ns，其数据类型为时间类型。

（3）端口说明

端口说明语句是对设计实体与外部电路的接口通道的说明。端口的功能相当于元件的引脚。实体中的每一个输入、输出信号都被称为端口，一个端口就是一个数据对象。端口可以被赋值，也可以作为信号用在逻辑表达式中。端口说明包括：端口名、端口模式、数据类型。格式如下：

```
PORT(端口名 1,端口模式 1，数据类型 1;
     ……
     端口名 n,端口模式 n，数据类型 n);
```

例如：
```
PORT( a, b : IN   STD_LOGIC ;      --端口 a, b，输入模式，STD_LOGIC 类型
      y : OUT   STD_LOGIC ) ;      --端口 y，输出模式，STD_LOGIC 类型
```

1）端口名。端口名是赋予每个外部引脚的名称。名称的含义要明确。如：端口名 data 通常表示数据，端口名 addr 通常表示地址。

注意：端口名也应符合标识符的命名规范，不能用数字开头，且同一实体中端口名不能重复。合法的端口名，如：clk、reset、a0、d3 等。

2）端口模式。端口模式用来说明数据、信号通过端口的传输方向。端口模式有 IN、OUT、BUFFER、INOUT 四种，端口模式与说明如表 2-1 所示。端口信号传输方向如图 2-2 所示。

表 2-1　端口模式与说明

端 口 模 式	说　明
IN	单向模式，信号只能自端口到实体
OUT	单向模式，信号只能自实体到端口
BUFFER	缓冲模式，信号可以自实体输出，也可向内部反馈
INOUT	双向，信号既可从端口输入，又可从端口输出

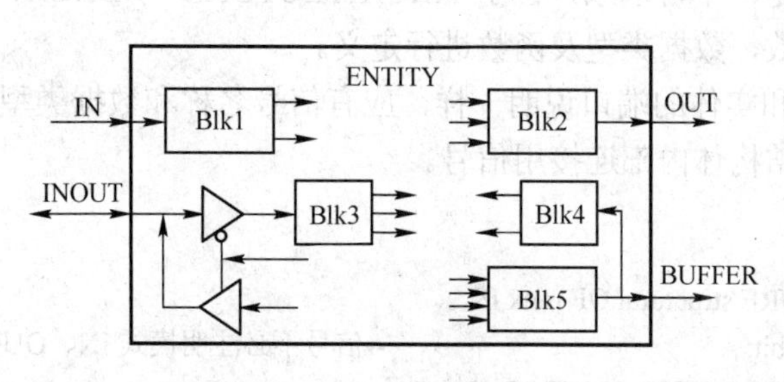

图 2-2　端口信号传输方向

3）数据类型。VHDL 语言要求设计实体中的每一个常数、信号、变量、函数以及设定的各种参量都必须具有确定的数据类型，只有数据类型相同的量才能互相传递和作用。有关数据类型内容见 2.1.2 小节。

4．结构体

结构体具体指明了该设计实体的行为，定义了该设计实体的功能，规定了该设计实体的数据流程，指派了实体中内部元件的连接关系，是 VHDL 程序设计的重要部分。

结构体的书写格式为：

```
ARCHITECTURE 结构体名 OF 实体名 IS
[结构体说明语句；]              --可选
BEGIN
功能描述语句；                  --必需
END  [ARCHITECTURE]结构体名；
```

以二输入与门的结构体部分为例：

```
ARCHITECTURE one OF ym2 IS          --定义结构体名为 one，实体名为 ym2
BEGIN
y <= a AND b ;                      --功能描述（将 a 与 b 相与的值赋给输出端口 y）
END [ARCHITECTURE] one;             --结构体结束
```

（1）结构体名

结构体名由设计者自由命名，OF 后面的实体名称表明该结构体属于哪个设计实体，有些设计实体中可能含有多个结构体。这些结构体的命名可以从不同侧面反映结构体的特色，让人一目了然。例如：

```
ARCHITECTURE behavioral OF mux IS     用结构体行为命名
ARCHITECTURE dataflow OF mux IS       用结构体的数据流命名
ARCHITECTURE structural OF mux IS     用结构体的组织结构命名
ARCHITECTURE bool OF mux IS           用结构体的数学表达方式命名
ARCHITECTURE latch OF mux IS          用结构体的功能来定义
```

上述几个结构体都属于设计实体 mux，每个结构体有着不同的名称，使得阅读 VHDL 程序的人能直接从结构体的描述方式了解功能，定义电路行为。

（2）结构体说明语句

结构体说明语句是一个可选项，位于 ARCHITECTURE 与 BEGIN 之间，用于对结构体内部使用的信号、常数、数据类型及函数进行定义。

结构体说明语句和实体的端口说明一样，应有信号名称和数据类型定义，但不需要定义信号模式，因为它是结构体内部连接用信号。

例如：

```
ARCHITECTURE structural OF mux IS
SIGNAL    a,b:bit;                      --信号不必注明模式 IN、OUT，只说明信号数据类型
SIGNAL    x:STD_LOGIC_VECTOR (0 to 7);
……
```

```
BEGIN
……
END structural;
```

注意：结构体说明语句的内容只能用于该结构体，不能被其他实体或结构体引用。在结构体说明语句中不要把常量或信号定义成与实体端口相同的名称。

（3）功能描述语句

位于 BEGIN 与 END 之间的功能描述语句是结构体不可缺少的部分，具体描述电路的功能和连接关系。功能描述语句主要使用信号赋值语句、块（BLOCK）语句、进程（PROCESS）语句、元件例化（COMPONET MAP）语句及子程序调用等五类语句。

在前面【例 2-1】二输入与门电路中，用信号赋值语句描述的结构体：

```
ARCHITECTURE one OF ym2 IS              --定义结构体名为 one，实体名为 ym2
BEGIN
  y <= a AND b ;                        --利用信号赋值语句进行功能描述
END [ARCHITECTURE] one;
```

用 VHDL 语言描述结构体有下面三种方式：

行为描述方式：一般采用进程、函数、过程语句，顺序描述设计实体的行为，不涉及硬件部分。

结构描述方式：描述设计实体内部结构、它所包含的模块或元件及其互连关系，以及与实体外部引线的对应关系。

数据流描述方式：也称为寄存器 RTL 描述方式，一般采用并行赋值语句，描述数据信号的流动方向、路径和结果。

这三种描述方式各有特点。例如：采用行为描述方式，其逻辑关系清晰；采用结构描述方式，其电路连接关系清晰；采用数据流描述方式适合于门数较少的电路设计。在实际电路设计时，通常会采用混合描述方式，即采用上述方式中的两种或三种方式。

2.1.2 数据类型

对于 VHDL 语言中常量、变量和信号这三种数据对象，在为每一种数据对象赋值时都要确定其数据类型。VHDL 对数据类型有较强的约束性，不同的数据类型不能直接运算，相同的数据类型如果位长不同也不能运算，否则在编译过程中会报告错误。

1．STANDARD 程序包中预定义的数据类型

整数类型（INTEGER）：与数学中的整数相似，为十进制数字。在使用整数类型时，通常需要用 RANGE 语句为定义的整数确定一个范围。

如：SIGNAL num:INTEGER RANGE 1 TO 255;　--定义整数信号 num 的范围为 1～255

实数类型（REAL）：不能把实数赋值给信号，只能赋值给实数类型的变量。实数类型数据必须是带小数点的十进制数字。

位类型（BIT）：属于可枚举类型。信号、变量常用位数据类型表示。取值有‘0’和‘1’，只表示电平的高低，与整数‘0’和‘1’不同。位类型可以进行算术运算和逻辑运算，而整数类型只能进行算术运算。

位向量类型（BIT_VECTOR）：位向量是基于 BIT 数据类型的数组，是用双引号括起来的一组数据，可以表示二进制或十六进制的位向量，如“1100”和“00AB”等。使用位向量要声明位宽和排列顺序。例如：

```
SIGNAL p:BIT_ VECTOR (2 DOWNTO 0);        --定义信号 p，位宽为 3 位
p<= “100”;                                --给信号 p 赋值
```

布尔类型（BOOLEAN）：布尔类型只有 TURE 和 FALSE 两种取值。不能进行算术运算，只能进行逻辑运算。

字符类型（CHARACTER）：定义的字符量要用单引号括起来，如‘A’，并且对大小写敏感。

字符串类型（STRING）：字符串是用双引号括起来的一组字符序列。

时间类型（TIME）：时间类型是 VHDL 中唯一定义的物理量数据，包括整数和单位两部分，而且整数和单位之间至少要有一个空格，如：10 s。时间类型数据用于仿真。

错误类型（SEVERTY LEVEL）：用来指示设计系统的工作状态。共有四种: NOTE（注意）、WARNING（警告）、ERROR（错误）及 FAILURE（失败），用于仿真。

在 STANDARD 程序包中预定义的数据类型，使用时不必通过 USE 语句进行调用。

2．IEEE 库中预定义的数据类型

使用 IEEE 库中预定义的数据类型，必须调用 IEEE 标准库，再通过 USE 语句调用相应的程序包。

标准逻辑位数据类型（STD_LOGIC）：该类型在 IEEE 标准库的 STD_LOGIC_1164 程序包中定义。它取代位类型，扩展定义了九种取值，分别为‘0’低电平、‘1’高电平、‘X’不定状态、‘Z’高阻状态、‘W’弱信号不定、‘L’弱信号低电平、‘H’弱信号高电平、‘-’可忽略（任意状态）和‘U’未初始化。

标准逻辑位向量数据类型（STD_LOGIC_VECTOR）：这种类型与位向量类型（BIT_VECTOR）类似。

无符号数据类型（UNSIGNED）：该类型在 IEEE 标准库的 STD_LOGIC_ARITH 程序包中定义，是由 STD_LOGIC 数据类型构成的一维数组，表示一个自然数。当一个数据除了执行算术运算外，还要执行逻辑运算时，就必须定义为 UNSIGNED。例如：

```
SIGNAL A:UNSIGNED (2 DOWNTO 0);    --定义信号 A 是 3 位的二进制数码表示的无符号数据
A<= “101”;                         --信号 A 的数值为 6
```

有符号数据类型（SIGNED）：该类型在 IEEE 标准库的 STD_LOGIC_ARITH 程序包中定义，表示一个带符号的整数，其最高位是符号位（0 代表正整数，1 代表负整数），负整数用补码表示数值。

3．用户自定义的数据类型

VHDL 允许用户自行定义新的数据类型，如：枚举类型、整数类型、数组类型、记录类型、时间类型及实数类型等。

用户自定义数据类型的一般格式：

```
TYPE 数据类型名 IS 数据类型定义 [OF 基本数据类型];
```

例如：

```
TYPE word IS ARRAY (INTEGER 1 TO 8) OF STD_LOGIC;
```

这里定义一个名为 word 的数据类型为数组类型，约束范围 1～8，其基本数据类型为 STD_LOGIC。

2.1.3 数据对象

VHDL 的数据对象包括：常量（CONSTANT）、变量（VARIABLE）和信号（SIGNAL）。三种数据对象具有各自的物理含义。常量代表数字电路中的电源、地、恒定逻辑值等常数；变量代表暂存某些值的载体，常用于描述算法；信号代表物理设计中的某一条硬件连接线，包括输入、输出端口。三种数据对象的特点及作用范围如下所述。

常量：为全局量，一旦赋值在程序中就不再改变。

变量：为局部量，用于进程（PROCESS）、子程序等。

信号：为全局量，常用于进程之间的通信。

1．常量（CONSTANT）

定义：常量也称为常数，是指在设计实体中不会发生变化的值。

作用：增加了设计文件的可读性和可维护性。例如，将位矢量的宽度定义为一个常量，只要修改这个常量就能很容易地改变宽度，从而改变硬件结构。

定义常量的一般格式：

```
CONSTANT 常量名:数据类型:= 表达式;
```

【例 2-3】

```
CONSTANT data: BIT_VECTOR(3 DOWNTO 0):="1010"
CONSTANT   width: INTEGER: = 8;
```

常量的作用范围：常量的作用范围取决于声明的位置。可在 LIBRARY、ENTITY、ARCHITECTURE、PROCESS 中进行声明，其有效范围也相应限定。

LIBRARY 程序包中声明：引用的整个程序都有效。

ENTITY 实体部分中声明：该实体和结构体均有效。

ARCHITECTURE 结构体中声明：该结构体有效。

PROCESS 进程中声明：只在该进程有效。

注意：

1）常量可以在程序包、实体部分、结构体和进程的说明区域进行说明。

2）常量一旦被赋值就不能再改变。

3）常量所赋的值应与其所定义的数据类型一致，否则会出错。

4）常量的使用范围取决于它被定义的位置。

2．变量（VARIABLE）

变量是一个局部量，只能在进程和子程序中定义、使用。其作用范围仅限于定义了变量的进程和子程序中。

定义变量的一般格式：

VARIABLE 变量名:数据类型 约束条件:= 表达式;

【例 2-4】

```
VARIABLE a, b:BIT;
VARIABLE count: INTEGER RANGE 0 TO 255:= 10;
VARIABLE b, c: INTEGER: = 2;
```

变量赋值的格式：

变量名:=表达式;

变量可以被连续地赋值，变量的赋值采用的符号是 “:=”。

【例 2-5】

```
a:="1010101" ;                --位向量赋值
b:='0' ;                      --位赋值
x:=100.0 ;                    --实数赋值
```

注意：

1）赋值语句右边的表达式必须是一个与目标变量具有相同数据类型的数值。

2）变量是一个局部量，只能在进程和子程序中使用。

3）变量的赋值是一种理想化的数据传输，是立即发生的，不存在任何延时的行为，不能用于硬件连线。

4）如果将变量用于进程之外，必须将它赋给一个相同类型的信号，即进程之间传递数据依靠的是信号。

3．信号（SIGNAL）

信号是描述硬件系统的基本数据对象，代表电路内部各元件之间的连接线，是实体间动态交换数据的手段。信号的使用和定义范围是实体、结构体和程序包。

信号定义语句格式：SIGNAL 信号名: 数据类型[:= 初始值];

【例 2-6】

```
SIGNAL clk : STD_LOGIC := '0';
SIGNAL a :INTEGER RANGE 0 TO 15;
SIGNAL data : STD_LOGIC_VECTOR(15 DOWNTO 0);
```

信号的初始值不是必需的，而且仅在 VHDL 的行为仿真中有效。

信号赋值的格式：信号名 <= 表达式;

【例 2-7】

```
x <= 9;
y <= x;
```

注意：

同一信号不能在两个进程中赋值。

在同一进程中，允许多次对同一信号赋值，即在同一进程中存在多个同名的信号被赋值。但是因为信号的赋值是有延时的，所以其结果只是最后的赋值语句被启动。

【例 2-8】

```
……
SIGNAL a,b,c,y,z:INTEGER ;
……
PROCESS(a,b,c )
BEGIN
y <= a*b;                    --第一次对信号 y 的赋值因延时不启动
z <= c-y;
y <= b;                      --y 的最后赋值为 b
END PROCESS;
……
```

信号与变量在使用时要注意如下区别：

1）信号赋值可以有时间延迟，变量赋值无时间延迟。

2）信号除当前值外还有许多相关值，如历史信息，变量只有当前值。

3）进程对信号敏感，对变量不敏感。

4）信号可以是多个进程的全局信号，变量只在定义它之后的进程语句中可见。

5）信号可以看成硬件的一根连线，变量无此对应关系。

2.1.4 运算符

VHDL 的运算符主要有：算术运算符、逻辑运算符、关系运算符和其他运算符。详见表 2-2～表 2-4。

表 2-2 各类算术运算符情况

运 算 符	功 能	运 算 符	功 能
+	加、正号	SLL	逻辑左移
-	减、负号	SRL	逻辑右移
*	乘	SLA	算术左移
/	除	SRA	算术右移
**	乘方	ROL	逻辑循环左移
MOD	取模	ROR	逻辑循环右移
REM	取余	ABS	取绝对值
&	并置		

表 2-3 逻辑运算符

运 算 符	功 能	运 算 符	功 能
NOT	逻辑非	NOR	逻辑或非
AND	逻辑与	XOR	逻辑异或
OR	逻辑或	XNOR	逻辑同或
NAND	逻辑与非		

表 2-4 关系运算符

运 算 符	功 能
=	等于
/=	不等于
<	小于
>	大于
<=	小于等于
>=	大于等于

算术运算符用来执行算术运算操作。操作数可以是 INTEGER、UNSIGNED、SIGNED 等数据类型。当声明了 IEEE 库中的程序包 STD_LOGIC_UNSIGNED、STD_LOGIC_SIGNED 时，可对 STD_LOGIC_VECTOR 类型的数据进行加减运算。

逻辑运算符用来执行逻辑运算操作。操作数必须是 BIT、BIT_VECTOR、STD_LOGIC、STD_LOGIC_VECTOR 等类型的数据。优先级从高到低依次为：NOT—AND—OR—NAND—NOR—XOR—XNOR。

关系运算符用来对两个操作数进行比较运算。需要注意的是，关系运算符两边操作数的数据类型必须相同，且关系运算符适用于前面所有数据类型。

表 2-5 所示为各类运算符的优先级情况。

表 2-5 各类运算符的优先级情况

运 算 符	优 先 级
NOT 、 ABS 、 **	最高优先级
*、 / 、MOD 、REM	↓
+（正）、-（负）	
+、-、&	
SLL、SLA、SRL、SRA、ROL、ROR	
=、/=、<、<=、>、>=	
AND 、OR、NAND、NOR、XOR、XNOR	最低优先级

2.1.5 设计实例

本小节通过设计基本门电路，进一步理解 VHDL 语言的基本要素，并掌握 VHDL 语言的基本结构与语句用法。

在数字电路中，逻辑电路的输入/输出信号只有高电平和低电平两种状态，用“1”表示高电平的逻辑称为正逻辑，反之，用“0”表示高电平的逻辑称为负逻辑。在数字电路中，允许高、低电平有一定范围内的误差，只要能区分高低两种状态即可。

1．基本门电路知识

（1）与门

1）与逻辑：当决定某一事件的所有条件都具备时，该事件才会发生。

2）真值表：符号“0”和“1”分别表示低电平和高电平，输入变量可能的取值组合状态及其对应的输出状态如表 2-6 所示。

表 2-6　与门真值表

A	B	Y
0	0	0
0	1	0
1	0	0
1	1	1

总结：有 0 出 0，全 1 为 1。

与门波形图如图 2-3 所示。

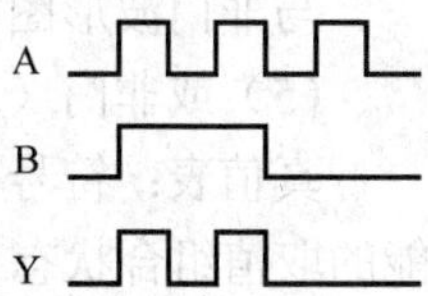

A
B
Y

图 2-3　与门波形图

（2）或门

1）或逻辑：当决定某一事件的所有条件中，有一个条件具备时，该事件就会发生。

2）真值表：符号“0”和“1”分别表示低电平和高电平，输入变量可能的取值组合状态及其对应的输出状态，如表 2-7 所示。

表 2-7　二输入或门真值表

A	B	Y
0	0	0
0	1	1
1	0	1
1	1	1

总结：有 1 出 1，全 0 为 0。

或门波形图如图 2-4 所示。

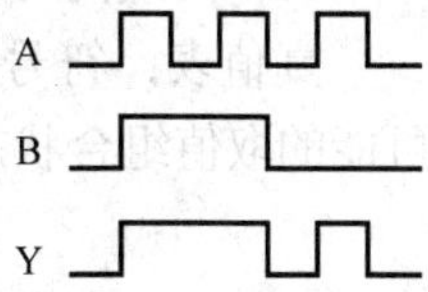

A
B
Y

图 2-4　或门波形图

（3）非门

1）非逻辑：当决定某一事件的条件没有满足时，事件才会发生。

2）真值表：符号“0”和“1”分别表示低电平和高电平，输入变量可能的取值组合状态及其对应的输出状态如表 2-8 所示。

表 2-8　非门真值表

A	Y
0	1
1	0

总结：有 0 出 1，有 1 出 0。

非门波形图如图 2-5 所示。

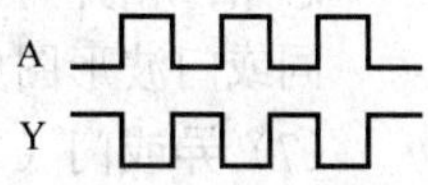

A
Y

图 2-5　非门波形图

（4）与非门（二输入与非）

真值表：符号“0”和“1”分别表示低电平和高电平，输入变量可能的取值组合状态及其对应的输出状态如表 2-9 所示。

表 2-9　二输入与非门真值表

A	B	Y
0	0	1
0	1	1
1	0	1
1	1	0

总结：有 0 出 1，全 1 为 0。

与非门波形图如图 2-6 所示。

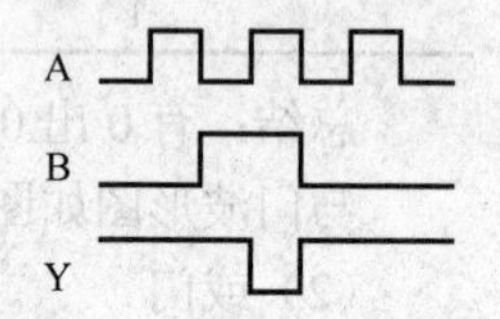

图 2-6　与非门波形图

（5）或非门（二输入或非）

真值表：符号“0”和“1”分别表示低电平和高电平，输入变量可能的取值组合状态及其对应的输出状态如表 2-10 所示。

表 2-10　二输入或非门真值表

A	B	Y
0	0	1
0	1	0
1	0	0
1	1	0

总结：有 1 出 0，全 0 为 1。

或非门波形图如图 2-7 所示。

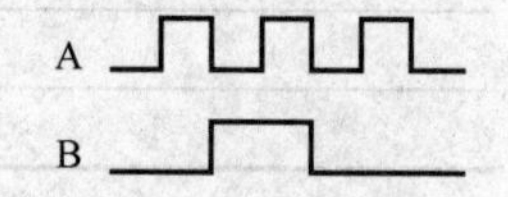

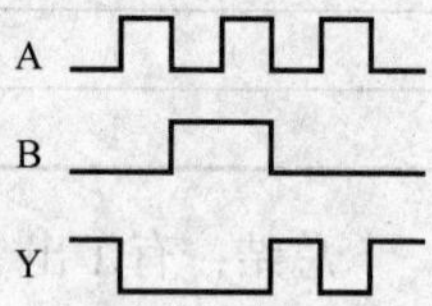

图 2-7　或非门波形图

（6）同或门（二输入同或）

真值表：符号“0”和“1”分别表示低电平和高电平，输入变量可能的取值组合状态及其对应的输出状态如表 2-11 所示。

表 2-11　二输入同或门真值表

A	B	Y
0	0	1
0	1	0
1	0	0
1	1	1

总结：相异为 0，相同为 1。

同或门波形图如图 2-8 所示。

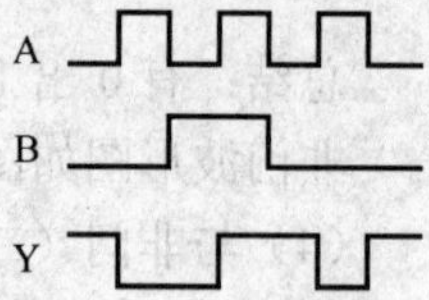

图 2-8　同或门波形图

（7）异或门（二输入异或）

真值表：符号“0”和“1”分别表示低电平和高电平，输入变量可能的取值组合状态及其对应的输出状态如表 2-12 所示。

表 2-12　二输入异或门真值表

A	B	Y
0	0	0
0	1	1
1	0	1
1	1	0

总结：相同为 0，相异为 1。

异或门波形图如图 2-9 所示。

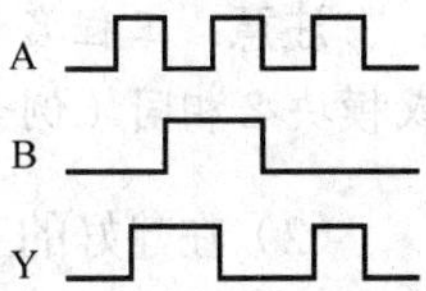

图 2-9　异或门波形图

2．VHDL 赋值语句的用法和格式

赋值语句是将一个值或一个表达式的结果传递给一个数据对象。数据在实体内部的传递以及端口外的传递都必须通过赋值语句来实现。赋值语句有三种形式：简单信号赋值语句、条件信号赋值语句和选择信号赋值语句，他们的共同点是赋值目标必须都是信号。

在基本逻辑门电路 VHDL 设计阶段，我们需要用到简单信号赋值语句。

简单信号赋值语句格式为：　信号<=表达式;

注意：信号赋值的符号为“<=”，变量的赋值符号为“:=”，二者是不同的。

【例 2-9】 用简单信号赋值语句描述表达式：Y=(A+B)C。

```
LIBRARY  IEEE;                          --IEEE 库声明
USE  IEEE.STD_LOGIC_1164.ALL;           --调用程序包
ENTITY  log1  IS                        --定义实体名为 log1
PORT  (A,B,C:IN BIT;                    --端口说明（端口名、模式、数据类型）
       Y: OUT BIT);
END log1;
ARCHITECTURE one OF log1 IS             --定义结构体名为 one
BEGIN
   Y<=(A OR B ) AND C;                  --利用简单信号赋值语句进行功能描述
END one;
```

【例 2-10】 用简单信号赋值语句描述表达式：Y=A+C⊙B。

```
LIBRARY  IEEE;                          --IEEE 库声明
USE  IEEE.STD_LOGIC_1164.ALL;           --调用 IEEE.STD_LOGIC_1164.ALL 程序包
ENTITY  log2  IS                        --定义实体名为 log2
PORT  (A,B,C:IN BIT;                    --端口说明（端口名、模式、数据类型）
       Y:OUT BIT);
END log2;
ARCHITECTURE two OF log2 IS             --定义结构体名为 two
SIGNAL e: BIT                           --定义信号 e (位类型)
BEGIN
     e<=C XNOR B;                       --利用简单信号赋值语句进行功能描述
```

```
        Y<=A OR e;
    END two;
```

3．基本门电路设计与仿真

以二输入与非门为例，采用 Quartus Ⅱ的文本输入方式进行设计。

（1）建立工程和文件

按照建立工程的向导，建立所需工程。

注意：工程名称要和顶层实体名称一致，且不能与 Quartus Ⅱ中已经提供的逻辑函数名或模块名相同（例如：nand2），否则在编译时会出现错误。

（2）在建好的工程中，新建工程源文件

在“File”下拉菜单中选择“New”选项，在“Design Files”下选择输入方式为“VHDL File”，单击“OK”按钮，在文本编辑区域输入 VHDL 程序。二输入与非门 VHDL 程序如下：

```
LIBRARY   IEEE;                                  --IEEE 库声明
USE   IEEE.STD_LOGIC_1164.ALL;                   --调用程序包
ENTITY   NAND1   IS                              --定义实体名为 NAND1
PORT   (A,B: IN BIT;                             --端口说明
        Y：OUT BIT);
END NAND1;
ARCHITECTURE behave1 OF log2 IS                  --定义结构体名为 behave1
BEGIN
      Y<=A NAND B;                               --利用简单信号赋值语句进行功能描述
END behave1;
```

（3）保存设计文件

输入完成后，单击“File”,在下拉菜单中选择“Save As”，将文件保存在已建立的文件夹中，文件名为“NAND”，文件保存类型为 VHDL File。

（4）编译

单击“Processing”，在下拉菜单中选择“Start Compilation”，或者单击位于工具栏的编译按钮▶，完成程序的编译。查看最终生成的系统编译报告。其中黄色的为警告（Warning），对程序的有些警告可以不进行修改；红色的为错误（Error），说明 VHDL 程序中存在语法或基本逻辑错误，必须进行修改，保存后重新编译，直至无错误（Error）为止。二输入与非门编译结果如图 2-10 所示。

注意：

常见的编译错误为：

1）句尾缺少“;”。

2）实体名与顶层文件名不一致。

3）实体名与 Quartus Ⅱ中已经提供的逻辑函数名或模块名相同。

4）数据类型不符。

5）关键词拼写错误。

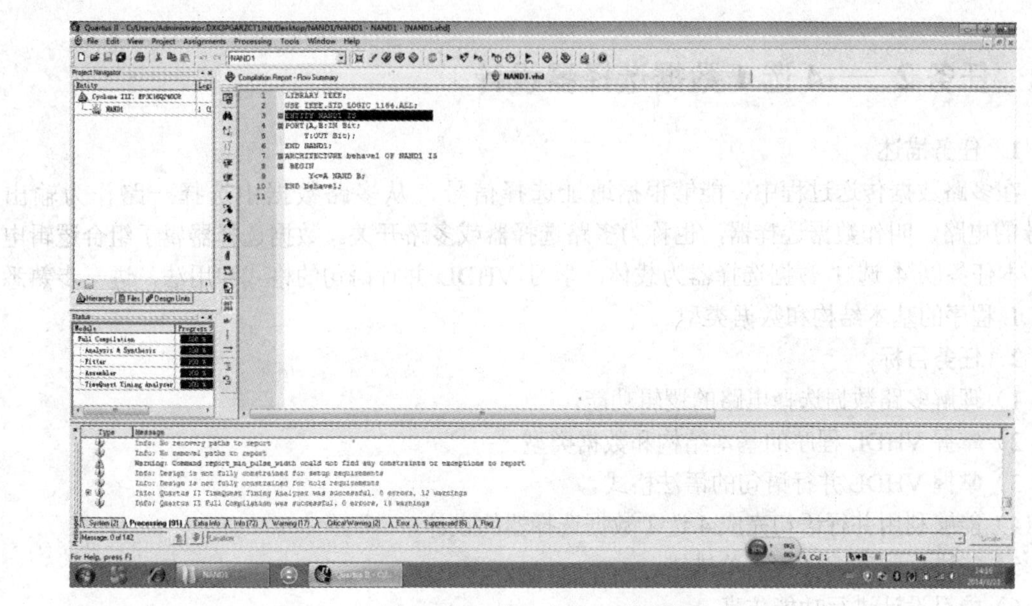

图 2-10　二输入与非门编译结果

（5）波形仿真

1）建立波形仿真文件。选择“File”菜单下的“New”选项，在弹出的窗口中选择“Vector Waveform File”，新建波形仿真文件。

2）设定仿真时间。从“Edit”菜单中“End time...”项中设置仿真时间长度，设定二输入与非门仿真时间如图 2-11 所示。

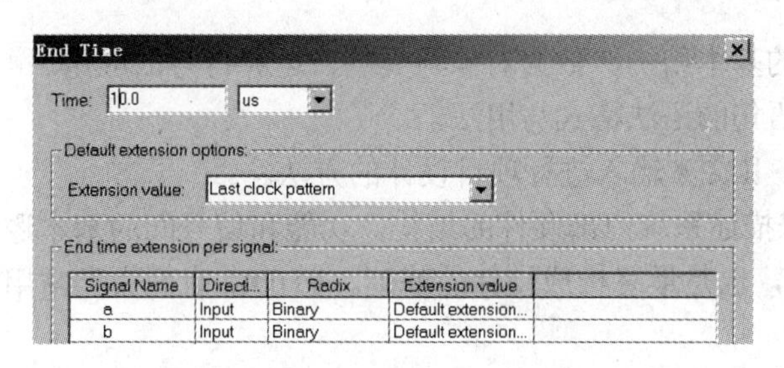

图 2-11　设定二输入与非门仿真时间

3）在波形仿真文件编辑窗口中单击“File”菜单下的“Save as”选项，将该波形文件另存为“NAND.vwf”。

4）添加相应引脚和输入、输出信号，保存后进行功能仿真。二输入与非门仿真结果如图 2-12 所示。

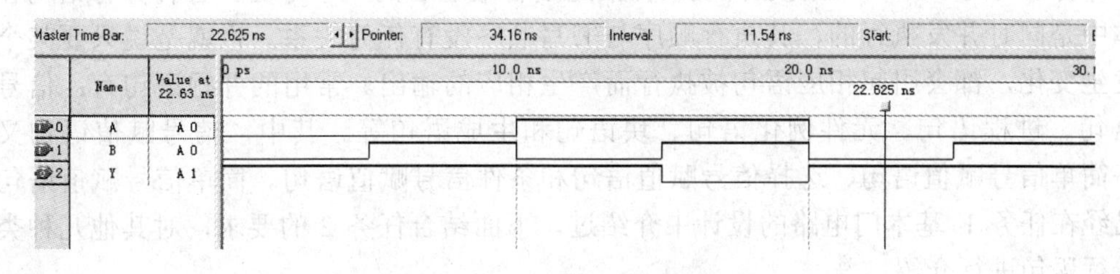

图 2-12　二输入与非门仿真结果

2.2 任务 2——4 选 1 数据选择器设计

1．任务描述

在多路数据传送过程中，能够根据地址选择信号，从多路数据中选择一路作为输出信号的电路，叫作数据选择器，也称为多路选择器或多路开关。数据选择器属于组合逻辑电路。本任务以 4 选 1 数据选择器为载体，学习 VHDL 并行语句的格式和用法，进一步熟悉 VHDL 程序的基本结构和数据类型。

2．任务目标

1）理解多路数据选择电路的逻辑功能。

2）掌握 VHDL 程序的基本结构和数据类型。

3）掌握 VHDL 并行语句的语法格式。

4）能够利用并行语句完成 4 选 1 数据选择器的设计。

5）能进行程序编译和简单排错。

6）能对设计进行功能仿真。

3．学习重点

1）VHDL 并行语句的语法格式和用法。

2）VHDL 程序设计和仿真。

3）程序编译与排错。

4）学习分析、判断、解决问题的方法。

4．学习难点

1）VHDL 程序的基本结构、数据对象与类型、运算符号的应用。

2）VHDL 并行语句的语法格式与用法。

3）利用 Quartus Ⅱ文本输入进行项目设计的方法。

VHDL 语句用来描述系统内部硬件的结构、功能和信号间的基本逻辑关系，这些语句不仅是程序设计的基础，也是最终构成硬件的基础。VHDL 有两大类常用语句：顺序语句和并行语句。

顺序语句是严格按照书写的先后顺序执行的，用来实现设计的算法部分。虽然 VHDL 大部分的语句是并行语句，但在进程（PROCESS）、块（BLOCK）和子程序（包括函数）等这些并行执行的基本单元中，却是由顺序语句构成的。顺序语句与传统软件描述语言非常相似。常用的顺序语句有：IF 语句、CASE 语句、子程序和 LOOP 语句等。

并行语句是 VHDL 区别于传统软件描述语言最显著的一个方面。各种并行语句在结构体中是同时并发执行的，其执行顺序与书写顺序没有任何关系。也就是说只要某个信号发生变化，都会引起相应语句被执行而产生相应的输出。常用的并行语句有：信号赋值语句、进程语句、元件例化语句、块语句和生成语句等。其中，信号赋值语句又分为：简单信号赋值语句、选择信号赋值语句和条件信号赋值语句。简单信号赋值语句我们已经在任务 1 基本门电路的设计中介绍过，下面结合任务 2 的要求，对其他几种类型的并行语句进行介绍。

2.2.1 选择信号赋值语句

选择信号赋值语句是一种条件分支的并行语句，格式如下：

```
WITH 选择表达式 SELECT
    信号<= 表达式 1 WHEN 选择条件 1,
           表达式 2 WHEN 选择条件 2,
           ……
           表达式 n WHEN 选择条件 n;
```

【例 2-11】 利用选择信号赋值语句设计图 2-13 所示为 2 选 1 数据选择器。

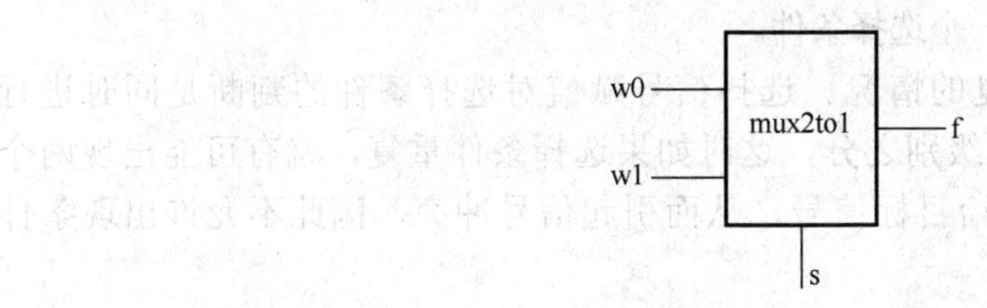

图 2-13　2 选 1 数据选择器

示例程序如下：

```
LIBRARY IEEE;
USE IEEE.STD_LOGIC_1164.ALL;

ENTITY mux2to1 IS
  PORT(w0,w1,s :IN STD_LOGIC ;
            f :OUT STD_LOGIC );
END ENTITY mux2to1;

ARCHITECTURE behave OF mux2to1 IS
   BEGIN
    WITH   s   SELECT              --开始判断选择表达式 s 的取值
      f<=w0   WHEN ‘0’,
           w1   WHEN Others ;  --用保留字 OTHERS 来表示所有其他的可能
END ARCHITECTURE   behave;
```

2 选 1 数据选择器仿真结果如图 2-14 所示。

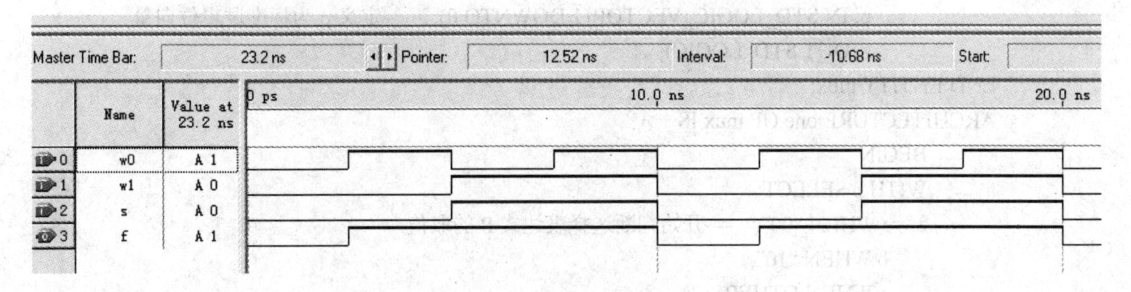

图 2-14　2 选 1 数据选择器仿真结果

注意：在选择信号赋值语句中，除最后一条 WHEN 子句外，每条 WHEN 语句后用逗号“,”，最后一条后用分号“;”。

选择信号赋值语句在执行时，首先要对选择表达式进行判断，当选择表达式的值符合某一选择条件时，将该选择条件前的表达式的值赋给目标信号。例如：当选择表达式的值满足选择条件 1 时，就将表达式 1 的值赋给目标信号；当选择表达式的值满足选择条件 2 时，就将表达式 2 的值赋给目标信号；以此类推，一直判断到选择条件 n。为了避免这种情况，通常在最后一个 WHEN 子句中用“others”来覆盖前面未提到的情况。

在使用选择信号赋值语句时应注意如下几点：

1）每一个表达式后面都含有一个选择条件。

2）不允许出现选择条件重复的情况。选择信号赋值对选择条件的判断是同时进行的，因此，WHEN 子句没有优先级别之分，这时如果选择条件重复，就有可能出现两个或两个以上的表达式的值同时赋给目标信号，从而引起信号冲突，因此不允许出现条件重复的情况。

3）不允许出现选择条件覆盖不全的情况。如果选择条件不能涵盖选择表达式的所有取值情况，就有可能出现表达式的值找不到与之符合的选择条件，因此编译时会报出错信息。

4）选择信号赋值语句不能够在进程中使用。

【例 2-12】 用选择信号赋值语句描述图 2-15 所示的多路数据选择器。

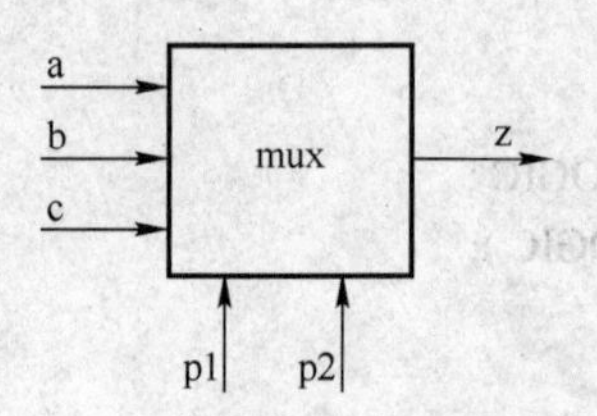

图 2-15　多路数据选择器

示例程序如下：

```
LIBRARY IEEE;
USE IEEE.STD_LOGIC_1164.ALL;
ENTITY mux IS
    PORT( a,b,c:IN STD_LOGIC;
            p: IN STD_LOGIC_VECTOR(1 DOWNTO 0);    --定义 p 为标准逻辑位向量
            z: OUT STD_LOGIC);
END ENTITY mux;
ARCHITECTURE one OF mux IS
      BEGIN
      WITH p SELECT
      z<=c WHEN "00",   -- 开始判断选择表达式 P 的取值
          b WHEN "10",
          a WHEN OTHERS;
 END ARCHITECTURE one;
```

多路数据选择器仿真结果如图 2-16 所示。

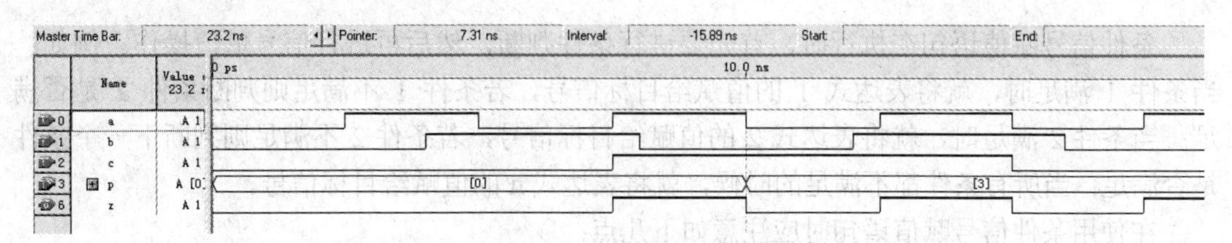

图 2-16 多路数据选择器仿真结果

注意：标准逻辑位向量（STD_LOGIC_VECTOR）数据类型是基于 STD_LOGIC 数据类型的标准逻辑一维数组，用来声明一个多位信号。在使用时必须说明位宽和排列顺序，并且数据要用双引号“ ”括起来。

例如：p：IN STD_LOGIC_VECTOR (1 DOWNTO 0);

其中：p(1 DOWNTO 0)表示信号 p 的位宽为 2，信号的排列顺序是 p1p0。在选择条件中 p=“00”或 p=“10”表示 p1p0=“00”或 p1p0=“10”，也可分别表示为 p（1）=‘0’、p（0）=‘0’或 p（1）=‘1’、p（0）=‘0’。(注意“ ”与‘ ’的区别)

在本例中，信号 p 也可使用 STD_LOGIC 数据类型，相应 VHDL 程序代码如下，灰色底纹部分请读者注意与【例 2-12】的区别：

```
LIBRARY IEEE;
  USE IEEE.STD_LOGIC_1164.ALL;
ENTITY mux IS
    PORT( a，b，c：IN STD_LOGIC;
          p1，p2 ：IN STD_LOGIC;                  --定义 p1，p2 为标准逻辑位
          z ：OUT STD_LOGIC);
  END ENTITY mux;
  ARCHITECTURE one OF mux IS
  SIGNAL e:STD_LOGIC_VECTOR(1 DOWNTO 0);  --定义内部信号 e 为标准逻辑位向量
    BEGIN
      e<= p2&p1;                              -- p2 与 p1 进行位合并后赋值给 e
    WITH e SELECT
    z<=c WHEN “00”,                           --开始判断表达式 e 的取值
    b WHEN “10”,
    a WHEN OTHERS;
END ARCHITECTURE one;
```

2.2.2 条件信号赋值语句

条件信号赋值语句也是一种并行信号赋值语句。条件信号赋值语句可以根据不同的条件将不同的表达式值赋给目标信号，格式如下：

```
信号<= 表达式 1 WHEN 赋值条件 1 ELSE
       表达式 2 WHEN 赋值条件 2 ELSE
        ……
```

表达式 n;

条件信号赋值语句在执行时，首先要进行条件判断，然后再进行信号赋值操作。例如：当条件 1 满足时，就将表达式 1 的值赋给目标信号，若条件 1 不满足则判断条件 2 是否满足；当条件 2 满足时，就将表达式 2 的值赋给目标信号，若条件 2 不满足则判断下一个条件是否满足；当所有条件都不满足的时候，就将表达式 n 的值赋给目标信号。

在使用条件信号赋值语句时应注意如下几点：

1）只有当条件满足时，才将该条件对应的表达式的值赋给目标信号。

2）WHEN 子句先后顺序使赋值具有优先级。位置靠前的条件优先级别高，先进行判断，不满足时才去判断下一个条件。

3）条件表达式的结果为布尔（BOOLEAN）类型。只有真（TURE）和假（FALSE）两种取值。

4）最后一个表达式后没有 WHEN 子句，表示前面所有条件均不满足时，将该表达式的值赋给目标信号。

5）WHEN 子句所表示的条件可以重复，但位置在后的不会被执行。

6）条件信号赋值语句不能在进程中使用。

【例 2-13】 利用条件信号赋值语句描述图 2-13 所示的 2 选 1 数据选择器。

```
LIBRARY IEEE;
USE IEEE.STD_LOGIC_1164.ALL;
ENTITY mux2to1 IS
    PORT(w0,w1,s:IN STD_LOGIC ;
              f :OUT STD_LOGIC );
END ENTITY mux2to1;
ARCHITECTURE behave OF mux2to1 IS
BEGIN
        f<=w0 WHEN s='0' ELSE          --开始判断第一个条件，如满足将 w0 赋值给 f
              w1;                      --之前的所有条件不满足后，将 w1 赋值给 f
END ARCHITECTURE behave;
```

注意：只有 END 前的表达式用分号（;）结尾，其他表达式后不用任何符号。

【例 2-14】 利用条件信号赋值语句完成 4 线-2 线编码器的设计。表 2-13 为 4 线-2 线编码器的真值表。

表 2-13　4 线-2 线编码器的真值表

Input 信号				Output 信号		
w3	w2	w1	w0	y1	y0	z
1	X	X	X	1	1	1
0	1	X	X	1	0	1
0	0	1	X	0	1	1
0	0	0	1	0	0	1
0	0	0	0	0	0	0

VHDL 源程序如下：

```
LIBRARY IEEE;
USE IEEE.STD_LOGIC_1164.ALL;
ENTITY bmq IS
    PORT(w :IN STD_LOGIC_VECTOR(3 DOWNTO 0);
            z:OUT STD_LOGIC;
            y :OUT STD_LOGIC_VECTOR(1 DOWNTO 0));
END ENTITY bmq;
ARCHITECTURE behavior OF bmq IS
BEGIN
        y<="11" WHEN w(3)= '1' ELSE
            "10" WHEN w(2)= '1' ELSE
              "01" WHEN w(1)= '1' ELSE
              "00";
        z<= '0' WHEN w= "0000 " ELSE '1' ;
END ARCHITECTURE behavior;
```

4 线-2 线编码器仿真结果如图 2-17 所示。

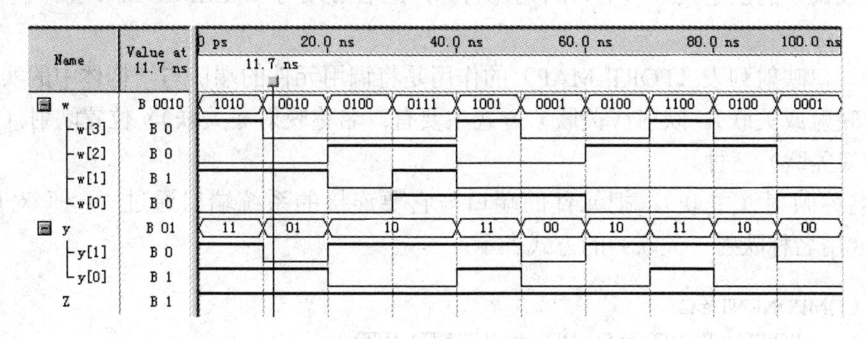

图 2-17　4 线-2 线编码器仿真结果

2.2.3　元件例化语句

VHDL 语句中的元件例化语句就是将事先设计好的实体看作是一个“元件”，在新的设计中调用这个元件，定义这个元件与其他信号、元件与元件、元件与外部端口间连接关系的一种并行语句。

元件例化语句由两部分组成，包括元件声明语句和元件调用语句。

元件声明语句是将已经设计好的实体定义为一个可以调用的元件，实体的端口为该元件的引脚。其功能是对将要调用的实体做出元件声明。元件声明语句格式如下：

```
COMPONENT  元件名  IS
    〔GENERIC(类属表);〕--可选
    PORT   (端口名表) ;
END COMPONENT  元件名  ;
```

例如：对图 2-18 所示的元件进行元件声明。

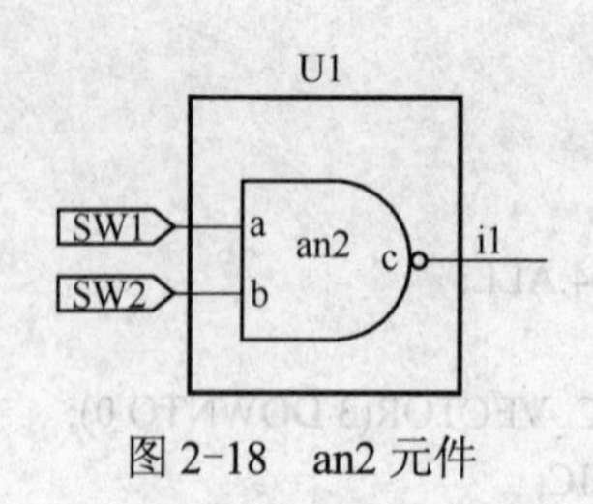

图 2-18　an2 元件

```
COMPONENT an2                          --定义元件 an2
        PORT (a: IN BIT;
              b: IN BIT;
              c: OUT BIT);             -- 元件 an2 的端口说明
END COMPONENT an2;
```

元件调用语句是此元件与当前设计实体（顶层文件）中元件间、元件与端口间的连接说明。元件调用语句格式：

例化名：元件名 PORT MAP（元件端口映射列表）；

例化名可看作当前设计系统的一个插座名称，在结构体中必须唯一；而元件名则是准备在此插入或调用的已定义（声明）的元件名称，此名必须与 COMPONENT 语句中的元件名一致。

元件端口映射列表（PORT MAP）的作用是将调用元件的端口与结构体中的实际端口对应起来（映射或关联）。映射（关联）方式主要有：名称映射（关联）、位置映射（关联）及混合映射（关联）三种。

1）名称映射（关联）：把元件的端口与它要连接的系统端口通过“=>”对应起来。将图 2-18 用名称映射（关联）的方式表示：

```
COMPONENT an2
      PORT(a: IN BIT; b: IN_BIT; c: OUT STD_BIT);
END COMPONENT an2;
……
U1: an2 PORT MAP (a=>sw1, b=>sw2, c=>i1);
```

2）位置映射（关联）：系统端口在端口映射语句中的位置，与和它连接的元件端口在元件端口说明语句中的位置相对应。将图 2-18 用位置映射（关联）的方式表示：

```
COMPONENT an2
         PORT(a: IN BIT; b: IN_BIT; c: OUT STD_BIT);
END COMPONENT an2;
……
      u1: an2 PORT MAP (sw1, sw2, i1);
```

显然，sw1 对应 a；sw2 对应 b；i1 对应 c。

3）混合映射（关联）。将图 2-18 用混合映射（关联）方式描述为：

```
u1: an2 PORT MAP (sw1, sw2, c=>i1);
```

建议初学者采用名称映射方式。

在了解了元件例化语句的作用、格式和端口映射方式后，下面通过实例进一步了解元件例化语句在设计中的应用。

【例 2-15】 利用元件例化语句设计图 2-19 所示组合逻辑电路。

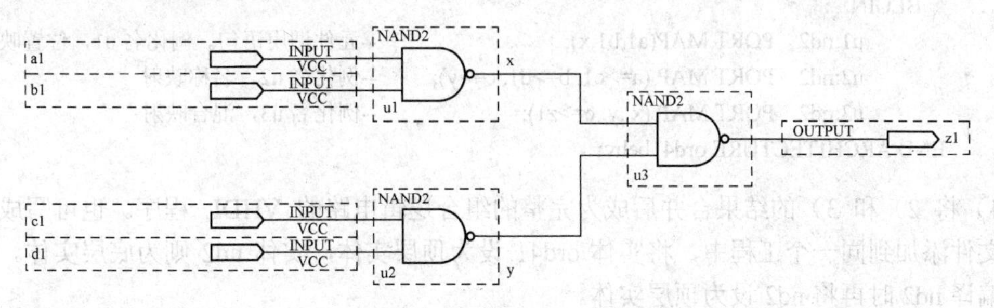

图 2-19　组合逻辑电路

1）设计电路层次结构分析

电路由三个二输入与非门（NAND2）组成，为避免重复设计，可将二输入与非门（NAND2）作为元件调用。

2）利用 VHDL 语言描述二输入与非门（NAND2）如图 2-20 所示。

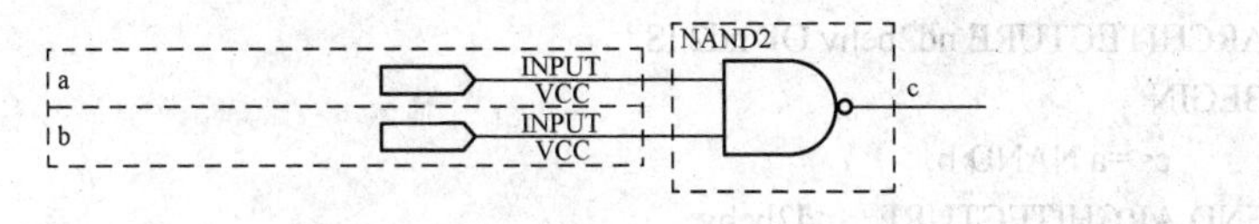

图 2-20　二输入与非门

```
LIBRARY IEEE;
USE IEEE.STD_LOGIC_1164.ALL;
ENTITY nd2 IS                    --定义实体名为 nd2（注意 NAND2 为关键字，不能用于实体名）
        PORT( a，b：IN STD_LOGIC;          -- nd2  端口说明
              c  ：  OUT STD_LOGIC);
END ENTITY nd2 ;
ARCHITECURE nd2behv OF nd2 IS              --  定义结构体名为 nd2behv
   BEGIN
          c<=a NAND b;                     --功能描述
END ARCHITECTURE nd2behv;
```

3）利用元件例化语句描述图 2-19 的组合逻辑电路：

```
LIBRARY IEEE;
USE IEEE.STD_LOGIC_1164.ALL;
ENTITY ord41 IS                                  --定义设计实体名为 ord41
       PORT( a1,b1,c1,d1：IN   STD_LOGIC;        --实体 ord41 端口说明
                         z1：  OUT   STD_LOGIC);
END ENTITY ord41 ;
ARCHITECURE ord41behv OF ord41 IS                --  定义结构体名为 ord41behv
   COMPONENT   nd2                               --元件声明，将 nd2 作为一个可调用元件
          PORT(a，b: IN STD_LOGIC;               --与实体 nd2 中的端口说明一致
```

```
                c: OUT STD_LOGIC);
            END COMPONENT nd2;
    SIGNAL x, y: STD_LOGIC;                          --定义结构体内部信号 x, y
      BEGIN
          u1:nd2   PORT MAP(a1,b1,x);                --元件调用语句。例化名 u1，位置映射
          u2:nd2   PORT MAP (a=>c1, b=>d1, c=>y);    --例化名 u2，名称映射
          u3:nd2   PORT MAP (x ,y, c=>z1);           --例化名 u3，混合映射
    END ARCHITECTURE ord41behv;
```

4）将 2）和 3）的结果合并后成为完整的组合逻辑电路的 VHDL 程序。也可写成两个设计文件添加到同一个工程中，将实体 ord41 设为顶层实体，实体 nd2 则为底层实体。需要单独编译 nd2 时再将 nd2 设为顶层实体。

```
LIBRARY IEEE;
USE IEEE.STD_LOGIC_1164.ALL;
ENTITY nd2 IS
PORT(a,b :IN STD_LOGIC;
         c :OUT STD_LOGIC);
END ENTITY nd2;
ARCHITECTURE nd2behv OF nd2 IS
BEGIN
     c<=a NAND b;
END ARCHITECTURE    nd2behv;

LIBRARY IEEE;
USE IEEE.STD_LOGIC_1164.ALL;
ENTITY ord41 IS
   PORT(a1,b1,c1,d1:IN STD_LOGIC;
                  z1:OUT STD_LOGIC);
END ENTITY ord41;
ARCHITECTURE ord41behv OF ord41 IS
   COMPONENT nd2 IS
       PORT(a,b :IN STD_LOGIC;
              c :OUT STD_LOGIC );
   END COMPONENT nd2;
   SIGNAL x,y:STD_LOGIC;
BEGIN
 u1:nd2 PORT MAP (a1,b1,x);
 u2:nd2 PORT MAP (c1,d1,y(a=>c1, b=>d1, c=>y);
 u3:nd2 PORT MAP (x ,y, c=>z1);
END ARCHITECTURE ord41behv;
```

5）组合逻辑电路仿真结果如图 2-21 所示。

注意：端口的数据类型要与元件端口的数据类型一致。如：u1:nd2 PORT MAP(a1,b1,x); 中 a1 的数据类型为 STD_LOGIC，COMPONENT nd2 中 a 的数据类型也为 STD_LOGIC。

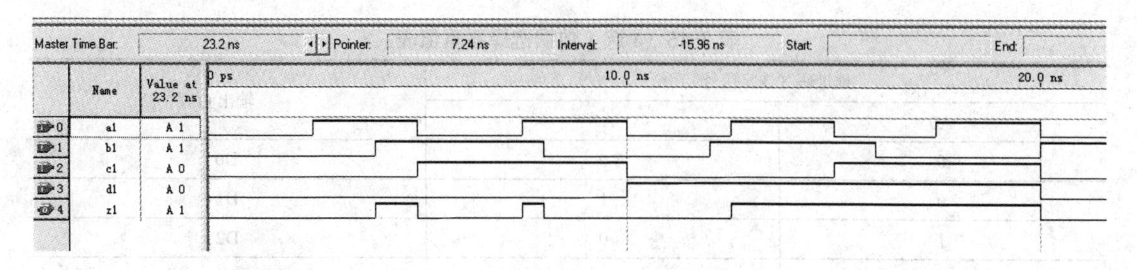

图 2-21　组合逻辑电路仿真结果

由【例 2-15】总结出应用元件例化语句进行设计的基本步骤如下所述。

1）对项目设计进行层次分析。首先要对项目设计进行层次结构的分析，确定顶层实体与各功能组成部分之间的关系。

2）分别对各功能组成部分进行设计并完成编译。

3）建立顶层设计实体，在结构体中使用元件声明语句将各功能组成部分的实体定义为元件，使用元件调用语句完成顶层设计。其中，元件声明语句中声明的元件即为 2）中完成设计的实体，元件名与端口说明要与 2）中完全一致；元件调用语句中的例化名可自行定义，但应保证唯一性。另外，一定要保证端口的数据类型与元件端口数据类型一致。

项目设计包括 2）、3）两部分的程序。其中：3）的实体为顶层实体，实体名与项目名一致；2）的实体为底层实体。

2.2.4　设计实例

1．数据选择器

多路选择器根据数据输入端的个数不同可分为 16 选 1，8 选 1，4 选 1，2 选 1 等数据选择器。图 2-22、图 2-23 是 2 选 1、4 选 1 数据选择器的原理图，真值表如表 2-14、表 2-15 所示。当构成更多输入的数据选择器时，由于数据源增多，所以需要更多的地址控制端，图 2-24 所示为 8 选 1 数据选择器原理图，8 选 1 数据选择器的真值表如表 2-16 所示。

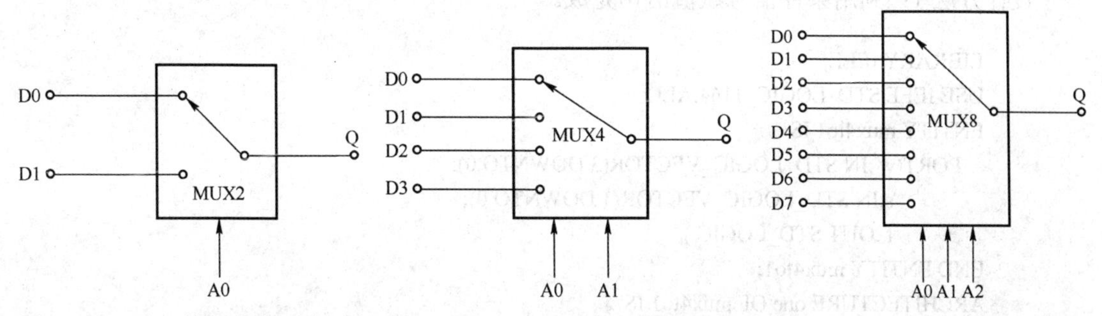

图 2-22　2 选 1 数据选择器原理图　图 2-23　4 选 1 数据选择器原理图　图 2-24　8 选 1 数据选择器原理图

表 2-14　2 选 1 数据选择器真值表

地址码（选择信号）	输出 Q
A0	
0	D0
1	D1

表 2-15　4 选 1 数据选择器真值表

地址码（选择信号）		输出 Q
A0	A1	
0	0	D0
0	1	D1
1	0	D2
1	1	D3

表 2-16　8 选 1 数据选择器的真值表

地址码（选择信号）			输出 Q
A0	A1	A2	
0	0	0	D0
0	0	1	D1
0	1	0	D2
0	1	1	D3
1	0	0	D4
1	0	1	D5
1	1	0	D6
1	1	1	D7

2．4 选 1 数据选择器的设计

（1）建立工程和文件

按照建立工程的向导，建立所需工程。

（2）在建好的工程中，新建工程源文件

在“File”下拉菜单中选择“New”选项，在“Design Files”下选择输入方式为“VHDL File”，单击“OK”，在文本编辑区域输入 VHDL 程序。

设计方法 1：利用条件信号赋值语句完成。

```
LIBRARY IEEE;
USE IEEE.STD_LOGIC_1164.ALL;
ENTITY mux4to1 IS
  PORT(w :IN STD_LOGIC_VECTOR(3 DOWNTO 0);
       s:IN STD_LOGIC_VECTOR(1 DOWNTO 0);
       f :OUT STD_LOGIC );
END ENTITY mux4to1;
ARCHITECTURE one OF mux4to1 IS
BEGIN
     f<=w(0) WHEN s="00" ELSE
        w(1) WHEN s="01" ELSE
        w(2) WHEN s="10" ELSE
        w(3) WHEN s="11" ELSE
        'Z';
END ARCHITECTURE one;
```

设计方法 2 ：利用元件例化语句完成。

1）层次结构分析。4 选 1 数据选择器层次结构分析如图 2-25 所示，可知 4 选 1 数据选择器可由三个 2 选 1 数据选择器构成，因此可将 2 选 1 数据选择器作为元件调用。

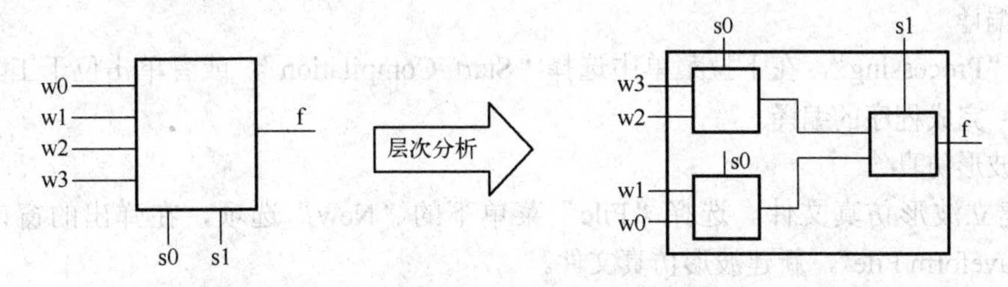

图 2-25　4 选 1 数据选择器层次结构分析

2）利用 VHDL 语言描述 2 选 1 数据选择器（可参考【例 2-11】或【例 2-13】）。

```
LIBRARY IEEE;
USE IEEE.STD_LOGIC_1164.ALL;
ENTITY mux2to1 IS                              --定义实体 mux2to1
   PORT(w1,w0,s :IN    STD_LOGIC ;             --端口说明
            f :OUT STD_LOGIC );
END ENTITY mux2to1;
ARCHITECTURE behavior OF mux2to1 IS            --定义实体 mux2to1 的结构体 behavior
   BEGIN
      f<=w0 WHEN s='0'   ELSE                  --条件信号赋值语句
         w1;
END ARCHITECTURE behavior;
```

3）利用元件例化语句描述 4 选 1 数据选择器。

```
LIBRARY IEEE ;
USE IEEE.STD_LOGIC_1164.ALL;
ENTITY mux4to1 IS                                      --定义实体 mux4to1
   PORT(w:IN STD_LOGIC_VECTOR(3 DOWNTO 0);             -- 实体 mux4to1 端口说明
        s:IN STD_LOGIC_VECTOR(1 DOWNTO 0);
        f :OUT STD_LOGIC );
END ENTITY mux4to1;
ARCHITECTURE one OF mux4to1 IS                         --定义实体 mux4to1 的结构体 one
  COMPONENT mux2to1                                    --元件声明，将 mux2to1 作为元件
     PORT(w1，w0：IN STD_LOGIC;
                 s：IN STD_LOGIC;
                 f:   OUT STD_LOGIC );
  END COMPONENT mux2to1;
  SIGNAL   m：STD_LOGIC_VECTOR(1 DOWNTO 0);            --定义结构体内部信号 m
  BEGIN
  mux1: mux2to1 PORT MAP (w(1),w(0),s(0),m(0));        --元件调用。例化名 mux1
  mux2: mux2to1 PORT MAP (w(3),w(2),s(0),m(1));        --例化名 mux2，位置映射
  mux3: mux2to1 PORT MAP (m(1),m(0),s(1),f);           --例化名 mux3
END ARCHITECTURE mux4to1;
```

（3）保存

输入完成后，单击“File”,在下拉菜单中选择“Save As”，将文件保存在已建立的文件夹中，文件名为“mux4to1”，文件保存类型为 VHDL File。

（4）编译

单击“Processing”，在下拉菜单中选择“Start Compilation”，或者单击位于工具栏的编译按钮▶，完成程序的编译。

（5）波形仿真

1）建立波形仿真文件。选择“File”菜单下的“New”选项，在弹出的窗口中选择“Vector Waveform File”，新建波形仿真文件。

2）在波形仿真文件编辑窗口中单击“File”菜单下的“Save as”选项，将该波形文件另存为“mux4to1.vwf”。

3）添加相应引脚和输入、输出信号，保存后进行功能仿真。4 选 1 数据选择器仿真结果如图 2-26 所示。

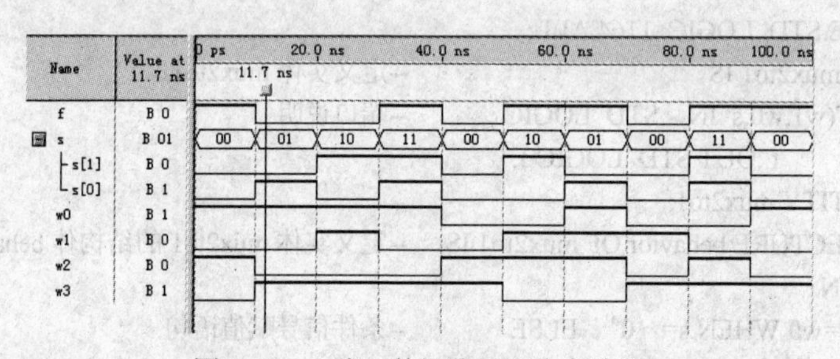

图 2-26　4 选 1 数据选择器仿真结果

2.2.5　进程语句

进程语句是最重要的并行语句，是 VHDL 程序设计中应用最频繁，也最能体现硬件描述语言特点的一种语句。进程语句本身是并行语句，但每个进程的内部则由一系列的顺序语句构成。进程语句的格式如下：

```
【进程名】: PROCESS（敏感信号列表）
进程说明;                            ……说明用于该进程的常数、变量和子程序
BEGIN
    变量和信号赋值语句;
    顺序语句;
END PROCESS【进程名】;
```

使用进程语句的几点注意事项，归纳如下：

1）同一结构体中可以包含多个进程，各个进程之间是并列执行的，并且都可以使用实体说明和结构体中所定义的信号。

2）同一进程中的描述语句是顺序语句，顺序执行。

3）为了启动进程，进程的结构体中必须至少包含一个敏感信号。

4）一个结构体中的各个进程之间可以通过信号或共享变量来进行通信，但任一进程的进程说明部分所定义的局部变量、常量、函数等只能在该进程中使用。

5）进程语句是 VHDL 中重要的建模语句，不但可以被综合器所支持，而且进程的建模方式直接影响仿真和综合的结果。

【例 2-16】 包含进程语句的 2 选 1 数据选择器设计。

```
LIBRARY IEEE;
USE IEEE.STD_LOGIC_1164.ALL;
ENTITY mux2to1 IS
   PORT(w0,w1,s :IN   STD_LOGIC ;
                f :OUT STD_LOGIC );
END ENTITY mux2to1;
ARCHITECTURE behavior OF mux2to1 IS
BEGIN
        PROCESS (w0, w1, s)                     --进程中敏感信号列表
        BEGIN
        IF   (s='0') THEN      f<=w0;           --IF 语句描述的逻辑功能
        ELSE f<=w1;
        END IF;
END PROCESS ;                                   --进程结束
END ARCHITECTURE behavior;
```

2.2.6 其他并行语句

1. 块语句

块语句是一种并行语句的组合方式，可以使程序更加有层次，更加清晰。在物理意义上，一个块语句对应的是一个子电路；在逻辑图上，一个块语句对应的是一个子电路图。块语句的格式如下。

```
块标号：BLOCK
        接口说明;
        类属说明;
        BEGIN
            并行语句;
     END BLOCK  块标号;
```

【例 2-17】

```
……
b1 :   BLOCK                    --定义块 b1
       SIGNAL s1: BIT ;
       BEGIN
       s1 <= a AND b ;
b2 :   BLOCK                    --定义块 b2
       SIGNAL s2: BIT ;
       BEGIN
       s2 <= c AND d ;
b3 :   BLOCK                    --定义块 b3
```

```
BEGIN
 z <= s2 ;
END BLOCK b3 ;              --块 b3 结束
END BLOCK b2 ;              --块 b2 结束
 y <= s1 ;
END BLOCK b1 ;              --块 b1 结束
```

注意：与大部分的 VHDL 语句不同，BLOCK 语句的应用，包括其中的类属说明和端口定义，都不会影响原结构体逻辑功能的仿真结果。

2．生成语句

生成语句有一种复制作用，在设计中，只要根据某些条件，设定好某一元件或设计单元，就可以利用生成语句复制一组完全相同的并行元件或设计单元电路结构，避免多段相同结构的重复书写，简化程序设计。

生成语句有 FOR 和 IF 两种形式。FOR 形式的生成语句格式如下：

```
[标号：] FOR 循环变量 IN 取值范围 GENERATE
               说明;
          BEGIN
               并行语句;
          END GENERATE [标号] ;
```

其中，取值范围的表达形式如下：

```
表达式    TO    表达式 ;                 -- 递增方式，如 1 TO 5
表达式 DOWNTO 表达式 ;                   -- 递减方式，如 5 DOWNTO 1
```

IF 形式的生成语句格式如下：

```
[标号：] IF   条件   GENERATE
                    说明;
          BEGIN
                    并行语句;
          END GENERATE [标号] ;
```

【例 2-18】 利用 FOR 形式的生成语句产生图 2-27 所示为 8 个相同的电路模块。

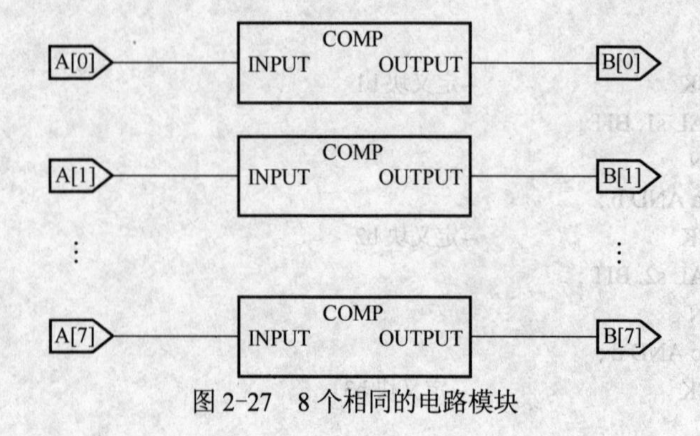

图 2-27　8 个相同的电路模块

部分 VHDL 源程序如下：

```
……
COMPONENT COMP IS                                          --元件声明语句
    PORT (X：IN STD_LOGIC；Y： OUT STD_LOGIC);               --元件端口说明
END COMPONENT COMP;
SIGNAL  A，B：STD_LOGIC_VECTOR (0 TO 7);                     --定义信号 A 和 B
……
GEN： FOR  i  IN 0 TO 7  GENERATE                            --FOR 形式的生成语句
        U1：COMP PORT MAP (X=> A(i)，  Y=>B(i));               --元件例化语句
END  GENERATE  GEN;
……
```

2.3 任务 3——N 进制计数器设计

1．任务描述

计数器在数字电子系统设计中占重要地位，几乎所有的时序系统设计都离不开计数器。N 进制计数器能够实现 0～（N-1）的计数功能。在本次任务中，本书将首先讲解 IF 语句、CASE 语句等顺序语句的基本格式和使用方法，然后通过计数器和分频器的具体设计实例，让读者掌握顺序语句在程序设计中的应用，建立计数器和分频器的设计思想，灵活掌握应用 VHDL 语言编程的方法。

2．任务目标

1）能灵活掌握 IF 语句、CASE 语句等顺序语句的基本格式和使用方法。

2）能在进程中正确使用顺序语句。

3）能掌握计数器、分频器、译码显示电路的设计方法。

4）能灵活使用 Quartus Ⅱ软件对设计进行编辑、编译、仿真和验证。

5）能独立分析解决编程过程中遇到的问题。

3．学习重点

1）IF 语句、CASE 语句的基本格式和使用方法。

2）计数器、分频器及译码显示电路的设计方法。

3）Quartus Ⅱ软件实现软件仿真和硬件验证的方法。

4．学习难点

1）多选择控制 IF 语句各个条件之间的逻辑关系。

2）计数器、分频器的设计思路和实现方法。

3）动态扫描和译码显示电路的设计方法。

顺序语句是相对于并行语句而言的。顺序语句的执行顺序与书写顺序相一致。顺序语句只能出现在进程和子程序中。常用的顺序语句有 IF 语句、CASE 语句、LOOP 语句、NEXT 语句、EXIT 语句、WAIT 语句、赋值语句、ASSERT 语句、子程序调用语句和 NULL 语句等。

2.3.1 IF 语句

在 VHDL 语言中，IF 语句的作用是根据指定的条件来确定语句的执行顺序。IF 语句可

用于选择器、比较器、编码器、译码器和状态机等设计，是 VHDL 语言中最常用的语句之一。IF 语句按其书写格式可分为以下三种:

1．门闩控制语句

这类语句的书写格式为：

```
IF  条件  THEN
顺序语句;
END  IF;
```

当程序执行到这种门闩控制型 IF 语句时，首先判断语句中所指定的条件是否成立。如果条件成立，IF 语句中所包含的顺序语句被执行；如果条件不成立，程序将跳过该 IF 语句，向下执行 END IF 后面的语句。这里的条件起到门闩控制的作用。

【例 2-19】 用 IF 语句描述一个上升沿触发的基本 D 触发器。

```
LIBRARY IEEE;
USE IEEE.STD_LOGIC_1164.ALL;
ENTITY dffc IS
  PORT(clk,d:IN STD_LOGIC;
           q:OUT STD_LOGIC);
END dffc;
ARCHITECTURE one OF dffc IS
  BEGIN
    PROCESS(clk)
      BEGIN
       IF(clk'EVENT AND clk='1')THEN
       q<=d;
       END IF;
    END PROCESS;
END one;
```

该程序中，进程的敏感信号是 clk，当其发生某种变化，即上升沿到来时，进程被执行一次。表达式 clk'EVENT AND clk='1'用来判断时钟信号的上升沿，如果是上升沿，即条件成立，则语句 q<=d 被执行，否则 q 保持不变。

注意：*时钟上升沿的描述方式在 VHDL 语言中有多种，常用表达式为：clk'EVENT AND clk='1'，这里 clk 为时钟信号名；RISING_EDGE(clk)，也可表达为上升沿。时钟下降沿表达式为：clk'EVENT AND clk='0'或 FALLING_EDGE(clk)。*

2．二选一控制语句

这种语句的书写格式为：

```
IF  条件  THEN
  顺序语句 1;
ELSE
  顺序语句 2;
END  IF;
```

当 IF 后面的条件成立时，程序执行顺序语句 1，然后执行 END IF 后面的语句；当条件不成立时，程序执行顺序语句 2，然后执行 END IF 后面的语句。即依据 IF 所指定的条件是否成立，程序可以选择两条不同的执行路径。

【例 2-20】 用 IF 语句描述一个二选一数据选择电路。

```
LIBRARY IEEE;
USE IEEE.STD_LOGIC_1164.ALL;
ENTITY sel2to1 IS
  PORT(a,b,sel:IN STD_LOGIC;
           q:OUT STD_LOGIC);
END sel2to1;
ARCHITECTURE one OF sel2to1 IS
  BEGIN
    PROCESS(a,b,sel)
      BEGIN
        IF(sel='1')THEN
          q<=a;
        ELSE
          q<=b;
        END IF;
    END PROCESS;
END one;
```

在该程序中，a、b 为二选一电路的输入信号，sel 为选择控制信号，q 为输出信号。进程的敏感信号是 a、b 和 sel，当其中任何一个或多个信号发生变化时，进程被执行一次。当条件 sel='1'成立时，语句 q<=a 被执行，即信号 a 被选择输出；否则 q<=b 被执行，即信号 b 被选择输出。在一次进程执行过程中，输入信号 a 和 b 只能有一个被选择输出。

3．多选择控制语句

这种语句的书写格式为：

```
IF  条件 1  THEN
  顺序语句 1;
ELSIF  条件 2  THEN
  顺序语句 2;
……
ELSIF  条件 n  THEN
  顺序语句 n;
ELSE
  顺序语句 n+1;
END  IF;
```

这种多选择控制 IF 语句设置了多个条件，当满足所设置的多个条件之一时，就执行该条件后的顺序语句。当所有设置的条件都不满足时，程序执行 ELSE 后面的顺序语句 n+1。

【例 2-21】 用 IF 语句描述一个 4 选 1 数据选择电路。

```
LIBRARY IEEE;
```

```
USE IEEE.STD_LOGIC_1164.ALL;
ENTITY sel4to1 IS
   PORT(a:IN STD_LOGIC_VECTOR(3 DOWNTO 0);
        sel: IN STD_LOGIC_VECTOR(1 DOWNTO 0);
         q:OUT STD_LOGIC);
END sel4to1;
ARCHITECTURE one OF sel4to1 IS
   BEGIN
      PROCESS(a,sel)
         BEGIN
            IF(sel="00")THEN
               q<=a(0);
            ELSIF(sel="01")THEN
               q<=a(1);
            ELSIF(sel="10")THEN
               q<=a(2);
            ELSE
               q<=a(3);
            END IF;
      END PROCESS;
END one;
```

该程序中，a 为 4 选 1 电路的输入信号，是一个四位的标准逻辑向量，包括 a（0）、a（1）、a（2）、a（3）四个元素；sel 为选择控制信号，是一个两位的标准逻辑向量；q 为输出信号。当敏感信号发生变化时，根据选择控制信号的取值，a（0）、a（1）、a（2）、a（3）中的某一信号从 q 输出。

在应用 IF 语句进行程序设计时，应根据设计需要选择合适的 IF 语句书写格式。初学者需要注意以下几点：

1）每一个 IF 都要有一个 END IF 和它配对，程序中如果有多个 IF 就要有同样数量的 END IF。

2）ELSE 后面不能直接加条件，如果有条件，可以改为 ELSIF 或者在 ELSE 后面嵌套 IF 语句。

3）ELSIF 后面一定有条件，它不需要 END IF 和它配对。

4）因为 IF 语句是按书写顺序执行的，所以在编程时要认真考虑多个条件的先后顺序。

需要读者注意的是，通常的设计中往往涉及 IF 语句的嵌套，即一个 IF 语句中还包含另一个 IF 语句，有时也嵌套 CASE 语句等。此时要注意嵌套的各层之间的关系。IF 语句的嵌套格式如下：

```
…
IF  条件 1   THEN
ELSIF   条件 2   THEN
ELSE
    IF   条件 a   THEN
    ELSIF   条件 b THEN
```

```
      ELSE  ……
      END IF;
   END IF;
   ……
```

在设计中不主张过多层的嵌套。

2.3.2 CASE 语句

CASE 语句是一种多条件控制语句，和 IF 语句的功能有些相似。CASE 语句根据条件直接选择多个顺序语句中的一个执行，适合表达多个不相关条件的情况，经常用来描述总线、编码器和译码器等行为。CASE 语句的书写格式如下：

```
CASE   表达式   IS
  WHEN   条件选择值 1 => 顺序语句 1;
  WHEN   条件选择值 2 => 顺序语句 2;
  ……
  WHEN   条件选择值 n => 顺序语句 n;
  WHEN   OTHERS=>顺序语句 n+1;
END   CASE;
```

当 CASE 语句执行时，首先计算表达式的值，当表达式的值与某一条件选择值相匹配时，程序执行该条件选择值后面的顺序语句，然后执行 END CASE 后面的语句；当表达式的值与条件选择值 1 到 n 都不匹配时，程序执行 WHEN OTHERS 后面的顺序语句 n+1，然后执行 END CASE 后面的语句。格式中的“=>”并不是运算符，在这里相当于“THEN”的作用，引导程序的走向。

WHEN 引导的“条件选择值”可以有以下四种表达方式。

1）单个数值，如 WHEN 2 => 顺序语句；表示当表达式的值为 2 时，执行其后面的顺序语句。

2）并列数值，如 WHEN 1|2=> 顺序语句；表示当表达式的值为 1 或 2 时，执行其后面的顺序语句。

3）数值选择范围，如 WHEN 1 TO 3=> 顺序语句；表示当表达式的值为 1 或 2 或 3 时，执行其后面的顺序语句。

4）其他取值情况，WHEN OTHERS=>顺序语句；表示当表达式的值并非前面列出的各种条件选择值时，执行其后面的顺序语句，经常出现在 END CASE 之前。

使用 CASE 语句需注意以下几点：

1）CASE 语句中的条件选择值不能重复出现。

2）CASE 语句执行中必须且只能选中所列条件语句中的一条，即 CASE 语句至少包含一个条件语句。

3）除非所有条件语句中的选择值能完全覆盖 CASE 语句中表达式的取值，否则最末一个条件语句中的选择必须用“OTHERS”表示，它代表已给出的所有条件语句中未能列出的其他可能的取值。关键词 OTHERS 只能出现一次，且只能作为最后一种条件取值。使用 OTHERS 是为了使条件语句中的所有选择值能覆盖表达式的所有取值，以免综合过程中插入不必要的锁存器。这一点对于定义为 STD_LOGIC 和 STD_LOGIC_VECTOR 数据类型的值尤为重要，因为这些数据对象的取值除了 1、0 之外，还可能出现输入高阻态 Z，不定态 X 等取值。

【例 2-22】 用 CASE 语句描述一个 4 选 1 数据选择电路。

```
LIBRARY IEEE;
USE IEEE.STD_LOGIC_1164.ALL;
ENTITY sel4to1 IS
  PORT(a:IN STD_LOGIC_VECTOR(3 DOWNTO 0);
       sel: IN STD_LOGIC_VECTOR(1 DOWNTO 0);
          q:OUT STD_LOGIC);
END sel4to1;
ARCHITECTURE one OF sel4to1 IS
  BEGIN
    PROCESS(a,sel)
      BEGIN
        CASE sel IS
          WHEN "00"=> q<=a(0);
          WHEN "01"=> q<=a(1);
          WHEN "10"=> q<=a(2);
          WHEN OTHERS=> q<=a(3);
        END CASE;
    END PROCESS;
END one;
```

无论是【例 2-21】中应用 IF 语句还是【例 2-22】中应用 CASE 语句，均实现了 4 选 1 电路的功能。CASE 语句中除 WHEN OTHERS 必须在最后以外，其他 3 个子句没有先后顺序，但一般按照取值由小到大或由大到小的顺序书写，避免程序混乱。

【例 2-23】 用 CASE 语句描述算术逻辑单元行为。A 和 B 为四位标准逻辑向量，s 为运算类型控制端，F 为运算结果输出端。表 2-17 所示为算术逻辑单元功能列表。

表 2-17　算术逻辑单元功能列表

操作	输入 $S_2S_1S_0$	输出 F
clear	000	0000
B-A	001	B-A
A-B	010	A-B
A+B	011	A+B
XOR	100	A XOR B
OR	101	A OR B
AND	110	A AND B
preset	111	1111

```
LIBRARY IEEE;
USE IEEE.STD_LOGIC_1164.ALL;
USE IEEE.STD_LOGIC_ARITH.ALL;
```

```
USE IEEE.STD_LOGIC_UNSIGNEDE;
ENTITY alu1 IS
PORT(A:IN STD_LOGIC_VECTOR(3 DOWNTO 0);          --定义操作数A和B
     B:IN STD_LOGIC_VECTOR(3 DOWNTO 0);
     s:IN STD_LOGIC_VECTOR(2 DOWNTO 0);          --s的8种组合对应表2-17中的8种操作
     f:OUT   STD_LOGIC_VECTOR(3 DOWNTO 0));      --输出结果
END ENTITY alu1;
ARCHITECTURE one OF alu1 IS
BEGIN
   PROCESS(s,A,B)
   BEGIN
        CASE s IS
        WHEN"000"=>f<="0000";                    --clear
        WHEN"001"=>f<=B-A;                       --B-A
        WHEN"010"=>f<=A-B;                       --A-B
        WHEN"011"=>f<=A+B;                       --A+B
        WHEN"100"=>f<=A XOR B;                   --异或运算
        WHEN"101"=>f<=A OR B;                    --或运算
        WHEN"110"=>f<=A AND B;                   --与运算
        WHEN"111"=>f<="1111";                    --置1
      END CASE;
END PROCESS;
END ARCHITECTURE one;
```

图2-28所示为算术逻辑单元仿真结果。

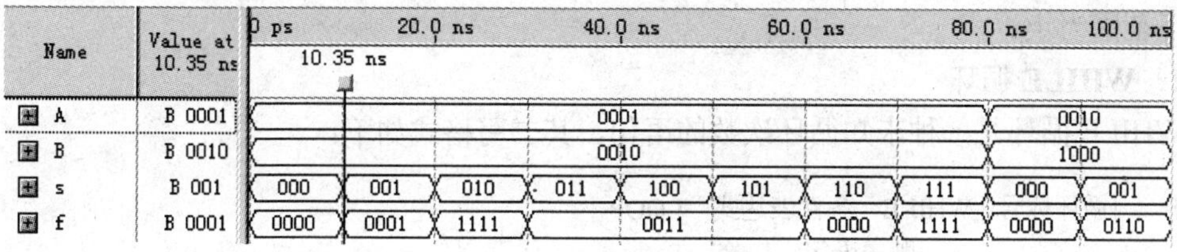

图2-28　算术逻辑单元仿真结果

2.3.3 LOOP语句

LOOP语句即循环控制语句，用来控制某些操作的重复执行，重复次数受迭代算法控制。常用的循环语句有FOR循环和WHILE循环两种。

1．FOR循环

FOR循环是一种已知循环次数的语句，其书写格式如下：

```
[循环标号:]FOR  循环变量  IN  循环次数范围  LOOP
                顺序语句;
          END  LOOP  [循环标号];
```

其中，循环标号作为可选项，用来标识整个FOR循环和区分不同的FOR循环。循环次数范围表示循环变量的取值范围，且在每次循环中循环变量的值都要发生变化，变化的趋势是使循环趋于结束。

【例 2-24】 用 FOR 循环描述一个 8 位奇偶校验电路。

```
LIBRARY IEEE;
USE IEEE.STD_LOGIC_1164.ALL;
ENTITY p_c IS
  PORT(a:IN STD_LOGIC_VECTOR(7 DOWNTO 0);
        q:OUT STD_LOGIC);
END p_c;
ARCHITECTURE one OF p_c IS
  BEGIN
    PROCESS(a)
    VARIABLE tmp: STD_LOGIC;      - -定义一个存放校验过程结果的局部变量
    BEGIN
    tmp:='0';
    FOR i IN 0 TO 7 LOOP          - -循环变量 i 由循环语句自动定义；循环取值范围为 0～7
    tmp:=tmp XOR a(i);
    END LOOP;
    q<=tmp;                       - -q 值为 1 表示 a 中有奇数个'1'；  q 值为 0 表示 a 中有偶数个'1'
    END PROCESS;
END one;
```

在该程序中，a 为 8 位输入信号，q 为输出信号。局部变量 tmp 只能在进程内部进行说明和应用。循环变量 i 由循环语句自动定义，从初始值 0 开始，每次循环自动加 1，直到超出循环范围为止。

2．WHILE 循环

WHILE 循环是一种未知循环次数的语句，其书写格式如下：

```
[循环标号:] WHILE   条件表达式   LOOP
              顺序语句;
          END   LOOP   [循环标号];
```

在 WHILE 循环中并没有限定循环的次数，而是给出了循环的条件。如果条件表达式成立，则执行顺序语句，否则循环终止。为了保证循环能够正常终止，不形成死循环，需要在顺序语句中加入能使条件表达式趋于不成立的语句。

【例 2-25】 用 WHILE 循环描述一个 8 位奇偶校验电路。

```
LIBRARY IEEE;
USE IEEE.STD_LOGIC_1164.ALL;
ENTITY p_c IS
  PORT(a:IN STD_LOGIC_VECTOR(7 DOWNTO 0);
        q:OUT STD_LOGIC);
END p_c;
ARCHITECTURE one OF p_c IS
  BEGIN
```

```
        PROCESS(a)
          VARIABLE tmp: STD_LOGIC;
        VARIABLE i: INTEGER RANGE 0 TO 8;
          BEGIN
            tmp:=’0’;
            i:=’0’;
            WHILE (i<8) LOOP
              tmp:=tmp XOR a(i);
              i:=i+1;
            END LOOP;
          q<=tmp;
        END PROCESS;
    END one;
```

在该程序中，循环变量 i 在循环体外赋初始值为’0’。循环语句 i:=i+1 表示每执行一次循环，变量 i 的值增加 1，如果条件表达式 i<8 成立，继续执行循环体，否则循环结束。本程序中循环体执行 8 次。图 2-29 所示为 8 位奇偶校验电路的仿真结果。

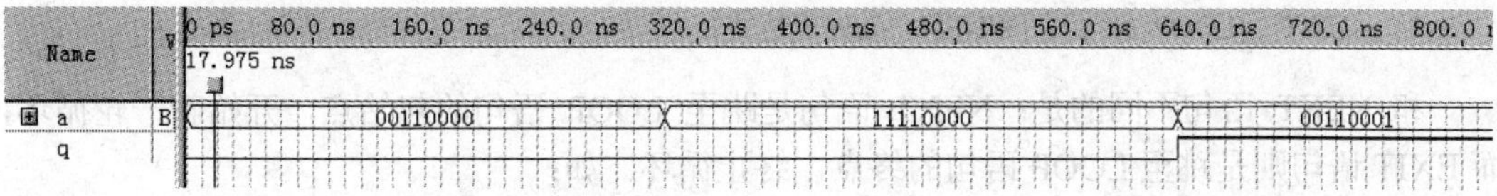

图 2-29　8 位奇偶校验电路的仿真结果

尽管 FOR 循环和 WHILE 循环都可以进行逻辑综合，但一般很少使用 WHILE 循环进行 RTL 描述。

2.3.4　NEXT 语句和 EXIT 语句

1．NEXT 语句

NEXT 语句主要用于 LOOP 语句执行中有条件或无条件的转向控制，其书写格式如下：

```
NEXT   [LOOP 标号]   [WHEN   条件表达式];
```

NEXT 语句常见 4 种应用形式。

第一种：NEXT;

执行该 NEXT 语句后，即刻无条件地终止当前循环，跳回到本次循环 LOOP 语句开始处，开始下一次循环。

第二种：NEXT　LOOP　标号;

执行该 NEXT 语句后，即刻无条件地终止当前循环，跳转到指定标号的 LOOP 语句开始处，执行循环操作。

第三种：NEXT　WHEN　条件表达式;

执行该 NEXT 语句时，先对条件表达式进行判断，当条件表达式的值为真时，则执行 NEXT 语句，跳回到本次循环 LOOP 语句开始处，否则该 NEXT 语句不被执行，继续向下执行。

第四种：NEXT　LOOP　标号　WHEN　条件表达式；

执行该 NEXT 语句时，先对条件表达式进行判断，当条件表达式的值为真时，则执行 NEXT 语句，跳转到指定标号的 LOOP 语句开始处执行，否则该 NEXT 语句不被执行，继续向下执行。如：

```
L1：FOR i IN 1 TO 8 LOOP
   S1：a(i):='0';
         NEXT WHEN (b=c);
   S2：a(i+8):='0';
END LOOP L1;
```

本例中，当程序执行到 NEXT 语句时，先对条件表达式(b=c) 进行判断，如果结果为真，执行 NEXT 语句，返回到 L1 继续执行；如果结果为假，则该 NEXT 语句不被执行，继续向下执行 S2。

2．EXIT 语句

EXIT 语句也是 LOOP 语句的内部循环控制语句，它的书写格式与 NEXT 语句类似：

```
EXIT  [LOOP 标号]  [WHEN  条件表达式];
```

和 NEXT 语句不同的是：NEXT 语句是跳至 LOOP 语句的起始点，开始新一轮循环，而 EXIT 语句则是跳至 LOOP 语句的终点，终止循环。如：

```
L1:FOR i IN 10 DOWNTO 1 LOOP
   L2:FOR j IN 0 TO i LOOP
        EXIT L2 WHEN i=j;
        m(i,j):=i*(j+2);
   END LOOP L2;
END LOOP L1;
```

本例中有两个 FOR 循环，最外层的循环为 L1，内层循环为 L2，EXIT 语句位于内层循环。当条件表达式 i=j 为真时执行 EXIT 语句，跳出内层循环。

2.3.5　其他顺序语句

1．WAIT 语句

进程在仿真运行过程中总是处于两种状态之一：执行和挂起。进程状态的变化受等待语句的控制，当进程执行到等待语句时就被挂起，并设置再次执行的条件。

WAIT 语句的书写格式有以下 4 种。

第一种：WAIT;

这种格式在执行时，处于无限等待状态。

第二种：WAIT ON 信号表;

即在 WAIT ON 后面跟着一个或多个敏感信号，当敏感信号中的一个或多个发生变化时，进程结束挂起状态，继续执行后续语句。在进程语句中也有敏感信号，进程的启动也是在敏感信号发生变化时，所以从这一点看来，WAIT ON 和 PROCESS 有相似之处。如：

```
SIGNAL s1,s2:STD_LOGIC;
……
PROCESS
  BEGIN
  ……
  WAIT ON s1,s2;
END PROCESS;
```

```
SIGNAL s1,s2:STD_LOGIC;
……
PROCESS(s1,s2)
  BEGIN
    ……
END PROCESS;
```

以上两个进程的描述是完全等价的。但需要注意的是，如果 PROCESS 语句中已有敏感信号说明，那么在进程中就不能再使用 WAIT ON 语句。

第三种：WAIT UNTIL 条件表达式;

当进程执行到该语句时被挂起，直到条件表达式的值为真，进程再次启动。

假设 clk 为时钟输入信号，以下 4 条 WAIT 语句都是在时钟的上升沿到来时启动进程：

```
WAIT UNTIL clk='1';
WAIT UNTIL rising_edge(clk);
WAIT UNTIL NOT clk'STABLE AND clk='1';
WAIT UNTIL clk'EVENT AND clk='1';
```

第四种：WAIT FOR 时间表达式;

当进程执行到该语句时被挂起，等待指定的时间后，进程再次被启动。如：

```
WAIT FOR 20ns;        --进程等待 20ns 后继续执行
WAIT FOR a+b;         --进程等待（a+b）的时间后继续执行
```

前面介绍了 WAIT 语句的 4 种常用格式，在实际应用中，可以将 4 种格式中的条件进行组合复用，达到同时使用多个等待条件的目的。

2．ASSERT 语句

ASSERT 语句即断言语句，主要用于程序仿真和调试过程中的人机对话，它可以给出一串文字作为警告和错误信息。其书写格式如下：

```
ASSERT  条件  [REPORT  输出信息]  [SEVERITY  级别];
```

当执行到 ASSERT 语句时，进行条件判断，如果条件成立，则继续向下执行后续语句，否则输出错误信息和级别。REPORT 后面的输出信息通常是用双引号引起来的一串文字，用来说明错误产生的原因。SEVERITY 后面的级别用来说明错误的严重程度，分为 FAILURE、ERROR、WARING 和 NOTE 四个级别。如：

```
ASSERT (cond='0') REPORT "something is wrong" SEVERITY ERROR;
```

该语句的含义是当条件(cond='0')成立时，则执行 ASSERT 后面的语句；当条件不成立时，则给出错误报告“something is wrong”和错误级别 ERROR。

3．子程序调用语句

VHDL 语言中的子程序是一种功能相对独立的模块，通过对子程序的调用可以有效地完成一些重复性的工作。和其他高级语言的子程序相同，必须先定义后调用。VHDL 语言中的子程序由一组顺序语句组成，可以在程序包、结构体和进程中进行定义，定义后才能被主程序调用，调用后的处理结果返回给主程序，主程序和子程序之间通过端口参数关联传送数据。每次调用子程序时都要先进行初始化，子程序内部的变量都是局部变量。VHDL 中的子程序主要有两种：过程和函数。

（1）过程

过程的定义语句由两部分组成：过程首和过程体，其书写格式如下：

```
PROCEDURE   过程名（参数列表）;                --过程首
PROCEDURE   过程名（参数列表）IS               --过程体
    [说明语句];
BEGIN
    顺序语句;
END   PROCEDURE   过程名;
```

在程序包中定义过程必须包括过程首和过程体两部分，过程首写在程序包的包首部分，过程体写在包体部分；在结构体或进程中定义过程时，可以省略过程首，过程体写在结构体的说明部分。参数列表中可以对信号、常量、变量作出说明，这些对象可以是输入参数、输出参数，也可以是双向参数。

过程的调用格式如下：

```
过程名   参数列表;
```

在过程调用时，要注意其参数列表和过程定义中的参数列表中参数的对应关系。

【例 2-26】 过程语句的应用。

```
LIBRARY IEEE;
USE IEEE.STD_LOGIC_1164.ALL;
ENTITY paixu IS
   PORT(a,b,c,d:IN BIT_VECTOR(3 DOWNTO 0);
          pa,pb,pc,pd:OUT BIT _VECTOR(3 DOWNTO 0));
END paixu;
ARCHITECTURE one OF paixu IS
   PROCEDURE sort(x,y: INOUT BIT _VECTOR(3 DOWNTO 0)) IS        --过程体开始
     VARIABLE tmp：BIT _VECTOR(3 DOWNTO 0);
   BEGIN
     IF(x>y)THEN
       tmp:=x;x:=y;y:=tmp;
     END IF;
   END PROCEDURE sort;                                        --过程体结束
   BEGIN
     PROCESS(a,b,c,d)
```

```
    VARIABLE ta,tb,tc,td: BIT _VECTOR(3 DOWNTO 0);
    BEGIN
        ta:=a;tb:=b;tc:=c;td:=d;
          sort(ta,tc);                                    --过程调用
          sort(tb,td);
          sort(ta,tb);
          sort(tc,td);
          sort(tb,tc);
      pa<=ta; pb<=tb; pc<=tc; pd<=td;
    END PROCESS;
END one;
```

本例中定义和调用了过程 sort，实现了 4 个 4 位二进制数的排序。因为是在结构体中定义的过程，所以省略了过程首，只有过程体部分。过程的两个参数 x，y 都是双向参数。过程在进程中调用时的参数和过程定义中的参数一一对应。

（2）函数

函数的定义也由两部分组成，即函数首和函数体，其书写格式如下：

```
FUNCTION   函数名（参数列表）              --函数首
  RETURN   数据类型;
FUNCTION   函数名（参数列表）              --函数体
  RETURN   数据类型   IS
    [说明语句];
BEGIN
    顺序语句;
    RETURN   返回变量;
END   FUNCTION   函数名;
```

在程序包中定义函数必须包括函数首和函数体两部分，函数首写在程序包的包首部分，函数体写在包体部分；在结构体或进程中定义函数时，函数首可以省略。参数列表中的所有参数都是输入参数，默认的端口模式是 IN，可以是信号、常量和变量，如果没有特别指定，则看作常量处理。

函数的调用格式如下：

```
赋值对象<=函数名（参数列表）;
```

函数调用返回的数据及其数据类型是由返回变量和返回变量的数据类型决定的。

【例 2-27】 函数语句的应用。

```
PACKAGE declare IS
TYPE three_level_logic IS('1','0','Z');
FUNCTION invert(s:three_level_logic) RETURN three_level_logic;        --函数首
END PACKAGE declare;
PACKAGE BODY declare IS
  FUNCTION invert(s:three_level_logic) RETURN three_level_logic IS    --函数体开始
    VARIABLE tmp: three_level_logic;
```

```
    BEGIN
        CASE s IS
            WHEN '1'=>tmp:='0';
            WHEN '0'=>tmp:='1';
            WHEN 'Z'=>tmp:='Z';
        END CASE;
        RETURN tmp;
    END FUNCTION invert;                                    --函数体结束
END PACKAGE BODY declare;
USE WORK.declare.ALL;
ENTITY exam IS
    PORT(x:IN three_level_logic;
         y:OUT three_level_logic );
END ENTITY exam;
ARCHITECTURE one OF exam IS
    BEGIN
        y<=invert(x);                                       --函数调用
END one;
```

本例中，在程序包 declare 中定义了函数 invert，实现逻辑取反的功能。函数首写在包首部分，函数体写在包体部分。函数的参数只有一个 s，函数体中应用 CASE 语句实现了取反的功能。在结构体中调用函数实现了对 x 的取反。

过程和函数常见于面向逻辑综合的设计中，其优势就是可以被多次重复调用，避免了大量程序语句的重复书写。但是从硬件角度看，每次调用子程序时，综合工具都要增加一个新的电路逻辑模块，所以频繁调用子程序会对硬件的承受力带来压力，在实际应用中，要严格控制子程序的调用次数。

过程和函数的主要区别是参数和返回值不同，过程可以有输入参数、输出参数和双向参数，而函数中的所有参数都是输入参数；过程调用可以有多个返回值，而函数调用的返回值只能有一个。

在前面的函数应用中用到了 RETURN 语句，即返回语句。返回语句是子程序返回主程序的控制语句，只能应用在子程序中，其书写格式有以下两种：

1）RETURN。

2）RETURN 表达式。

其中，第一种格式语句只能应用在过程中，无条件地结束过程，不返回任何值；第二种格式语句只能应用在函数中，表达式提供函数的返回值，是函数执行结束的唯一条件。

4．NULL 语句

NULL 语句即空操作语句，其书写格式如下：

```
NULL;
```

空操作语句不完成任何操作，其功能是使逻辑运行流程能进入下一步语句的执行。NULL 语句多用于 CASE 语句中，用来表示所有剩余条件的操作行为，如：

```
……
```

```
CASE s IS
WHEN "01"=>tmp<='1';
WHEN "10"=> tmp <='0';
WHEN OTHERS=>NULL;
END CASE;
……
```

2.3.6 设计实例

1. 计数器设计

计数器是在数字系统中使用最多的时序电路，它不仅能用于统计时钟脉冲的个数，还可以用于时钟分频、信号定时、产生节拍脉冲和脉冲序列以及进行数字运算等。按照计数器中各个触发器的时钟是否同步，分为同步计数器和异步计数器；按照计数器的计数方向分为加法计数器、减法计数器和可逆计数器。下面介绍几种常用的计数器及其设计方法。

（1）四位二进制计数器

四位二进制计数器是计数器设计中最简单的一种，其状态表如表 2-18 所示。

表 2-18　四位二进制计数器状态表

clk	clr	set	en	工作状态
X	1	X	X	异步清零
↑	0	1	X	同步置数
↑	0	0	1	同步计数
X	0	0	0	保持不变

1）电路符号。

四位二进制计数器的电路符号如图 2-30 所示。其中，clk 为时钟信号输入端，上升沿有效；clr 为异步清零端，高电平有效；set 为同步置数端，高电平有效；en 为使能控制端，高电平时计数，低电平时保持；data[3..0] 为预置数输入端，当 set 为高电平时，该数据被置入计数器；q[3..0]为计数输出端；co 为进位输出端，当计数到“1111”时，会产生进位输出信号。

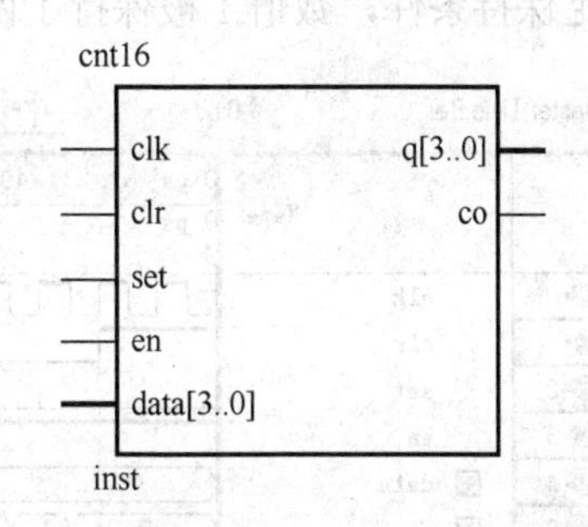

图 2-30　四位二进制计数器的电路符号

2）设计程序。

```
LIBRARY IEEE;
USE IEEE.STD_LOGIC_1164.ALL;
USE IEEE.STD_LOGIC_UNSIGNED.ALL;
ENTITY cnt16 IS
PORT(clk,clr,set,en:IN STD_LOGIC;
        data:IN STD_LOGIC_VECTOR(3 DOWNTO 0);
        q:BUFFER STD_LOGIC_VECTOR(3 DOWNTO 0);     --q 定义为 BUFFER 模式
        co: OUT STD_LOGIC);
END;
```

```
ARCHITECTURE one OF cnt16 IS
BEGIN
  PROCESS(clk,clr)              --进程敏感信号为 clk 和 clr
  BEGIN
    IF(clr='1')THEN             --计数器清零
      q<="0000";
    ELSIF(clk'EVENT AND clk='1') THEN --判断时钟的上升沿
      IF(set='1')THEN               --置数
        q<=data;
      ELSIF(en='1')THEN             --计数
        q<= q+1;
      ELSE
        q<= q;
      END IF;
    END IF;
  END PROCESS;
  co<='1' WHEN q="1111" AND en='1' ELSE '0';        --产生进位信号
  END;
```

3）仿真结果。

本设计实现的四位二进制计数器的功能仿真结果如图 2-31 所示。计数器从 0 开始计数，当计数到 3，且下一个时钟上升沿到来时，set 的值为高电平 1，满足置数条件，将此时的 data 值 7 输出，该值保持了两个时钟周期后，计数条件满足，从 7 开始计数；当计数到 15 时，满足进位条件，co 输出一个高电平；当下一个时钟上升沿到来时，计数器开始新一轮的计数；当计数到 1，且下一个时钟上升沿到来时，使能控制端 en 的值为低电平 0，此时满足保持条件，数值 1 被保持了两个时钟周期，而后计数条件满足，继续计数。

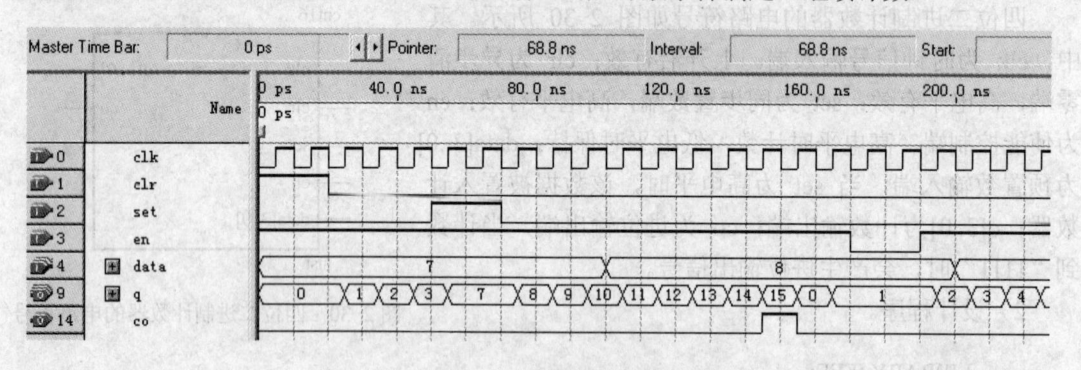

图 2-31　四位二进制计数器的功能仿真结果

4）方法总结。

一般把这种计数器的模值 $M=2^n$、状态编码为自然二进制数的计数器称为 n 位二进制计数器，本例中的 n=4。此类计数器的设计可以通过改变 STD_LOGIC_VECTOR 矢量的位宽，进而方便地改变二进制计数器的模值。如果 n=3，我们可以把上面程序中 STD_LOGIC_VECTOR 矢量的位宽改为（2 DOWNTO 0），同时将程序中相应的数值从 4 位改成 3 位即可实现。

（2）十进制计数器

十进制计数器是我们现实生活中应用最广泛的计数器之一，能够实现从 0～9 循环计数功能。

1）电路符号。

十进制计数器的电路符号如图 2-32 所示。其中，clk 为时钟信号输入端，上升沿有效；clr 为异步清零端，高电平有效；q[3..0]为计数输出端；co 为进位输出端，当计数到“1001”时，会产生进位输出信号。

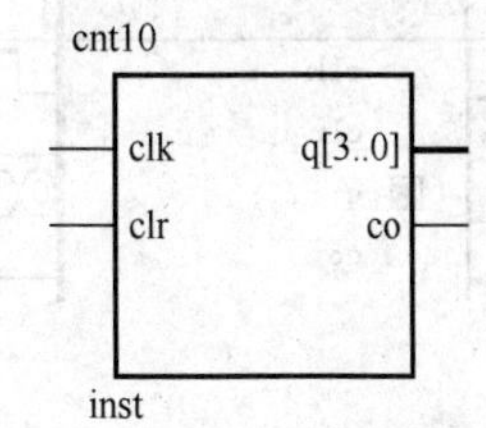

图 2-32 十进制计数器的电路符号

2）设计程序。

```
LIBRARY IEEE;
USE IEEE.STD_LOGIC_1164.ALL;
USE IEEE.STD_LOGIC_UNSIGNED.ALL;
ENTITY cnt10 IS
PORT(clk,clr:IN STD_LOGIC;
     q:OUT STD_LOGIC_VECTOR(3 DOWNTO 0);
     co:OUT STD_LOGIC);
END;
ARCHITECTURE one OF cnt10 IS
BEGIN
PROCESS(clk,clr)
VARIABLE cnt:STD_LOGIC_VECTOR(3 DOWNTO 0);          --在进程中定义变量 cnt，实现计数
BEGIN
   IF(clr='1')THEN                                  --清零
          cnt:=(OTHERS=>'0');                       --给变量赋值为 0
       ELSIF(clk'EVENT AND clk='1') THEN
          IF(cnt<9)THEN
             cnt:=cnt+1;
             co<='0';
          ELSE
           cnt:=(OTHERS=>'0');
           co<='1';
        END IF;
   END IF;
   q<=cnt;
 END PROCESS;
 END;
```

3）仿真结果。

本设计实现的十进制计数器的功能仿真结果如图 2-33 所示。计数器从 0 开始计数，当计数到 5 时，clr 为高电平，计数器清零；当 clr 恢复为低电平，且时钟上升沿到来时，计数器又重新开始计数；当计数器计数到 9 时，进位输出端 co 输出一个高电平。

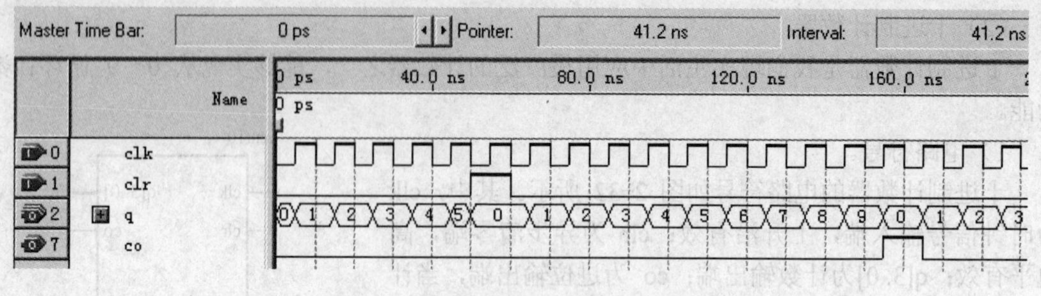

图 2-33　十进制计数器的功能仿真结果

4）方法总结。

这种计数器的模值 $2^n<M<2^{n-1}$，并不是 2 的整数次方，但是在设计时，STD_LOGIC_VECTOR 矢量的位宽还应设置为 n，只是在计数过程中通过程序控制计数器归零的时刻，从而达到设计目的。本例中当计数器计数到 9 时，通过程序控制计数器归零，从而实现了十进制计数器的功能。

（3）二十四进制计数器

二十四进制计数器主要应用在时钟的小时计数方面。通过本程序的设计，让读者掌握一种将计数器的个位、十位分开设计的方法，以便于各自驱动数码管独立显示。

1）电路符号。

二十四进制计数器的电路符号如图 2-34 所示。其中，clk 为时钟信号输入端，上升沿有效；clr 为异步清零端，低电平有效； ten[3..0]为计数器十位输出端；on[3..0]为计数器个位输出端；co 为进位输出端，当计数到 23 时，会产生进位输出信号。

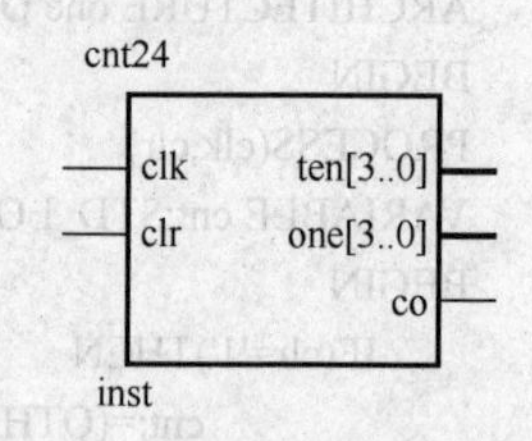

图 2-34　二十四进制计数器的电路符号

2）设计程序。

```
LIBRARY IEEE;
USE IEEE.STD_LOGIC_1164.ALL;
USE IEEE.STD_LOGIC_UNSIGNED.ALL;
ENTITY cnt24 IS
PORT(clk,clr:IN STD_LOGIC;
ten,one:OUT STD_LOGIC_VECTOR(3 DOWNTO 0);            --定义计数器的十、个位数据输出端
        co:OUT STD_LOGIC);
END;
ARCHITECTURE one OF cnt24 IS
 SIGNAL ten_tmp,one_tmp:STD_LOGIC_VECTOR(3 DOWNTO 0);            --在结构体中定义两个信号
BEGIN
  PROCESS(clk,clr)
  BEGIN
    IF(clr='0')THEN                          --清零信号有效，十位和个位都清零
        ten_tmp<=(OTHERS=>'0');
        one_tmp<=(OTHERS=>'0');
      ELSIF(clk'EVENT AND clk='1') THEN
        IF(ten_tmp=2 AND one_tmp=3)THEN              --如果已经计数到 23，则归零
```

```
            ten_tmp<=(OTHERS=>'0');
            one_tmp<=(OTHERS=>'0');
          ELSIF(one_tmp=9)THEN                    --如果个位计数到 9，则个位归零，十位加 1
            ten_tmp<=ten_tmp+1;
            one_tmp<=(OTHERS=>'0');
          ELSE
            one_tmp<=one_tmp+1;                   --个位加 1
          END IF;
    END IF;
  END PROCESS;
  ten<=ten_tmp;
  one<=one_tmp;
  co<='1' WHEN ten_tmp=2 AND one_tmp=3 ELSE '0'; --计数到 23 时产生进位信号
  END;
```

3）仿真结果。

本设计实现的二十四进制计数器的功能仿真结果如图 2-35 所示。计数器从 0 开始计数，计数器的个位变化较快，实现从 0～9 计数；当个位计数到 9，且下一个时钟上升沿到来时，个位归零，向十位进一；当十位为 2，个位为 3，即计数到 23 时，产生进位脉冲，co 输出一个高电平，当下一个时钟上升沿到来时，个位和十位同时归零，完成一个周期的计数。

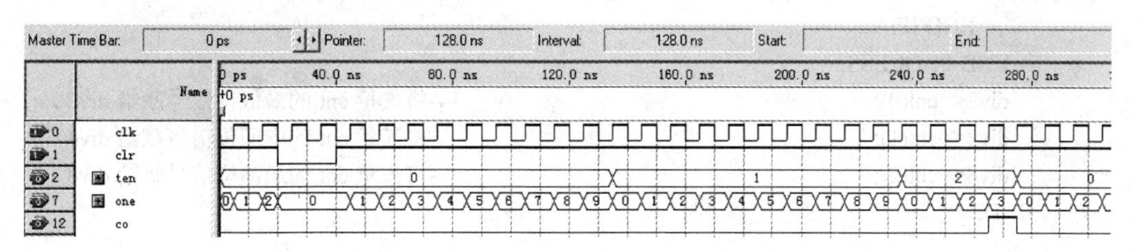

图 2-35　二十四进制计数器的功能仿真结果

4）方法总结。

这种计数器在设计时，将个位、十位分别用不同的信号来表示，根据其实际工作情况建立彼此之间的内在逻辑关系，从而达到设计目的。这种设计方法便于各自驱动独立的显示器件分别显示。用这种设计方法还可以实现六十进制计数器的设计。

2．分频器设计

前面介绍了四位二进制计数器、十进制计数器、二十四进制计数器的设计思路和方法。计数器除了常见的计数功能之外，还有一个较为广泛的应用，那就是分频。分频器是将较高频率的信号转换成较低频率信号的一种电路。分频器常用来对数字电路中的时钟信号进行分频。例如在进行秒表计数电路设计时要用到 1Hz 的时钟信号，而在实验箱上只有 50MHz 的信号，这里就要用到分频器，将 50MHz 的信号转换为 1Hz 的秒脉冲驱动信号。下面介绍几种分频器的设计方法。

（1）二、四、八分频器

二、四、八分频器的分频系数是 2 的整数次方，可以通过一个分频器同时得到不同分频系数的输出信号。

1）电路符号。

二、四、八分频器的电路符号如图 2-36 所示。其中，clk 为时钟信号输入端，上升沿有效；div2 为 2 分频信号输出端；div4 为 4 分频信号输出端；div8 为 8 分频信号输出端。

div248
clk div2
div4
div8
inst

图 2-36 二、四、八分频器的电路符号

2）设计程序。

```
LIBRARY IEEE;
USE IEEE.STD_LOGIC_1164.ALL;
USE IEEE.STD_LOGIC_UNSIGNED.ALL;
ENTITY div248 IS
PORT(clk:IN STD_LOGIC;
      div2,div4,div8:OUT STD_LOGIC);                --2 分频、4 分频、8 分频信号输出端
END;
ARCHITECTURE one OF div248 IS
  SIGNAL cnt:STD_LOGIC_VECTOR(2 DOWNTO 0);  --在结构体中定义信号 cnt 进行计数
BEGIN
  PROCESS(clk)
  BEGIN
    IF(clk'EVENT AND clk='1') THEN
      cnt<=cnt+1;
    END IF;
  END PROCESS;
  div2<=cnt(0);                               --将矢量 cnt 的最低位信号赋给 div2
  div4<=cnt(1);                               --将矢量 cnt 的中间位信号赋给 div4
  div8<=cnt(2);                               --将矢量 cnt 的最高位信号赋给 div8
END;
```

3）仿真结果。

二、四、八分频器的功能仿真结果如图 2-37 所示。从图中可以看出，div2 端口的输出信号频率是时钟信号 clk 频率的 1/2；div4 端口的输出信号频率是 div2 端口信号频率的 1/2，是时钟信号 clk 频率的 1/4；div8 端口的输出信号频率是 div4 端口信号频率的 1/2，是时钟信号 clk 频率的 1/8，达到了分频设计的目的。

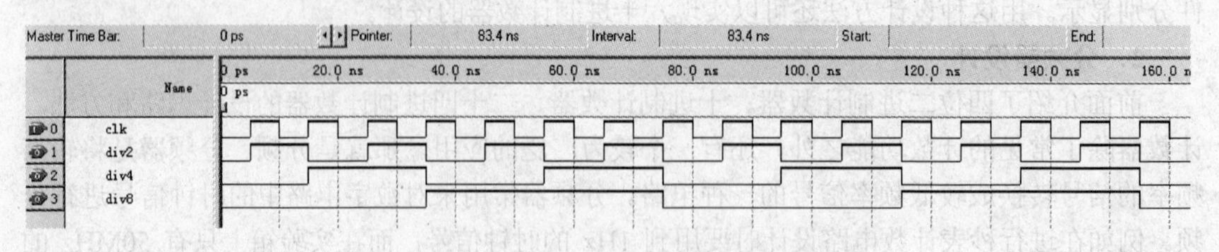

图 2-37 二、四、八分频器的功能仿真结果

4）方法总结。

对于分频系数是 2 的整数次方的分频器设计，可以直接将计数器的相应位赋给分频器的输出信号即可。如果要设计一个分频系数为 2^n 的分频器，只需设计一个模值为 2^n 的计数器，然后将计数器的最高位赋给分频器的输出端，即可得到所需要的分频信号。

（2）十二分频器

十二分频器的分频系数不是 2 的整数次方，可以通过控制计数器的计数过程来实现。十二分频器的电路符号如图 2-38 所示。其中，clk 为时钟信号输入端，上升沿有效；div12 为十二分频信号输出端。

div12
clk div12
inst

图 2-38　十二分频器的电路符号

实现方法 1：

1）设计程序。

```
LIBRARY IEEE;
USE IEEE.STD_LOGIC_1164.ALL;
USE IEEE.STD_LOGIC_UNSIGNED.ALL;
ENTITY div12 IS
PORT(clk:IN STD_LOGIC;
     div12:OUT STD_LOGIC);              --12 分频信号输出端
END;
ARCHITECTURE one OF div12 IS
  SIGNAL cnt:STD_LOGIC_VECTOR(2 DOWNTO 0);  --在结构体中定义计数信号量 cnt
  SIGNAL tmp:STD_LOGIC;                 --定义控制电平翻转的信号量 tmp
  CONSTANT m:INTEGER:=5;                --定义控制计数最大值的常量 m，m=N/2-1
BEGIN
  PROCESS(clk)
  BEGIN
    IF(clk'EVENT AND clk='1')THEN
      IF(cnt=m)THEN       --当计数达到最大值 m 时，控制电平翻转，同时计数器清零
        tmp<=NOT tmp;
        cnt<="000";
      ELSE
        cnt<=cnt+1;
      END IF;
    END IF;
  END PROCESS;
  div12<=tmp;
END;
```

2）仿真结果。

应用方法 1 实现的十二分频器的功能仿真结果如图 2-39 所示。从分频信号输出端 div12 输出的信号周期是时钟输入信号 clk 周期的 12 倍，频率是时钟信号的 1/12，达到了十二分频的目的。

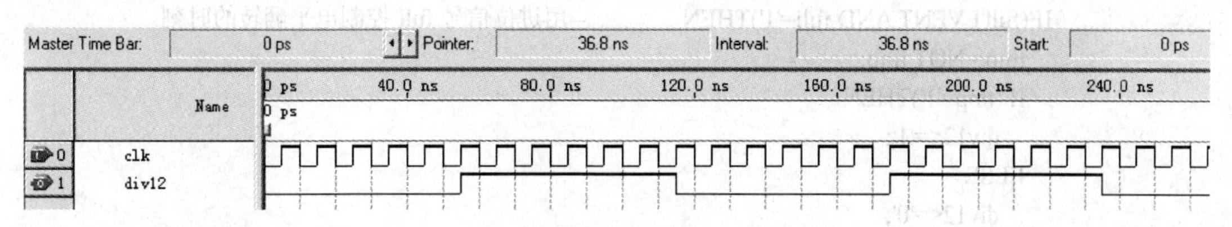

图 2-39　十二分频器的功能仿真结果（方法 1）

3）方法总结。

应用方法 1 设计的分频器，是通过折半计数控制信号翻转的方法来实现的。有效控制计数器的计数最大值，也就是控制高（或低）电平的持续时间，通过信号翻转，得到相同持续时间的低（或高）电平，从而获得一个完整的分频信号周期，如此往复，得到需要的分频信号。

实现方法 2：

1）设计程序。

```
LIBRARY IEEE;
USE IEEE.STD_LOGIC_1164.ALL;
USE IEEE.STD_LOGIC_UNSIGNED.ALL;
ENTITY div12 IS
PORT(clk:IN STD_LOGIC;
     div12:OUT STD_LOGIC);
END;
ARCHITECTURE one OF div12 IS
  SIGNAL full:STD_LOGIC;                   --在结构体中定义进位控制信号 full
BEGIN
p1:PROCESS(clk)
  VARIABLE cnt:INTEGER RANGE 0 TO 5;     --在进程 p1 中定义整型变量 cnt，取值范围是 0～5
  BEGIN
    IF(clk'EVENT AND clk='1')THEN
      IF(cnt<5)THEN                      --IF 语句控制实现模值为 6 的计数器
        cnt:=cnt+1;
      ELSE
        cnt:=0;
      END IF;
    END IF;
    IF(cnt=5)THEN                        --IF 语句控制实现计数器产生进位信号 full
      full<='1';
    ELSE
      full<='0';
    END IF;
  END PROCESS p1;
p2:PROCESS(full)
  VARIABLE tmp:STD_LOGIC;                --在进程 p2 中定义变量 tmp，实现电平翻转
  BEGIN
    IF(full'EVENT AND full='1')THEN      --用进位信号 full 控制电平翻转的时刻
      tmp:=NOT tmp;
      IF(tmp='1')THEN
        div12<='1';
      ELSE
        div12<='0';
      END IF;
    END IF;
```

```
    END PROCESS p2;
END;
```

2）仿真结果。

应用方法 2 实现的十二分频器的功能仿真结果如图 2-40 所示，与图 2-39 的仿真结果完全一致，达到了十二分频的目的。

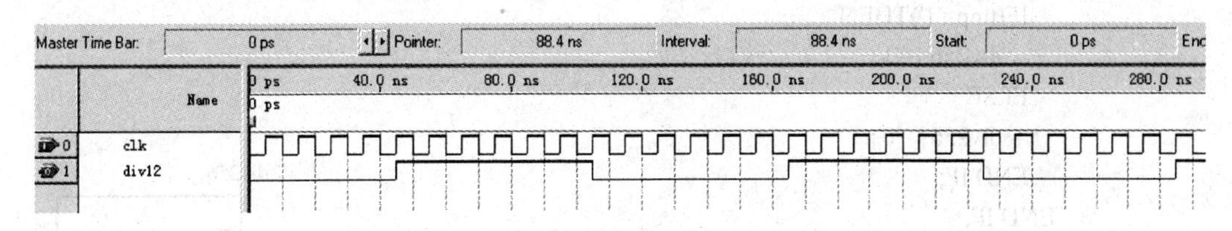

图 2-40　十二分频器的功能仿真结果（方法 2）

3）方法总结。

应用方法 2 设计的分频器，是通过用折半计数器的进位信号来控制翻转时刻的方法实现的。进程 p1 实现了六进制计数，同时产生进位信号 full，此时的进位脉冲是高低电平不等宽的。在进程 p2 中相当于加了一个 T 触发器，将进位信号 full 的窄脉冲变成等宽脉冲，同时又实现了二分频，从而实现了十二分频的功能。

实现方法 3：

1）设计程序。

```
LIBRARY IEEE;
USE IEEE.STD_LOGIC_1164.ALL;
USE IEEE.STD_LOGIC_UNSIGNED.ALL;
ENTITY div256 IS
PORT(clk:IN STD_LOGIC;
     d:IN STD_LOGIC_VECTOR(7 DOWNTO 0);          --8 位预置数信号输入端
     div256:OUT STD_LOGIC);                      --分频信号输出端
END;
ARCHITECTURE one OF div256 IS
  SIGNAL full:STD_LOGIC;                         --在结构体中定义数据溢出标志信号 full
BEGIN
p1:PROCESS(clk)
  VARIABLE CNT8:STD_LOGIC_VECTOR(7 DOWNTO 0);    --在进程 p1 中定义 8 位二进制计数器
  BEGIN
    IF(clk'EVENT AND clk='1')THEN
      IF(cnt8="11111111")THEN                    --当 cnt8 计数计满时，
        cnt8:=d;                                 --将预置数 d 赋给计数器，
        full<='1';                               --同时溢出标志信号 full 输出高电平
      ELSE
        cnt8:=cnt8+1;                            --否则计数器继续加 1 计数
        full<='0';                               --且溢出标志信号 full 输出低电平
      END IF;
    END IF;
```

```
    END PROCESS p1;
  p2:PROCESS(full)
    VARIABLE tmp:STD_LOGIC;          --在进程 p2 中定义变量 tmp，相当于 T 触发器的输出
    BEGIN
      IF(full'EVENT AND full='1')THEN
        tmp:=NOT tmp;                 --溢出标志信号上升沿时，T 触发器的输出取反
        IF(tmp='1')THEN
          div256<='1';
        ELSE
          div256<='0';
        END IF;
      END IF;
    END PROCESS p2;
  END;
```

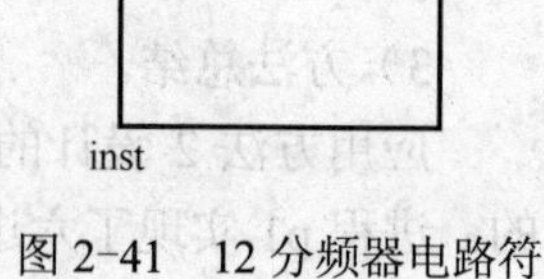

图 2-41　12 分频器电路符号（方法 3）

在本程序中，除了时钟信号 clk 和分频输出信号 div256 之外，还有预置数输入端 d，所以电路符号与图 2-38 相比有所不同，12 分频器电路符号如图 2-41 所示。

2）仿真结果。

应用方法 3 实现的十二分频器的功能仿真结果如图 2-42 所示，这里令 $d=(FA)_H$。从仿真结果可以看出，在第一轮 cnt8 计数周期，并未实现分频功能，分频器从第一个计数溢出时刻开始进行分频操作，之后分频器的输出波形和前面两种方法得到的波形相同。

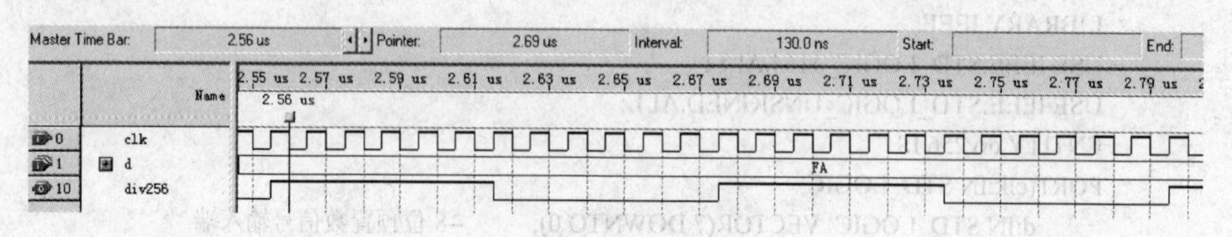

图 2-42　十二分频器的功能仿真结果（方法 3）

3）方法总结。

本方法中预置数 d 的取值是关键，$d=2^n-N/2$，其中 n 为二进制计数器的位数，N 为分频系数，本设计中 n=8，N=12，$d=2^8-12/2=250=(FA)_H$。本程序可以通过改变预置数 d 的值实现不同的分频器，最大能实现 512 分频。如果要实现更高的分频，可以通过改变二进制计数器的位数 n 来实现。这种分频器被称为数控分频器，最高可以实现 2^{32} 分频。

3．计数显示电路设计

在具体计数器的设计中，往往需要应用显示器件将计数结果显示出来，也就是将程序下载到硬件电路进行验证。本例中将以二十四进制计数显示电路为例，介绍具体的操作方法和步骤。

（1）分频电路设计

应用的硬件电路本身只提供 50MHz 的晶振信号，这里，驱动二十四进制计数器采用 1Hz 的时钟信号；数码管显示计数结果需要通过动态扫描来实现，动态扫描的时钟信号设定为 1kHz。综合考虑后，首先需要将 50MHz 信号进行分频，得到设计需要的 1Hz 和 1kHz 信号。

分频程序如下：

```
LIBRARY IEEE;
USE IEEE.STD_LOGIC_1164.ALL;
USE IEEE.STD_LOGIC_UNSIGNED.ALL;
ENTITY fpq IS
PORT(clk:IN STD_LOGIC;                --50MHz 时钟信号输入端
     q_1kHz:OUT STD_LOGIC;            --1kHz 分频信号输出端
     q_1Hz:OUT STD_LOGIC);            --1Hz 分频信号输出端
END;
ARCHITECTURE one OF fpq IS
  SIGNAL clk_tmp:STD_LOGIC;           --在结构体中定义信号，实现将 50MHz 信号进行 50 分频
BEGIN
p1:PROCESS(clk)
    VARIABLE cnt25:INTEGER RANGE 0 TO 24;--定义计数器 cnt25 的计数范围是 0～24
  BEGIN
    IF(clk'EVENT AND clk='1') THEN
      IF(cnt25=24)THEN              --当计数器计数到 24 时，计数器清零，同时 clk_tmp 取反
        cnt25:=0;
        clk_tmp<=NOT clk_tmp;
      ELSE
        cnt25:=cnt25+1;
      END IF;
    END IF;
  END PROCESS p1;
p2:PROCESS(clk_tmp)                 --以 50 分频后的信号 clk_tmp 作为进程敏感信号
    VARIABLE cnt1m:STD_LOGIC_VECTOR(19 DOWNTO 0); --定义长度为 20 的二进制计数器 cnt1m
  BEGIN
    IF(clk_tmp'EVENT AND clk_tmp='1') THEN--当信号的上升沿到来时，计数器加 1
      cnt1m:=cnt1m+1;
    END IF;
    q_1kHz<=cnt1m(9);               --将矢量 cnt1m 的第 10 位赋给 q_1kHz，输出 1kHz 信号
    q_1Hz<=cnt1m(19);               --将矢量 cnt1m 的最高位赋给 q_1Hz，输出 1Hz 信号
  END PROCESS p2;
END;
```

分频器的电路符号如图 2-43 所示。

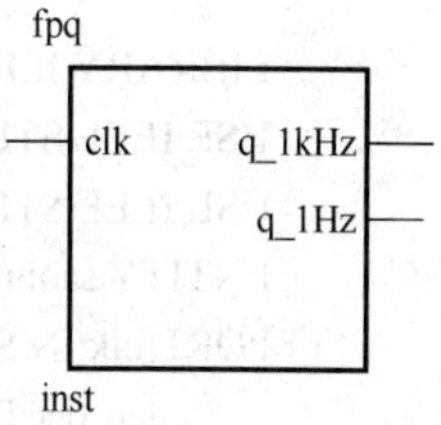

fpq

clk q_1kHz

q_1Hz

inst

图 2-43 分频器的电路符号

（2）计数电路设计

二十四进制计数器的设计程序和电路符号前面已经介绍，这里不再赘述。

（3）动态扫描电路设计

计数结果要通过七段数码管显示出来。数码管分为共阴极和共阳极两种，七段数码管显示原理图如图 2-44 所示。从图中可以看出，七段数码管由 8 个发光二极管组成，其中 7 个用来显示数字，1 个用来显示小数点。对于共阴极数码管，所有发光二极管的阴极接在一起作为公共端；对于共阳极数码管，所有发光二极管的阳极接在一

起作为公共端。共阴极和共阳极数码管在实际应用中，电平接入方式不同：共阴极数码管在使用时，将公共端接地，阳极接驱动电平，当接入的驱动电平为高电平时，该段发光二极管亮，否则不亮；共阳极数码管在使用时，将公共端接电源（+5V），阴极接驱动电平，当接入的驱动电平为低电平时，该段发光二极管亮，否则不亮。无论是共阴极还是共阳极数码管，都是通过控制 8 个发光二极管的亮灭，来达到显示数字的目的。

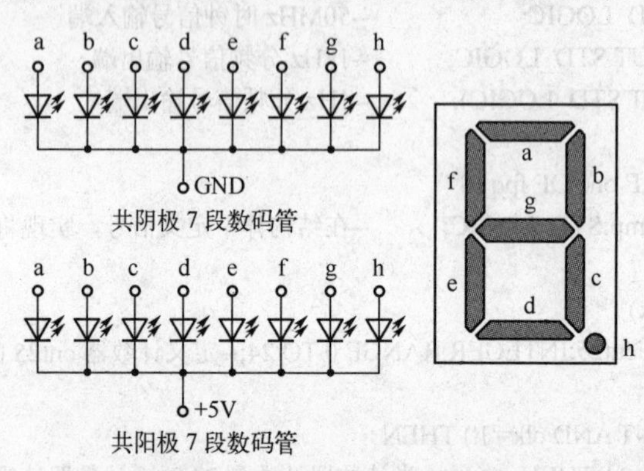

图 2-44　七段数码管显示原理图

本设计使用的硬件电路的显示模块是由两个 4 位数码管组成的一个 8 位数码管，硬件电路数码管排列图如图 2-45 所示。数码管的位码通过 1 片 74HC138 地址译码芯片实现位选择，所以需要通过动态扫描电路实现对二十四进制计数器个位和十位计数的动态扫描显示。

图 2-45　硬件电路数码管排列图

动态扫描程序如下：

```
LIBRARY IEEE;
USE IEEE.STD_LOGIC_1164.ALL;
USE IEEE.STD_LOGIC_UNSIGNED.ALL;
ENTITY saomiao IS
PORT(clk:IN STD_LOGIC;
     ten, one:IN STD_LOGIC_VECTOR(3 DOWNTO 0);--定义扫描输入信号，对应计数器的个位和十位
     Disp_Decode:OUT STD_LOGIC_VECTOR(7 DOWNTO 0);     --定义译码输出信号
     sel:OUT STD_LOGIC_VECTOR(1 DOWNTO 0));             --定义数码管选通控制信号
END;
ARCHITECTURE behave OF saomiao IS
   SIGNAL cnt:STD_LOGIC_VECTOR(3 DOWNTO 0);
   SIGNAL tmp:STD_LOGIC;
```

```
BEGIN
sm:PROCESS(clk)              --该进程实现在扫描脉冲的控制下，信号 tmp 取反
   BEGIN
     IF(clk'EVENT AND clk='1')THEN
        tmp<=NOT tmp;
     END IF;
   END PROCESS sm;
xt:PROCESS(tmp,one,ten)   --该进程控制选通数码管的位置及其显示的数位
   BEGIN
     CASE tmp IS
     WHEN '0'=>sel<="01";cnt<=ten;
     WHEN '1'=>sel<="10";cnt<=one;
     WHEN OTHERS=>NUll;
     END CASE;
   END PROCESS xt;
ym:PROCESS(cnt)              --该进程实现对计数结果的译码输出
   BEGIN
     CASE cnt IS
      WHEN "0000"=>Disp_Decode<="00111111";     --'0',hgfedcba
      WHEN "0001"=>Disp_Decode<="00000110";     --'1'
      WHEN "0010"=>Disp_Decode<="01011011";     --'2'
      WHEN "0011"=>Disp_Decode<="01001111";     --'3'
      WHEN "0100"=>Disp_Decode<="01100110";     --'4'
      WHEN "0101"=>Disp_Decode<="01101101";     --'5'
      WHEN "0110"=>Disp_Decode<="01111101";     --'6'
      WHEN "0111"=>Disp_Decode<="00000111";     --'7'
      WHEN "1000"=>Disp_Decode<="01111111";     --'8'
      WHEN "1001"=>Disp_Decode<="01101111";     --'9'
      WHEN OTHERS=>Disp_Decode<="00000000";     --全灭
      END CASE;
   END PROCESS ym;
END;
```

动态扫描电路符号如图 2-46 所示。

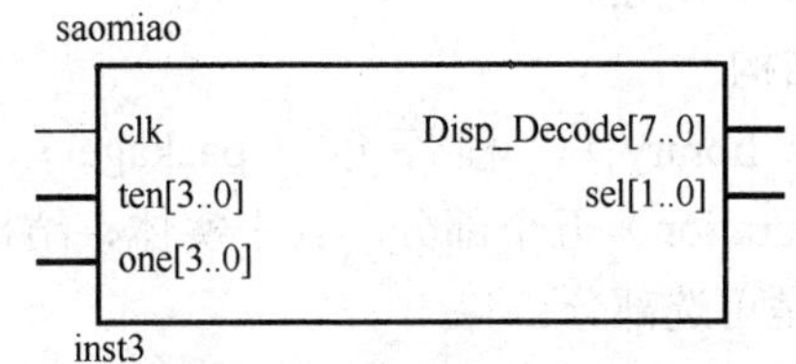

图 2-46　动态扫描电路符号

（4）电路整体设计

将前面设计完成的分频电路、计数电路和动态扫描电路进行连接，组成完整的计数显示电路整体设计图，如图 2-47 所示。

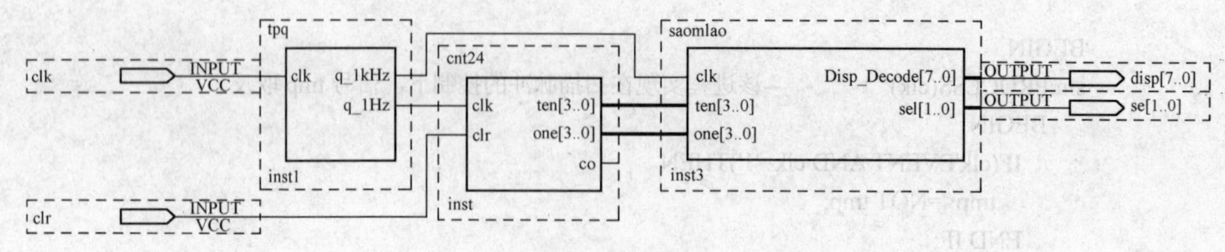

图 2-47　计数显示电路整体设计图

（5）下载验证

计数显示电路整体设计完成后，下载到硬件系统进行验证。首先要建立电路设计图和硬件电路之间的联系，即根据硬件配置引脚。计数显示电路引脚配置表如表 2-19 所示。

表 2-19　计数显示电路引脚配置表

	Node Name	Direction	Location
1	dk	Input	PIN_32
2	dr	Input	PIN_210
3	disp[7]	Output	PIN_20
4	disp[6]	Output	PIN_21
5	disp[5]	Output	PIN_18
6	disp[4]	Output	PIN_19
7	disp[3]	Output	PIN_9
8	disp[2]	Output	PIN_13
9	disp[1]	Output	PIN_5
10	disp[0]	Output	PIN_6
11	sel[1]	Output	PIN_22
12	sel[0]	Output	PIN_37

引脚配置完成后，对设计电路进行编译，生成该设计电路的.sof 文件，将该文件下载到硬件电路，即可验证电路是否满足设计要求。

2.4　知识归纳与梳理

本项目应掌握的知识点如下所述。

1. VHDL 程序的基本结构

VHDL 程序包含库（library）、程序包（package）、实体（entity）、结构体(architecture)、配置（configuration）五个部分。其中实体、结构体是每个 VHDL 程序的必需部分，配置、程序包和库是可选部分。

库是专门存放预先编译好的程序包的地方，程序包可以供其他设计单元调用和共享。IEEE 是 VHDL 设计中最常用的资源库，包含常用的 STD_LOGIC_1164、STD_LOGIC_UNSIGNED、STD_LOGIC_ARITH 等程序包。

实体用于描述设计系统的外部接口信号。设计实体是 VHDL 程序的基本单元，可以是一个门电路，也可以是一个微处理器或一个数字电路系统。数字系统设计通常采用层次化设计。在一个设计中可包含多个实体，但只有一个位于最高层的实体称为顶层实体。

实体中定义的端口模式有IN、OUT、BUFFER、INOUT四种。

结构体是 VHDL 程序中最核心的部分。结构体具体指明了该设计实体的行为，定义了该设计实体的功能，规定了该设计实体的数据流程，指派了实体中内部元件的连接关系。用 VHDL 语言描述结构体的常用方式：行为描述方式、数据流描述方式、结构描述方式以及混合描述方式等。

2．VHDL 语言的数据类型

VHDL 语言在为每一种数据对象赋值时都要确定其数据类型。不同的数据类型不能直接运算，相同的数据类型运算要求位长相同。常用数据类型包括 STD_LOGIC 标准逻辑位、STD_LOGIC_VECTOR 标准逻辑向量、BIT 位、BTI_VECOR 位向量、INTEGER 整数型等。其中，STD_LOGIC 标准逻辑位有 9 种取值：'0'低电平、'1'高电平、'X'不定状态、'Z'高阻状态、'W'弱信号不定、'L'弱信号低电平、'H'弱信号高电平、'−'可忽略（任意状态）和'U'未初始化。

3．数据对象

VHDL 的三种数据对象包括：常量（CONSTANT）、变量（VARIABLE）和信号（SIGNAL）。

常量代表数字电路中的电源、地、恒定逻辑值等常数。其作用范围取决于声明的位置，可在 LIBRARY、ENTITY、ARCHITECTURE、PROCESS 中进行声明。常量的赋值符号为“:=”。

变量暂存某些值，是局部量，其作用范围仅限于定义了变量的进程和子程序中。变量的赋值符号为“:=”。

信号是描述硬件系统的基本数据对象，代表电路内部各元件之间的连接线，是实体间动态交换数据的手段。信号为全局量，作用范围为实体、结构体和程序包。信号的赋值符号为“<=”。

4．运算符

VHDL 语言的运算符包括：算术运算符、逻辑运算符、关系运算符和其他运算符。

5．VHDL 常用语句

VHDL 常用语句包括：并行语句和顺序语句。

并行语句在结构体中是同时并发执行。常用的并行语句有：信号赋值语句、进程语句、元件例化语句、块语句和生成语句等。其中，信号赋值语句又分为：简单信号赋值语句、选择信号赋值语句和条件信号赋值语句。

顺序语句是严格按照书写的先后顺序执行。常用的顺序语句有：IF 语句、 CASE 语句、 子程序和LOOP语句等。

1）选择信号赋值语句是一种条件分支的并行语句，分支语句必须包含所有选择情况，类似CASE语句，但不能应用到进程语句中。

2）条件信号赋值语句根据不同的条件将不同的表达式值赋给目标信号。其 WHEN 子句的先后顺序使赋值具有优先级。

3）元件例化语句由两部分组成，包括元件声明语句和元件调用语句。元件声明语句是将已经设计好的实体定义为一个可以多次调用的元件；元件调用语句将调用元件的端口与结构体中的实际端口对应起来。在层次化设计中经常会用到元件例化语句。

4）进程语句是最重要的并行语句，但每个进程的内部则由一系列的顺序语句构成。同一结构体中可以包含多个进程，各个进程之间是并发执行的，进程间主要通过信号进行通信。

5）IF 语句是 VHDL 程序中常用的顺序语句，其作用是根据指定的条件来确定语句的执行顺序，控制程序的执行方向。IF 语句有三种类型：门闩型、二选择类型、多选择类型。在使用时，经常用到 IF 嵌套形式。

6）CASE 语句是一种多条件控制语句，根据满足的条件直接选择多个顺序语句中的一个执行，经常用来描述总线、编码器、译码器等行为。

7）LOOP 语句即循环控制语句，用来控制某些操作的重复执行，重复次数受迭代算法控制。常用的循环语句有 FOR 循环和 WHILE 循环两种。

2.5 本章习题

1．概述 VHDL 语言的特点。

2．VHDL 程序由哪些部分构成？每部分的作用是什么？

3．VHDL 中常用的库有哪些？常用的数据类型有哪些？

4．总结条件信号赋值语句与选择信号赋值语句的区别。

5．改正程序中的 5 处错误（语法），并写出程序所描述的表达式。

```
LIBRARY   IEEE;                                   --1
USE   IEE.STD_LOGIC_1164.ALL;                     --2
ENTITY   log1   IS                                --3
PORT   (A,B,C：IN   BIT;                          --4
            Y：OUT BIT)                           --5
END log1;                                         --6
ARCHITECTURE one OF log IS                        --7
BEGIN                                             --8
   Y＝A NOR (B AND C);                            --9
END one1;                                         --10
```

6．改正程序中的 7 处错误（语法），并分析程序功能，画出真值表。

```
LIBRARY IEEE;                                     --1
USE IEEE.STD_LOGIC_1164.ALL;                      --2
ENTITY mux IS                                     --3
        PORT( a，b，c：IN STD_LOGIC;              --4
              s ：IN STD_LOGIC_VECTOR (3 TO 1);   --5
              y ：OUT STD_LOGIC)                  --6
END ENTITY mux1;                                  --7
ARCHITECTURE one OF mux IS                        --8
BEGIN                                             --9
        WITH P SELECT                             --10
        y<=c WHEN s="000"                         --11
        b WHEN s="111";                           --12
        a WHEN OTHERS;                            --13
```

```
END ARCHITECTURE on;                                        --14
```

7．说明信号和变量的功能特点，以及应用上的区别。

8．下面程序是 1 个十进制计数器的 VHDL 描述，试补充完整。

```
LIBRARY IEEE;
USE IEEE. ____________________.ALL;
USE IEEE.STD_LOGIC_UNSIGNED.ALL;

ENTITY CNT10 IS
    PORT ( CLK : IN STD_LOGIC ;
           Q : OUT STD_LOGIC_VECTOR(3 DOWNTO 0)) ;
END CNT10;

ARCHITECTURE bhv OF ______________IS
    SIGNAL Q1 : STD_LOGIC_VECTOR(3 DOWNTO 0);
BEGIN
    PROCESS (CLK)
    _____________
        IF __________________________ THEN  -- 边沿检测
            IF Q1 > 9 THEN
                Q1 <= (OTHERS => '0');       -- 置零
            ELSE
                Q1 <= Q1 + 1 ;               -- 加 1
            END IF;
        END IF;
    END PROCESS ;

    _____________________
END bhv;
```

9．仔细阅读下列程序，回答问题

```
LIBRARY IEEE;                                               -- 1
USE IEEE.STD_LOGIC_1164.ALL;                                -- 2
ENTITY LED7SEG IS                                           -- 3
PORT (    A      : IN STD_LOGIC_VECTOR(3 DOWNTO 0);         -- 4
          CLK    : IN STD_LOGIC;                            -- 5
          LED7S : OUT STD_LOGIC_VECTOR(6 DOWNTO 0));        -- 6
END LED7SEG;                                                -- 7
ARCHITECTURE one OF LED7SEG IS                              -- 8
    SIGNAL TMP : STD_LOGIC;                                 -- 9
BEGIN                                                       -- 10
    SYNC : PROCESS(CLK, A)                                  -- 11
    BEGIN                                                   -- 12
        IF CLK'EVENT AND CLK = '1' THEN                     -- 13
            TMP <= A;                                       -- 14
        END IF;                                             -- 15
```

```
        END PROCESS;                                            -- 16
        OUTLED : PROCESS(TMP)                                   -- 17
        BEGIN                                                   -- 18
            CASE TMP IS                                         -- 19
             WHEN "0000" => LED7S <= "0111111";                 -- 20
             WHEN "0001" => LED7S <= "0000110";                 -- 21
             WHEN "0010" => LED7S <= "1011011";                 -- 22
             WHEN "0011" => LED7S <= "1001111";                 -- 23
             WHEN "0100" => LED7S <= "1100110";                 -- 24
             WHEN "0101" => LED7S <= "1101101";                 -- 25
             WHEN "0110" => LED7S <= "1111101";                 -- 26
             WHEN "0111" => LED7S <= "0000111";                 -- 27
             WHEN "1000" => LED7S <= "1111111";                 -- 28
             WHEN "1001" => LED7S <= "1101111";                 -- 29
            END CASE;                                           -- 30
        END PROCESS;                                            -- 31
    END one;                                                    -- 32
```

1）在程序中存在两处错误，试指出，并说明理由。

2）修改相应行的程序。

2.6 项目实践练习

2.6.1 实践练习 1——七种基本门电路的设计

1．实践练习目的

1）掌握 VHDL 语言的基本结构。

2）掌握 VHDL 语言的数据类型。

3）学会编写简单的 VHDL 程序，并进行功能仿真。

2．设计要求

1）利用基本赋值语句实现基本逻辑运算功能（七种基本逻辑选择一种实现即可）。

2）完成设计的仿真，并记录分析仿真波形。

3）进行硬件验证。

3．设计指导

（1）设计思路

1）基本逻辑运算

逻辑与 and: $Y=ab$ 运算特点：全 1 才 1，有 0 出 0

逻辑或 or: $Y=a+b$ 运算特点：有 1 出 1，全 0 出 0

逻辑非 not: $Y=\overline{a}$ 运算特点：是 1 出 0，是 0 出 1

逻辑与非 nand: $Y=\overline{ab}$ 运算特点：全 1 出 0，有 0 出 1

逻辑或非 nor: $Y=\overline{a+b}$ 运算特点：有 1 出 0，全 0 出 1

逻辑异或 xor: $Y=\overline{a}b+a\overline{b}=a\oplus b$ 运算特点：不同出 1，相同出 0

逻辑同或　nxor：$Y=\overline{a}\overline{b}+ab=a\odot b$　　运算特点：不同出 0，相同出 1

2）相关语法

基本赋值语句格式：Y<=ab；

本实践项目中需要用到 IEEE 库及其 STD_LOGIC_1164 程序包。

（2）设计步骤

1）建立工程，首先在硬盘相关目录下建立文件夹 ex2-1，启动 Quartus II 软件，新建一个工程项目，工程名为“basic_logic”。

2）新建 VHDL 文件，完成 VHDL 程序的编写。

3）保存并进行程序的编译。如果出现错误提示，需修改，直至编译成功。

4）新建波形文件，导入测试节点，进行功能仿真设置。

5）保存波形文件并运行仿真，记录、分析仿真结果。

6）下载到器件进行分析。

（3）硬件环境

设计可以在 FPGA 实验装置上实现，选择和实验箱相对应的 FPGA 型号，输入电平由相应拨码开关设置，输出结果用一个 LED 发光二极管显示，灯亮表示为“1”。

2.6.2　实践练习 2——逻辑表达式 Y=a+bc 设计

1．实践练习目的

1）掌握 VHDL 语言的基本结构。

2）掌握 VHDL 语言的数据类型。

3）掌握简单赋值语句的基本用法。

4）学会编写简单的 VHDL 程序，并进行仿真。

2．设计要求

1）利用基本赋值语句实现 Y=a+bc 逻辑运算功能。

2）完成设计的仿真，并记录、分析仿真波形。

3）进行硬件验证。

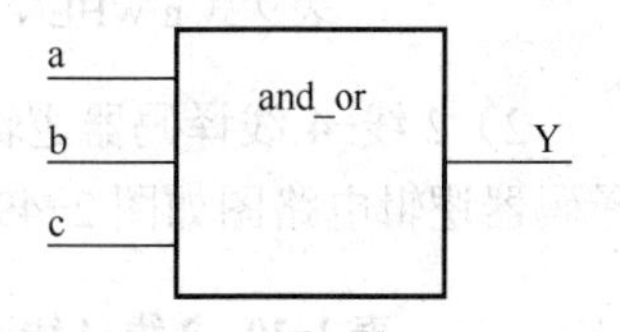

图 2-48　实体结构

3．设计指导

（1）设计思路

实体结构如图 2-48 所示，a、b 和 c 是输入端口，其数据类型为 std_logic；Y 是输出端口，数据类型为 std_logic。b 与 c 进行逻辑与“and”运算再与 a 进行逻辑或“or”运算，最后把逻辑运算的结果赋值给输出端口 Y。

（2）设计步骤

1）建立工程，首先在硬盘相关目录下建立文件夹 ex2-2，启动 Quartus II 软件，新建一个工程项目，工程名为“logic_test”。

2）新建 VHDL 文件，在打开的界面中进行程序的编写，保存并进行程序的编译。如果出现错误提示，需修改，直至编译成功。

3）新建波形文件，导入节点，进行仿真设置，保存波形文件并运行仿真。

4）记录仿真结果，结合真值表分析仿真结果。

5）下载到器件进行分析。

（3）硬件环境

设计可以在 FPGA 实验装置上实现，选择和实验箱相对应的 FPGA 型号，输入电平由相应拨码开关设置，输出结果用一个 LED 发光二极管显示，灯亮表示为“1”。

2.6.3 实践练习 3——2 线–4 线译码器设计

1．实践练习目的

1）掌握 VHDL 语言的基本结构。

2）掌握 VHDL 语言的 STD_LOGIC_VECTOR 数据类型。

3）掌握 VHDL 并行语句中选择信号赋值语句的格式和用法。

4）学会利用选择信号赋值语句编写简单的 VHDL 程序，并进行仿真。

5）掌握引脚配置和硬件下载验证的方法。

2．设计要求

1）利用选择信号赋值语句实现 2 线–4 线译码器功能。

2）完成设计的仿真，并记录、分析仿真波形。

3）进行硬件验证。

3．设计指导

（1）设计思路

1）选择信号赋值语句是一种条件分支的并行语句，选择信号赋值语句的格式如下：

```
WITH 选择表达式 SELECT
            信号<= 表达式 1 WHEN 选择条件 1,
                   表达式 2 WHEN 选择条件 2,
……
      表达式 n WHEN 选择条件 n;
```

2）2 线–4 线译码器逻辑功能分析，2 线–4 线译码器的真值表如表 2–20 所示，2 线–4 线译码器逻辑电路图如图 2–49 所示。

表 2–20　2 线–4 线译码器的真值表

INPUT			OUTPUT			
En	W1	W0	Y3	Y2	Y1	Y0
1	0	0	0	0	0	1
1	0	1	0	0	1	0
1	1	0	0	1	0	0
1	1	1	1	0	0	0
0	X	X	0	0	0	0

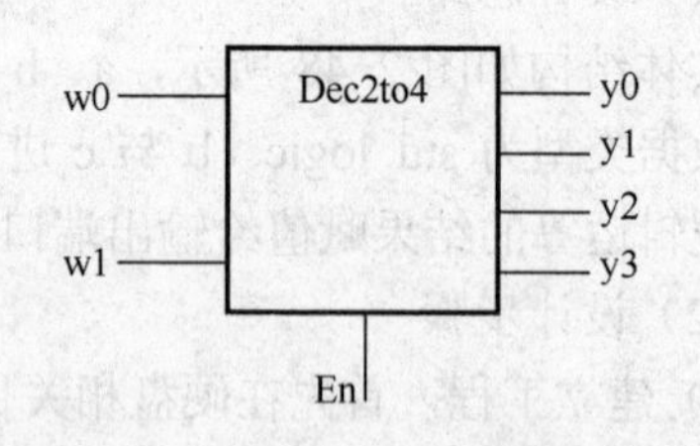

图 2–49　2 线–4 线译码器逻辑电路图

（2）设计步骤

1）建立工程，首先在硬盘相关目录下建立文件夹 ex2-3，启动 Quartus II 软件，新建一个工程项目，工程名为“Dec2to4”。

2）新建 VHDL 文件，在打开的界面中编写 VHDL 程序，保存并进行程序的编译。如果出现错误提示，需修改，直至编译成功。

提示：a）信号 W 的数据类型可以使用：STD_LOGIC_VECTOR。

b）结构体内使用 SIGNAL 语句连接 En 和 w。

3）新建波形文件，导入节点，进行仿真设置，保存波形文件并运行仿真，记录并分析仿真结果。

4）下载到器件进行验证。

（3）硬件环境

设计可以在 FPGA 实验装置上实现，选择和实验箱相对应的 FPGA 型号，输入电平由相应三个拨码开关设置，输出结果用四个 LED 发光二极管显示（灯亮表示为“1”）。

2.6.4 实践练习 4——8 选 1 数据选择器设计

1．实践练习目的

1）理解数据选择器功能。

2）掌握 VHDL 并行语句中条件信号赋值的格式和用法。

2．设计要求

1）利用条件信号赋值语句实现 8 选 1 数据选择器功能。

2）完成设计的仿真，并记录、分析仿真波形。

3．设计指导

（1）设计思路

1）条件信号赋值语句也是一种并行信号赋值语句。条件信号赋值语句可以根据不同的条件将不同的表达式值赋给目标信号，格式如下：

```
信号<= 表达式 1 WHEN 赋值条件 1 ELSE
       表达式 2 WHEN 赋值条件 2 ELSE
                ……
       表达式 n;
```

2）8 选 1 数据选择器逻辑功能分析。8 选 1 数据选择器的真值表如表 2-16 所示，8 选 1 数据选择器逻辑电路图如图 2-24 所示。

（2）设计步骤

1）建立工程，首先在硬盘相关目录下建立文件夹 ex2-4，启动 Quartus II 软件，新建一个工程项目，工程名为“MUX8”。

2）新建 VHDL 文件，在打开的界面中编写 VHDL 程序，保存并进行程序的编译。如果出现错误提示，需修改，直至编译成功。

3）新建波形文件，导入节点，进行仿真设置，保存波形文件并运行仿真，记录并分析仿真结果。

2.6.5 实践练习 5——四位移位寄存器的设计

1．实践练习目的

1）了解移位寄存器的逻辑功能。

2）掌握 VHDL 语言的基本结构。

3）掌握 VHDL 语言的数据类型。

4）掌握元件例化语句的基本用法。

5）学会编写简单的 VHDL 程序，并进行仿真。

2．设计要求

1）利用元件例化语句实现四位移位寄存器功能。

2）完成设计的仿真，并记录、分析仿真波形。

3．设计指导

（1）设计思路

四位移位寄存器的电路结构图如图 2-50 所示。在时钟沿触发下，D0 触发器将 D 输入赋值给输出端，D1 触发器将 D 输入赋值给输出端，而 D0 触发器的输出端为 D1 触发器的输入端，依次类推。

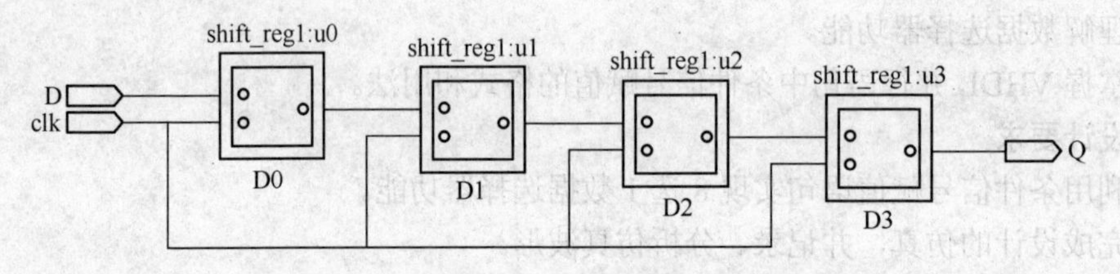

图 2-50　四位移位寄存器的电路结构图

（2）设计步骤

1）建立工程，首先在硬盘相关目录下建立文件夹 ex2-5，启动 Quartus Ⅱ 软件，新建一个工程项目，工程名为“shift_reg4”。

2）新建 VHDL 文件，在打开的界面中编写 VHDL 程序，保存并进行程序的编译。如果出现错误提示，须修改，直至编译成功。

参考：1 位 D 触发器的 VHDL 程序：

```
LIBRARY IEEE;
USE    IEEE.STD_LOGIC_1164.ALL;
ENTITY shift_reg1 IS
        PORT(clk:IN STD_LOGIC;
               D: IN STD_LOGIC;
               Q: OUT STD_LOGIC);
END shift_reg1;
ARCHITECTURE one OF shift_reg1 IS
BEGIN
PROCESS(clk,D)
BEGIN
        IF clk'EVENT AND clk='1' THEN
                   Q<=D;
        END IF;
        END PROCESS;
END one;
```

3）新建波形文件，导入节点，进行仿真设置，保存波形文件并运行仿真，记录并分析仿真结果。

2.6.6 实践练习6——四人抢答器的设计

1．实践练习目的

1）了解四人抢答器的工作原理。

2）掌握IF语句的应用。

3）掌握FPGA开发的基本流程。

2．设计要求

1）利用条件判断语句实现抢答器功能。

2）完成设计的仿真，并记录、分析仿真波形。

3）进行硬件验证。

3．设计指导

（1）设计思路

抢答器首先必须设置抢答允许标识位，在抢答允许位有效后，第一个按下按钮的人将其清除以防止再有按钮按下，同时记录清除抢答允许位的按钮序号并显示。

图2-51所示为抢答器对外端口图。S1、S2、S3、S4代表四位抢答者，S5为主持人抢答允许按钮，D1、D2、D3、D4代表抢答者对应的指示灯。当S5按下一次，允许抢答一次，此时S1～S4中第一个按下的按钮将抢答允许位清除，同时将对应的LED灯点亮，表示抢答成功。

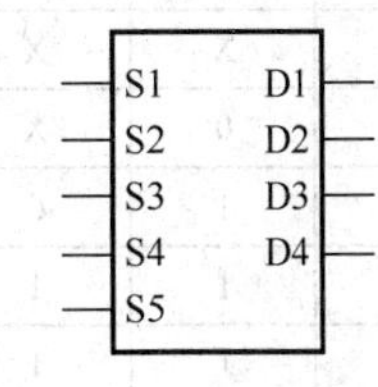

图2-51　抢答器对外端口图

参考下面部分程序，设抢答允许标识位为Flag，信号S1～S4代表四个抢答输入信号。当S5按下时，flag为高电平表示抢答允许，此后只要有人抢答，flag为低电平进入抢答禁止。

```
IF (S5='0')   THEN   Flag<='1';
   ELSIF(S/="1111")   THEN Flag<='0';
END IF;
```

（2）设计步骤

1）建立工程，首先在硬盘相关目录下建立文件夹ex2-6，启动Quartus II软件，新建一个工程项目，工程名为“qiangda”。

2）新建VHDL文件，在打开的界面中编写VHDL程序，保存并进行程序的编译。如果出现错误提示，需修改，直至编译成功。

3）新建波形文件，导入节点，进行仿真文件编写，保存波形文件并运行仿真，记录、分析仿真结果。

4）配置引脚，编程下载到硬件进行功能验证。

（3）硬件环境

设计可以在FPGA实验装置上实现，选择和实验箱相对应的FPGA型号，输入电平由相应五个拨码开关设置，输出结果用四个LED发光二极管显示（灯亮表示为“1”）。

2.6.7　实践练习 7——8 线 - 3 线优先编码器的设计

1．实践练习目的

1）了解 8 线-3 线优先编码器的工作原理。

2）进一步掌握 IF 语句的应用。

3）掌握 FPGA 开发的基本流程。

2．设计要求

1）利用条件判断语句实现 8 线-3 线优先编码器功能。

2）完成设计的仿真，并记录、分析仿真波形。

3．设计指导

（1）设计思路

1）优先编码器实体如图 2-52 所示，w7～w0 为输入端，y2～y0 为编码输出端。

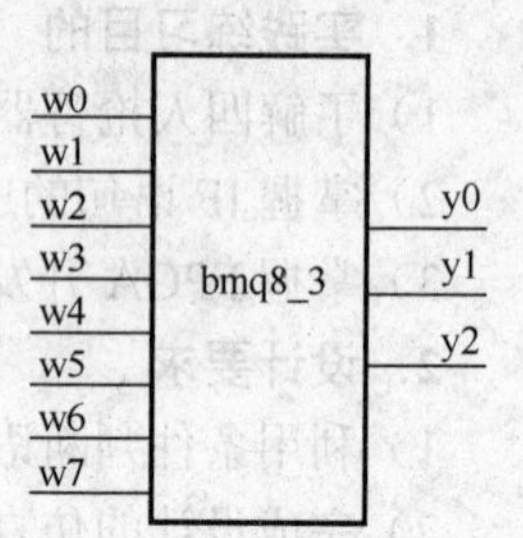

图 2-52　优先编码器实体

2）8 线-3 线优先编码器真值表如表 2-21 所示。

表 2-21　8 线-3 线优先编码器真值表

输　入								输　出		
w7	w6	w5	w4	w3	w2	w1	w0	y2	y1	y0
0	X	X	X	X	X	X	X	1	1	1
1	0	X	X	X	X	X	X	1	1	0
1	1	0	X	X	X	X	X	1	0	1
1	1	1	0	X	X	X	X	1	0	0
1	1	1	1	0	X	X	X	0	1	1
1	1	1	1	1	0	X	X	0	1	0
1	1	1	1	1	1	0	X	0	0	1
1	1	1	1	1	1	1	0	0	0	0

（2）设计步骤

1）建立工程，首先在硬盘相关目录下建立文件夹 ex2-7，启动 Quartus Ⅱ 软件，新建一个工程项目，工程名为“bmq8_3”。

2）新建 VHDL 文件，在打开的界面中编写 VHDL 程序，保存并进行程序的编译。如果出现错误提示，需修改，直至编译成功。

3）新建波形文件，导入节点，进行仿真文件编写，保存波形文件并运行仿真，记录、分析仿真结果。

2.6.8　实践练习 8——八位奇校验器的设计

1．实践练习目的

1）了解八位奇校验器的逻辑功能。

2）掌握 for_loop 语句的应用。

3）掌握变量的定义和应用。

4）掌握 FPGA 开发流程。

2．设计要求

1）利用循环语句实现八位奇校验器功能。

2）完成设计的仿真，并记录、分析仿真波形。

3．设计指导

（1）设计思路

1）奇校验工作原理

在通信系统中，数据从发送端到接收端需要进行奇偶校验，判断数据是否发生错误。奇校验是通过增加一位校验位使得源数据代码中为 1 的位数形成奇数。

例如：源数据“0110101”中为 1 的位数为四位，就在其后增加一位校验位“1”；源数据“0110111”中为 1 的位数为五位，就在其后增加一位校验位“0”，总之，使得为 1 的位数达到奇数个。当接收端接收到这个数据时，检查其为 1 的位数是否为奇数，如果为奇数则认为传输正确反之确定发生了错误。

2）for_loop 语句语法格式

```
[LOOP 标号：] FOR 循环变量 IN 循环次数范围 LOOP
              顺序语句
              END LOOP [LOOP 标号];
```

由于要检测八位，故循环次数范围为：0～7。

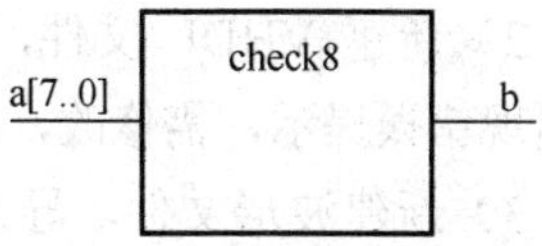

check8

a[7..0]

b

图 2-53　八位奇校验器实体

3）八位奇校验器实体如图 2-53 所示，a[7..0]为八位数据输入，b 为校验结果输出，要求八位数据若有奇数个 1 时输出为‘1’，反之为‘0’。

（2）设计步骤

1）建立工程，首先在硬盘相关目录下建立文件夹 ex2-8，启动 Quartus II 软件，新建一个工程项目，工程名为“check8”。

2）新建 VHDL 文件，在打开的界面中编写 VHDL 程序，保存并进行程序的编译。如果出现错误提示，需修改，直至编译成功。

3）新建波形文件，导入节点，进行仿真文件编写，保存波形文件并运行仿真，记录、分析仿真结果。

2.6.9　实践练习 9——十分频模块设计

1．实践练习目的

1）掌握分频器基本设计方法。

2）能根据系统需要完成相应分频器设计。

2．设计要求

1）利用条件判断语句实现十分频电路功能。

2）完成设计的仿真，并记录、分析仿真波形。

3．设计指导

（1）设计思路

分频器的实质是计数器。由于系统晶振频率往往较高，不同模块工作时需要不同的时钟脉冲，分频模块的作用就是获得合适的时钟频率。十分频实体如图 2-54 所示，clk 为脉冲输入端，div10 为分频输出端。

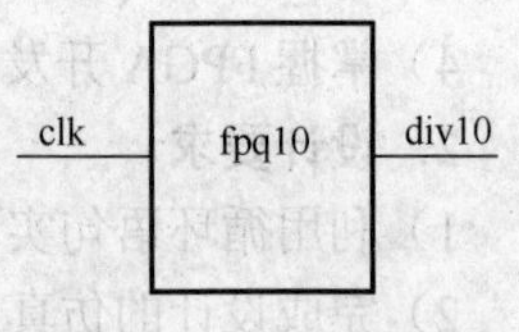

图 2-54　十分频实体

分频系数= N/2 － 1，其中 N 为分频倍数，本练习 N=10。

图 2-55 所示为十分频仿真图形。

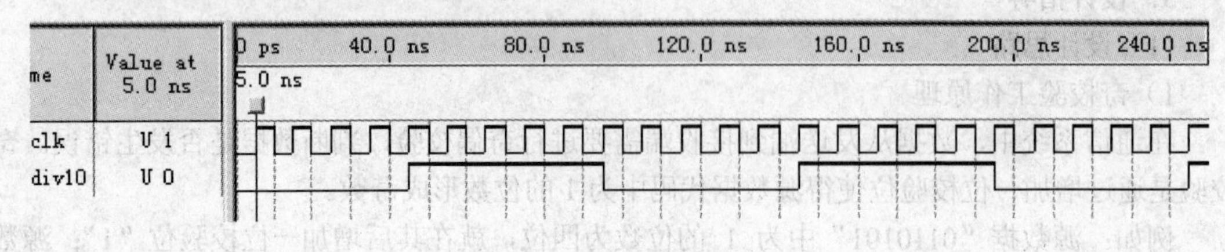

图 2-55　十分频仿真图形

（2）设计步骤

1）建立工程，首先在硬盘相关目录下建立文件夹 ex2-9，启动 Quartus Ⅱ 软件，新建一个工程项目，工程名为“fpq10”。

2）新建 VHDL 文件，在打开的界面中编写 VHDL 程序，保存并进行程序的编译。如果出现错误提示，需修改，直至编译成功。

3）新建波形文件，导入节点，进行仿真文件编写，保存波形文件并运行仿真，记录、分析仿真结果。

2.6.10　实践练习 10——四位二进制可逆计数器的设计

1．实践练习目的

1）掌握 4 位二进制可逆计数器设计方法。

2）初步掌握层次化设计方法和理念。

3）合理利用硬件资源，进一步掌握实验箱/开发板的使用。

2．设计要求

1）实现 4 位二进制可逆计数器功能。

2）完成设计的仿真，并记录、分析仿真波形。

3）进行硬件功能验证。

3．设计指导

（1）设计思路

1）计数器在数字电路设计中是一种最常见、应用最广泛的时序逻辑电路。计数器用于对时钟脉冲进行计数，还可用于时钟分频、信号定时等。

2）图 2-56 所示为 4 位二进制可逆计数器计数、显示处理模块结构图。其中：count2 为计数模块，clk 为计数脉冲输入端，clr 为异步清零端，en 为计数使能端，当 updn 为高电平时为加法计数器，updn 为低电平时为减法计数器，q[3..0]为计数输出端。

seg7 模块为数码管译码电路，译码范围 0～F。该模块对 4 位二进制计数结果译码后送显到七段数码管。

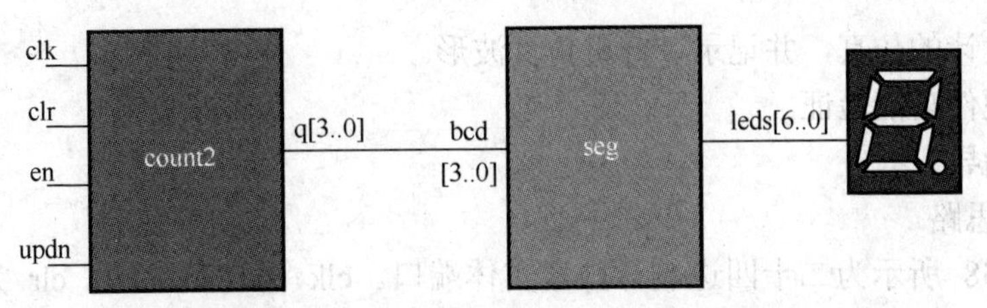

图 2-56　四位二进制可逆计数器计数、显示处理模块结构图

3）完成每个模块的设计后，可以采用原理图方式完成顶层文件，也可以用元件例化语句完成文本顶层设计。

（2）设计步骤

1）建立工程，首先在硬盘相关目录下建立文件夹 ex2-10，启动 Quartus II 软件，新建一个工程项目，工程名为“jsq4”。

2）分别编写计数、显示模块程序，编译成功后分别封装为 count2 和 seg 元件。

3）建立顶层实体原理图文件，调用两个元件，4 位二进制可逆计数器顶层实体设计参考如图 2-57 所示，编译。

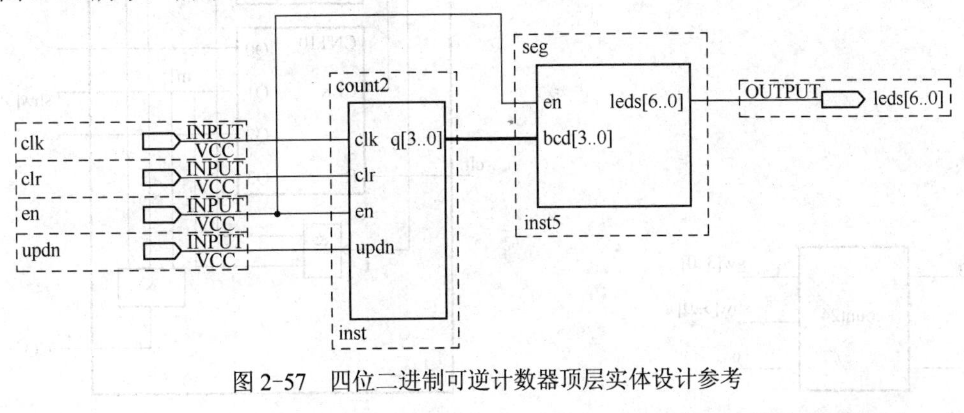

图 2-57　四位二进制可逆计数器顶层实体设计参考

4）新建波形文件，导入节点，进行仿真文件编写，保存波形文件并运行仿真，记录、分析仿真结果。

5）下载到硬件进行验证。

（3）硬件环境

设计可以在 FPGA 实验装置上实现，选择和实验箱相对应的 FPGA 型号，clk 时钟选择 4Hz 输入，clr、en、updn 由相应三个拨码开关设置，输出结果用三个七段数码管显示。

2.6.11　实践练习 11——二十四进制计数器的设计

1．实践练习目的

1）掌握 n 进制计数器设计方法。

2）掌握结构化描述方式计数器的设计方法。

3）掌握行为化描述方式计数器的设计方法。

4）合理利用硬件资源，进一步掌握实验箱/开发板的使用。

2．设计要求

1）实现二十四进制计数器功能。

2）完成设计的仿真，并记录、分析仿真波形。

3）进行硬件功能验证。

3．设计指导

（1）设计思路

1）图 2-58 所示为二十四进制计数器实体端口。clk 为计数脉冲，clr 为异步复位端，gw[3..0]和 sw[3..0]分别为个位和十位计数输出端，co 为进位端。尤其要注意：当计数到 23 时要产生进位信号。

2）用结构化描述方式时，可以将十进制计数器封装成元件，再用例化语句完成二十四进制计数器内部结构如图 2-59 所示。

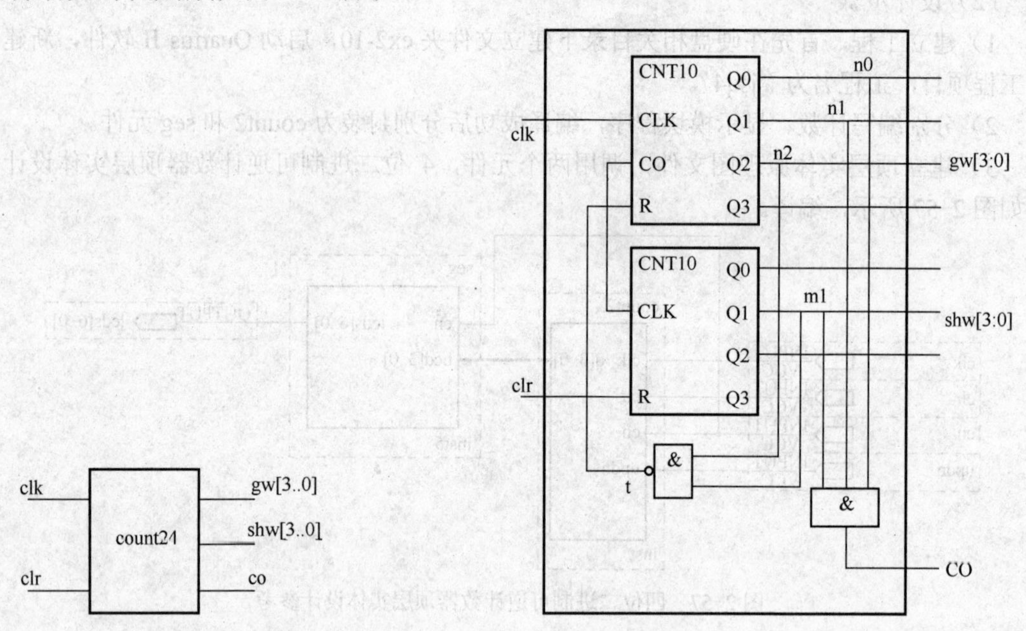

图 2-58　二十四进制计数器实体端口　　图 2-59　二十四进制计数器内部结构

（2）设计步骤

1）建立工程，首先在硬盘相关目录下建立文件夹 ex2-11，启动 Quartus II 软件，新建一个工程项目，工程名为“count24”。

2）编写十进制计数模块程序，编译成功后封装成元件，调用到顶层实体文件中，完成设计输入文件的编写和编译。

3）新建波形文件，导入节点，进行仿真文件编写，保存波形文件并运行仿真，记录、分析仿真结果。

4）下载到硬件进行验证。

（3）硬件环境

设计可以在 FPGA 实验装置上实现，选择和实验箱相对应的 FPGA 型号，clk 时钟选择 4Hz 输入，clr 由相应一个拨码开关设置，输出结果用两个七段数码管分别显示十位、个位，进位效果用一个 LED 发光二极管显示。

第3章　数字系统设计与实践

【引言】

一个完整的系统设计包括输入模块、主控模块、相关功能模块及输出模块等。在掌握了VHDL 语言的表达方式之后，就需要更多地专注思考系统中相关功能的实现方法和具体实施技巧。

本章是在前面内容基础上的能力提升，由五个任务组成，分别是数字钟系统设计、数字电压表设计、简易波形发生器设计、数字频率计设计和电动机控制器设计。数字钟系统设计侧重自顶向下的设计方法；数字电压表设计侧重有限状态机设计方法、FPGA 器件与 AD 器件通信接口设计；简易波形发生器设计侧重应用 Quartus II 提供的宏功能模块；数字频率计设计侧重不同的设计思路和方法对同一设计任务的实现；电动机控制器设计侧重在完成设计的基础上，重点学习 testbench 编写方法以及在第三方仿真工具 Model Sim 上如何实现仿真。

3.1　任务 1——数字钟系统设计

1．任务描述

数字时钟是最常用的计时电路。数字时钟系统就是具有计时、显示、校时和报时功能的小型时钟系统，与传统的机械时钟相比，具有计时准确、显示直观、设计简单等优点，因而得到了较为广泛的应用。本任务以数字钟系统为载体，采用 EDA 自顶向下的设计方法，在QuartusⅡ集成开发环境中利用原理图和 VHDL 文本的混合输入方法来进行设计，并在 FPGA 实验开发板上实现。通过本项目的学习，建立系统设计的整体概念，掌握自顶向下的设计方法，进一步熟练 QuartusⅡ软件的操作和程序调试方法。

本项目要设计实现的数字钟系统功能要求如下所述。

1）计时要求：具有正确的时、分、秒计时功能。

2）显示要求：用六个 LED 七段数码管分别显示时、分、秒的十位和个位。

3）校时要求：通过按键对小时、分钟进行单独调整。按下〈调分〉键时，分计数器以1Hz 的速度增加；按下〈调时〉键时，时计数器以 1Hz 的速度增加。

4）复位要求：能通过按键对数字钟系统进行复位。

2．学习目标

1）能根据数字系统设计要求，进行分析归纳，建立整体设计思路。

2）能掌握层次设计的方法，完成各功能模块的程序编写和仿真验证。

3）能根据设计需要合理利用硬件资源，配置引脚，完成下载验证。

4）能独立分析解决设计过程中遇到的问题。

3．学习重点

1）自顶向下的层次设计方法。

2）计时、显示、校时及控制等模块的设计方法。

3）软、硬件之间关系的确立。

4．学习难点

1）数字系统整体概念和设计思路的建立。

2）数字钟系统的层次化设计。

一个完整的数字钟系统主要包括秒脉冲信号产生模块、计时模块、译码显示驱动模块和校时模块等，数字钟系统基本结构如图 3-1 所示。

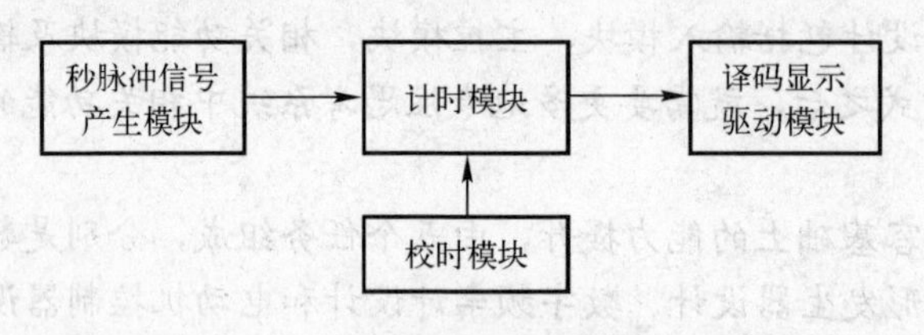

图 3-1　数字钟系统基本结构

3.1.1　数字钟系统设计分析

数字钟系统的工作原理：用 1Hz 的秒脉冲信号驱动秒计数器计数，当秒计数器计满 60 后向分计数器进 1，分计数器计满 60 后向时计数器进 1，时计数器计满 24 后重新回到 0 点。计时结果通过数码管进行实时显示。

当数字钟的显示结果和现实生活中的时间有差异时，就要通过校时电路对数字钟进行调整，直到时间显示结果和实际时间一致为止。计时过程中可以通过按键控制直接将数字钟的所有显示清零，即实现从头计时。数字钟系统各部分功能实现分析如下所述。

1）计时部分：要实现时、分、秒的计时功能，需要完成模为 24、60 的计数器设计。用 1Hz 的秒脉冲信号驱动六十进制秒计数器计时，秒计数器的进位信号驱动六十进制分计数器计时，分计数器的进位信号驱动二十四进制时计数器计时。

2）显示部分：时、分、秒的计时结果显示各需要两个数码管，总共需要六个数码管，本设计用到的是七段共阴极数码管，需要完成数码管译码显示电路设计。由于硬件系统的显示模块是由两个 4 位数码管组成的一个 8 位数码管，数码管的位码通过一片 74HC138 地址译码芯片实现位选择，所以需要通过动态扫描电路实现对时、分、秒计时结果的动态扫描显示。

3）分频部分：由于本设计基于的硬件系统只提供 50MHz 的晶振信号，所以需要通过分频电路获得 1Hz 的秒脉冲信号和 1kHz 的动态扫描驱动信号。

4）校时部分：根据校时要求，当按下“调分”“调时”键时，计数器以秒脉冲速度增加，可见分、时计数器的时钟脉冲有两个选择：正常计时脉冲和秒脉冲，通过选择按键进行控制，即可以通过“二选一”数据选择器实现。

5）复位部分：用一个按键同时控制时、分、秒计数器的清零端即可实现整体复位。

3.1.2　数字钟系统顶层设计

根据数字钟系统的设计要求和实现方法分析，确定数字钟系统顶层设计原理图，如图 3-2 所示。

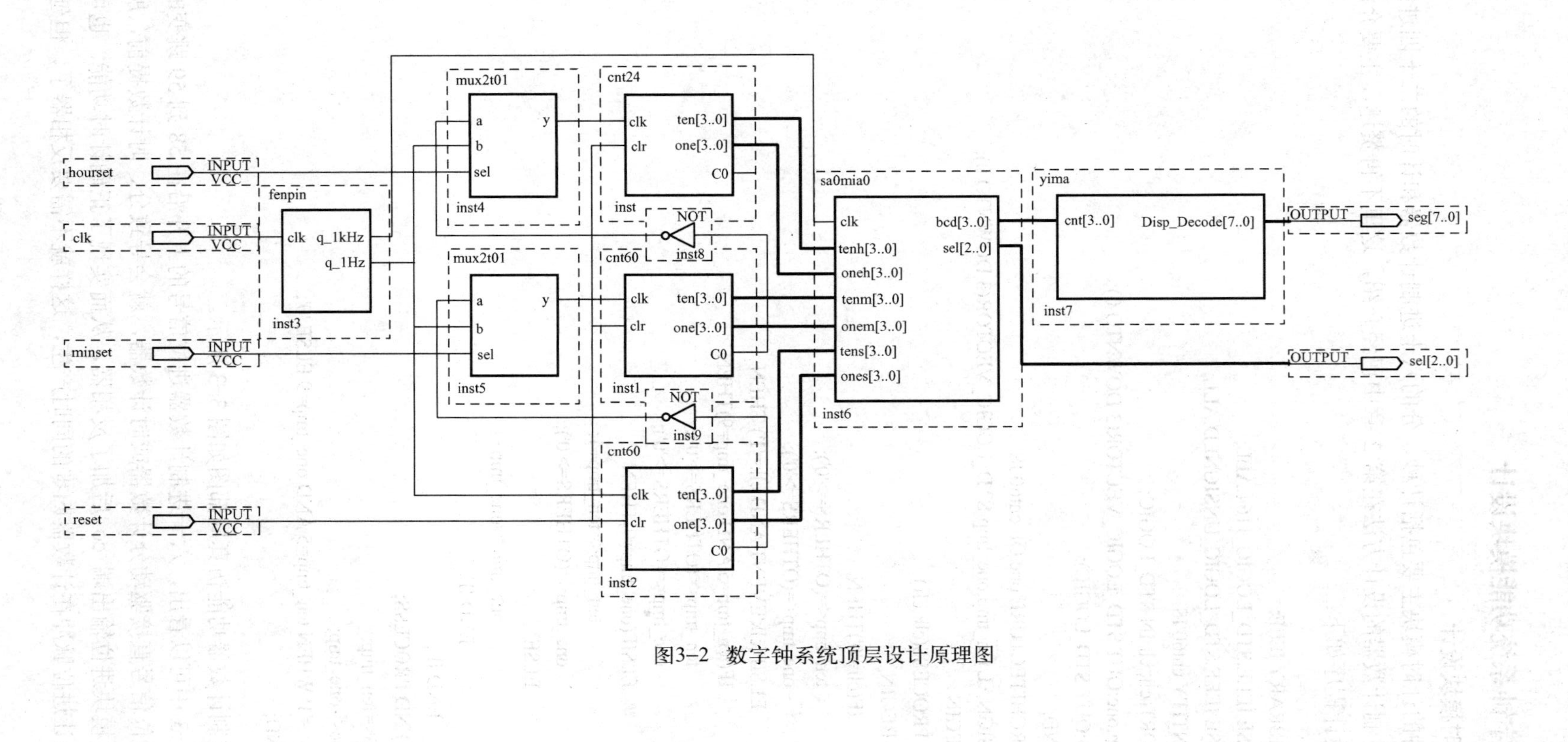

图3-2 数字钟系统顶层设计原理图

3.1.3 数字钟系统功能模块设计

1．计时模块设计

数字钟的计时模块主要包括计秒、分的六十进制计数器和计时的二十四进制计数器，其中二十四进制计数器的设计方法在第 2 章中已经介绍，这里不再赘述，主要介绍六十进制计数器，其设计程序如下：

```
LIBRARY IEEE;
USE IEEE.STD_LOGIC_1164.ALL;
USE IEEE.STD_LOGIC_UNSIGNED.ALL;
ENTITY cnt60 IS
PORT(clk,clr:IN STD_LOGIC;
ten,one:OUT STD_LOGIC_VECTOR(3 DOWNTO 0);
co:OUT STD_LOGIC);
END;
ARCHITECTURE one OF cnt60 IS
 SIGNAL ten_tmp,one_tmp:STD_LOGIC_VECTOR(3 DOWNTO 0);
BEGIN
  PROCESS(clk,clr)
  BEGIN
    IF(clr='0')THEN
        ten_tmp<=(OTHERS=>'0');
        one_tmp<=(OTHERS=>'0');
     ELSIF(clk'EVENT AND clk='1') THEN
        IF(ten_tmp=5 AND one_tmp=9)THEN
          ten_tmp<=(OTHERS=>'0');
          one_tmp<=(OTHERS=>'0');
        ELSIF(one_tmp=9)THEN
                ten_tmp<=ten_tmp+1;
          one_tmp<=(OTHERS=>'0');
        ELSE
                one_tmp<=one_tmp+1;
            END IF;
    END IF;
  END PROCESS;
ten<=ten_tmp;
one<=one_tmp;
co<='1' WHEN ten_tmp=5 AND one_tmp=9 ELSE '0';
END;
```

六十进制计数器功能仿真局部图如图 3-3 所示。

从图 3-3 中可以看出，六十进制计数器进位信号的上升沿在 58 到 59 跳变的时刻产生，如果以该进位信号直接驱动分计数器或时计数器，就会导致分、时计数提前，所以在顶层设计图中计时模块进位输出端 co 后加了反相器，从而实现了正确计时功能。也可以在程序设计时，直接让进位脉冲在计数器归零的同时产生，这样就不需要反相器了，但延迟增加。

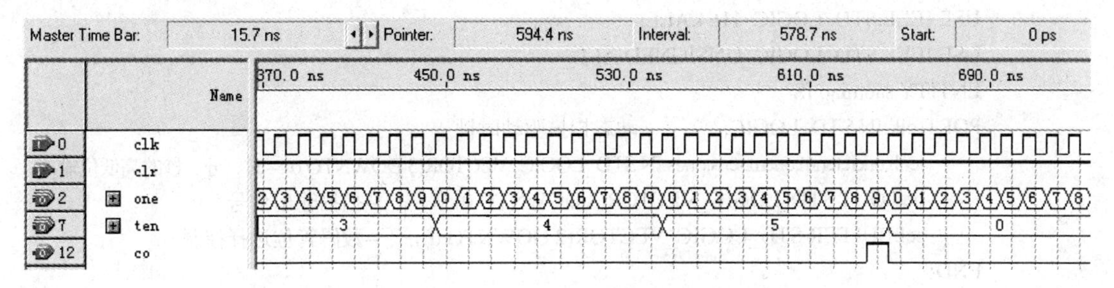

图 3-3　六十进制计数器功能仿真局部图

2．分频模块设计

分频模块设计程序在第 2 章的计数显示电路设计中已经介绍了，这里不再赘述。

3．二选一模块设计

如果没有校时要求，只需将秒计数器的进位输出送到分计数器的时钟输入端，将分计数器的进位输出送到时计数器的时钟输入端即可。加入调分、调时功能后，分、时计数器的时钟输入信号除了刚刚提到的进位信号外，还可能是 1Hz 的调整信号，而分、时计数器不能同时接入两个时钟信号，因此需要增加二选一电路。将二选一电路的选择端接到按键上，当按键未按下时，选择端为高电平，正常的进位驱动信号分别接入分、时计数器的时钟输入端；当按键按下时，选择端为低电平，1Hz 的调分、调时信号送至分、时计数器的时钟输入端，从而实现调分、调时功能。

二选一模块的设计程序如下：

```
LIBRARY IEEE;
USE IEEE.STD_LOGIC_1164.ALL;
USE IEEE.STD_LOGIC_UNSIGNED.ALL;
ENTITY mux2to1 IS
PORT(a,b,sel:IN STD_LOGIC;
      y:OUT STD_LOGIC);
END ENTITY mux2to1;

ARCHITECTURE one OF mux2to1 IS
BEGIN
WITH sel SELECT
      y<=a    WHEN '1' ,
         b    WHEN '0';
END;
```

如果不采用 VHDL 编程，也可以直接调用 Quartus II 原理图元件库中自带的二选一电路实现。

4．动态扫描模块设计

在前面内容中已经介绍过动态扫描显示程序的编写方法。这里将动态扫描和译码显示分成两个模块，分别编写。

动态扫描设计程序如下：

```
LIBRARY IEEE;
USE IEEE.STD_LOGIC_1164.ALL;
USE IEEE.STD_LOGIC_UNSIGNED.ALL;
ENTITY saomiao IS
PORT(clk:IN STD_LOGIC;          --动态扫描驱动时钟
     tenh,oneh,tenm,onem,tens,ones:IN STD_LOGIC_VECTOR(3 DOWNTO 0);--时、分、秒的高低位输入
     bcd:OUT STD_LOGIC_VECTOR(3 DOWNTO 0);          --扫描输出信号
     sel:BUFFER STD_LOGIC_VECTOR(2 DOWNTO 0));    --数码管位选择控制
END;
ARCHITECTURE behave OF saomiao IS
        SIGNAL cnt:STD_LOGIC_VECTOR(3 DOWNTO 0);
BEGIN
sm:PROCESS(clk)     --扫描进程
   VARIABLE tmp:STD_LOGIC_VECTOR(2 DOWNTO 0):="000";
   BEGIN
     IF(clk'EVENT AND clk='1')THEN
       tmp:=tmp+1;
     END IF;
     sel<=tmp;
   END PROCESS sm;
xt:PROCESS(sel)--选通进程
   BEGIN
     CASE sel IS
     WHEN "000"=>cnt<=tenm;
     WHEN "001"=>cnt<=onem;
      WHEN "010"=>cnt<=tens;
      WHEN "011"=>cnt<=ones;
      WHEN "101"=>cnt<=tenh;
      WHEN "110"=>cnt<=oneh;
     WHEN OTHERS=>NUll;
     END CASE;
   END PROCESS xt;
END;
```

5．数码管译码显示模块

数码管译码显示模块的设计程序如下：

```
LIBRARY IEEE;
USE IEEE.STD_LOGIC_1164.ALL;
USE IEEE.STD_LOGIC_UNSIGNED.ALL;
ENTITY yima IS
PORT(cnt:IN STD_LOGIC_VECTOR(3 DOWNTO 0);                        --译码输入信号
     Disp_Decode:OUT STD_LOGIC_VECTOR(7 DOWNTO 0));   --译码输出信号
END;
ARCHITECTURE one OF yima IS
BEGIN
```

```
ym:PROCESS(cnt)
   BEGIN
      CASE cnt IS
       WHEN "0000"=>Disp_Decode<="00111111";     --'0',hgfedcba
       WHEN "0001"=>Disp_Decode<="00000110";     --'1'
       WHEN "0010"=>Disp_Decode<="01011011";     --'2'
       WHEN "0011"=>Disp_Decode<="01001111";     --'3'
       WHEN "0100"=>Disp_Decode<="01100110";     --'4'
       WHEN "0101"=>Disp_Decode<="01101101";     --'5'
       WHEN "0110"=>Disp_Decode<="01111101";     --'6'
       WHEN "0111"=>Disp_Decode<="00000111";     --'7'
       WHEN "1000"=>Disp_Decode<="01111111";     --'8'
       WHEN "1001"=>Disp_Decode<="01101111";     --'9'
       WHEN OTHERS=>Disp_Decode<="00000000";      --全灭
       END CASE;
   END PROCESS ym;
END;
```

3.1.4 引脚配置与下载验证

将各个模块封装成元件，调用到顶层设计原理图文件，就可以进行引脚配置和下载验证了。引脚配置时一定要根据硬件系统的要求去完成，不同的硬件系统引脚配置是不一样的。根据 FPGA 开发系统引脚配置表，完成数字钟系统的引脚配置表如表 3-1 所示。

表 3-1 数字钟系统引脚配置表

	Node Name	Direction	Location
1	dk	Input	PIN_32
2	hourset	Input	PIN_150
3	minset	Input	PIN_149
4	reset	Input	PIN_210
5	seg[7]	Output	PIN_20
6	seg[6]	Output	PIN_21
7	seg[5]	Output	PIN_18
8	seg[4]	Output	PIN_19
9	seg[3]	Output	PIN_9
10	seg[2]	Output	PIN_13
11	seg[1]	Output	PIN_5
12	seg[0]	Output	PIN_6
13	sel[2]	Output	PIN_39
14	sel[1]	Output	PIN_22
15	sel[0]	Output	PIN_37

引脚配置完成后，对设计电路重新编译，生成该设计电路的.sof 文件，将该文件下载到硬件电路，即可验证电路是否满足设计要求。

3.2 任务 2——数字电压表设计

1．任务描述

在数字电路系统设计中，经常会涉及数据的采集和处理，例如对生产、实验中各种物理量的实时采集、测试和反馈控制的闭环系统，在工业控制、医疗监护、军事设备等领域发挥着重要作用。其基本工作过程数据采集和处理系统原理图如图 3-4 所示。被测模拟量经过 A-D 器件转换为数字信号，经过 FPGA 进行 A-D 控制、数据运算、显示处理及 D-A 控制的处理后，经 D-A 器件转换成相应的模拟量实现所需的控制。

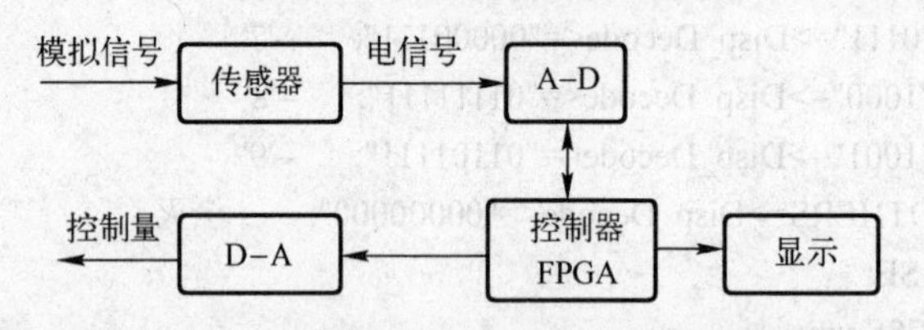

图 3-4 数据采集和处理系统原理图

“数字电压表设计”项目主要完成数据采集、显示处理功能，在前面介绍的开发软件和开发语言基础上来掌握有限状态机的一般设计方法，从而完成控制模块的设计，实现 FPGA 与 A-D 器件（ADC0809 等）的数据通信，达到对直流电压的测量和数据显示的目的。

2．任务目标

1）能根据数字电压表功能设计要求设计顶层结构，并有合理工作进度安排。

2）能根据顶层结构设计，完成各功能模块的程序编写和仿真步骤。

3）能根据设计需要合理分配、利用实验箱/实验板等硬件资源，配置引脚，完成下载验证。

4）能根据硬件验证的问题现象，判断、定位并解决问题。

3．学习重点

1）自顶向下的层次设计方法。

2）有限状态机设计思路和方法。

3）文本输入、混合输入方法的应用。

4）硬件资源的合理应用。

5）工作进度的制定和技术文档的编写。

6）分析、判断、解决问题的方法。

4．学习难点

1）数字电压表顶层设计方案的确定。

2）有限状态机模块的逻辑功能实现。

3）对设计过程中出现问题的分析、判断和解决

3.2.1 有限状态机

3.2.1.1 有限状态机概述

有限状态机（Finite State Machine，FSM）是一种设计方法或思想，通常用于实现数字

系统中的控制部分，是按预先设定的若干状态运行的顺序控制功能模块，十分适合用于可编程逻辑器件。

有限状态机相当于一个控制单元，把一项功能的完成分解为若干步，每一步对应一个状态，通过预先设计的顺序在各个状态之间进行转换，状态转换的过程就是实现逻辑功能的过程。即：把复杂的逻辑控制分解成有限个稳定状态，在每个状态上判断事件进行处理，变连续处理为离散处理。

下面先来介绍两个简单的例子。

多路彩灯控制器是对多路彩灯进行亮灭控制的功能模块，控制多路彩灯按照一系列亮灭实现花型的变化。例如：彩灯从左向右依次点亮（A 花型），然后再依次熄灭（B 花型），然后再从中间向两边依次点亮后全部熄灭（C 花型），进行周而复始的亮灭变换。

图 3-5 所示为多路彩灯控制器的状态转换图。这是一个很简单的有限状态机，一共有三个状态，对应三个不同的彩灯亮灭花型动作。当检测到某个花型动作完成后，就进入另一个状态，否则就继续保留在原来状态直到完成该动作为止。

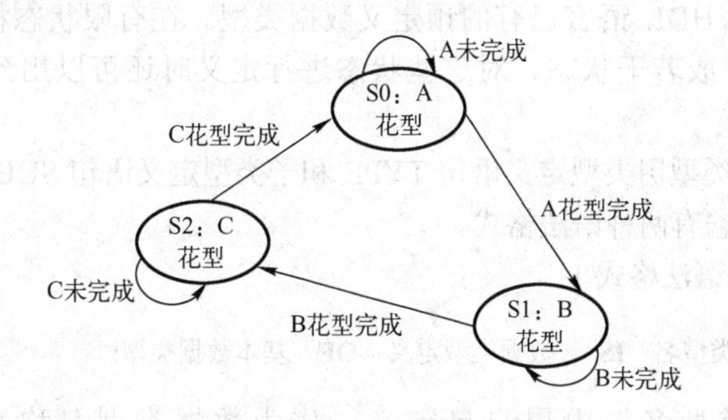

图 3-5　多路彩灯控制器的状态转换图

图 3-6 所示为某温度控制器状态转换图。可以看到温度控制器的状态转换比彩灯控制器要复杂些。该温度控制器的适宜温度为某个范围（$t_{上限}$～$t_{下限}$），利用传感器进行检测，如果环境温度低于 $t_{下限}$，启动加热动作；如果环境温度高于 $t_{上限}$，启动制冷动作，在适宜温度范围内，则处于保温状态。

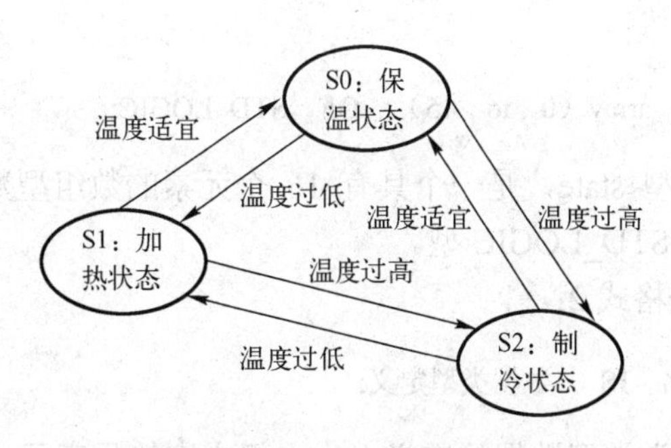

图 3-6　某温度控制器状态转换图

从上面两个例子可以看出：有限状态机中的每一个状态对应控制单元的一个控制步；有限状态机所处的当前状态为现态，要转换到的下一个状态为次态；有限状态机的次态和输出取决于控制单元中与每个控制步有关的转移条件，即：有限状态机的状态可在时钟跳变沿的情况下从一个状态转向另一个状态，但是究竟转向哪一状态还是留在原状态取决于输入值和当前所在状态。

由于有限状态机是具有有限个状态的闭环系统，所以可以用有限的状态处理无穷的事件。

有限状态机的设计必须包括如下内容。

1）一个状态信号（至少），用于指定有限状态机的状态。

2）状态转移指定和输出指定。

3）用于进行同步的时钟信号。

3.2.1.2　与有限状态机相关的语法

这里只介绍与有限状态机设计相关的典型语法，即用户自定义数据类型的定义语句。

1．TYPE 语句

在前面的内容中，已经介绍到了整数类型 integer、标准逻辑位类型 std_logic、BOOLEAN 类型等 VHDL 语言已有的预定义数据类型。在有限状态机设计中需要根据控制单元的控制步分解成若干状态，对这些状态进行定义时还可以用到用户自行定义的新数据类型。

用户自定义数据类型用类型定义语句 TYPE 和子类型定义语句 SUBTYPE 实现，下面先来介绍 TYPE 语句，它有两种语法格式。

1）TYPE 语句的语法格式 1：

```
TYPE  数据类型名  IS   数据类型定义  OF  基本数据类型;
```

这里，“数据类型名”由用户自定义，作为数据类型名称来用，与 integer、std_logic 等使用方法相同；“数据类型定义”描述所定义的数据类型的表达方式和表达内容，如枚举类型（Enumeration Type）、整数类型（Integer Type）、数组类型（Array Type）、记录类型（Record Type）、时间类型（Time Type）及实数类型（Real Type）等；“基本数据类型”指数据类型定义中所定义的元素的基本数据类型，一般取已有的预定义数据类型。

例如：

```
TYPE  state  IS   array（0  to  15）  OF  STD_LOGIC;
```

这句话定义的数据类型 state，是一个具有 16 个元素的数组型数据类型，且数组中的每一个元素的数据类型都是 STD_LOGIC 型。

2）TYPE 语句的语法格式 2：

```
TYPE  数据类型名  IS   数据类型定义;
```

这种格式通常用于枚举类型数据的定义，由一组文字符号表示，这些文字符号代表一组实际的二进制数。有限状态机的每一个状态在实际电路中是以一组触发器的当前二进制数位的组合表示的，但在设计时，为了便于阅读、编译和优化，往往将每个状态用文字符号代表其对应的二进制数位来表示，即状态符号化。

例如：

```
TYPE states IS (state0，state1，state2，state3)；
SIGNAL pre_state，next_states：states;
```

第一句话定义的数据类型是“states”，它的取值范围是枚举的，包括从 state0～state3 共四种，而这些状态代表了四组唯一的二进制数值。第二句话是定义了两个信号“pre_state”和“next_states”，信号的数据类型为“states”。这种用户自定义数据类型的方法在有限状态机的设计中使用十分普遍。

2．SUBTYPE 语句

子类型定义语句 SUBTYPE 是 TYPE 所定义的原数据类型的一个子集，它满足原数据类型的所有约束条件，故原数据类型称为基本数据类型。

SUBTYPE 语句的格式：

```
SUBTYPE 子类型名 IS 基本数据类型 RANGE 约束范围;
```

可以看出 SUBTYPE 与 TYPE 的区别在于：SUBTYPE 的定义只是在基本数据类型上做了些约束。子类型定义中的基本数据类型必须是前面已有过的 TYPE 定义的类型，包括 VHDL 预定义的数据类型。

例如：

```
SUBTYPE datatype IS INTEGER RANGE 0 to 3;
```

这句话中定义的子类型“datatype”是把预定义的 INTEGER 约束到包含四个数的数据类型。

由于子类型数据与其基本数据类型属于同一数据类型，当属于子类型的数据对象与其数据基本类型的数据对象间赋值时可以直接进行，无需数据类型的转换。

子类型数据与其基本数据类型既然相差不多，那么利用子类型有什么好处呢？

利用子类型除了可以提高可读性和易处理之外，还有利于提高综合的优化效率，这是因为综合器可以根据子类型所设的约束范围，有效地推出参与综合的寄存器的最合适数目等优化措施。

要说明的是，在有限状态机描述中并不一定需要自定义数据类型来说明各个状态，有时，也可以通过定义信号，根据其不同取值来对应不同状态。在后面的示例中也会介绍到这样的表示方法。

3.2.1.3 有限状态机常用描述方法

实际上，有限状态机有多种描述方法，不同的描述方法对综合的结果影响不同，要根据设计要求来选择描述方法，满足逻辑控制要求才是合理的。

常见的有限状态机描述方法包括：按输出信号方式的不同分为 Moore 型和 Mealy 型；按状态表达方式分为符号化状态机和确定状态编码的状态机；按结构分为单进程、双进程和三进程状态机等；按状态机的状态迁移是否受时钟控制分为同步状态机和异步状态机。

先来了解一下 Moore 型和 Mealy 型描述方法。

1. Moore 型

Moore（摩尔）型状态机的输出只与当前的状态有关，与当前输入信号无关，Moore 型状态机如图 3-7 所示，Moore 型状态机的次态由输入和现态共同决定，输出和输入没有关系，输出由现态唯一决定。

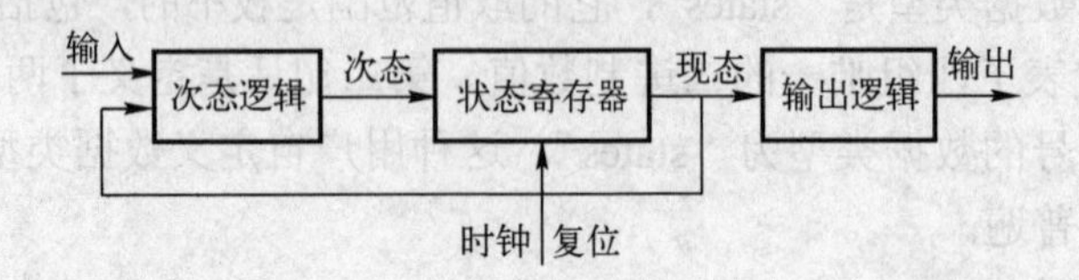

图 3-7　Moore 型状态机

下面通过一个 Moore 型状态机设计实例来进一步介绍，Moore 型状态机状态转移图示例如图 3-8 所示，可以看到该状态机有四个状态，其中："00""01""10""11"是状态机的输出，状态转移线上标出的是转移条件，即输入'1'或'0'。

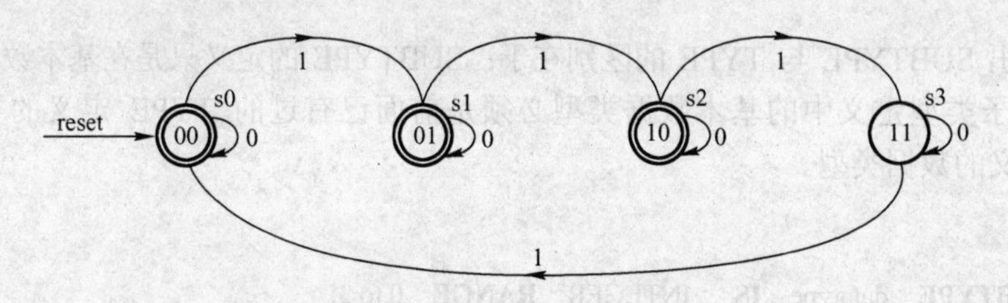

图 3-8　Moore 型状态机状态转移图示例

该 Moore 型状态机的 VHDL 代码如下：

```
LIBRARY IEEE;
USE IEEE.STD_LOGIC_1164.ALL;
USE IEEE.STD_LOGIC_UNSIGNED.ALL;

ENTITY moore IS
PORT(
    clk,reset:IN STD_LOGIC;                          --时钟和复位信号
    data_in:IN STD_LOGIC;                            --输入信号
    data_out:OUT STD_LOGIC_VECTOR(1 DOWNTO 0) );     --输出信号
END ENTITY moore;

ARCHITECTURE behave OF moore IS
TYPE state_type IS (s0,s1,s2,s3);                    --定义四个状态的数据类型
SIGNAL state:state_type;                             --定义用于存放当前状态的信号 state
BEGIN
    p1:PROCESS(clk,reset)                            --用于状态转换的进程
    BEGIN
    IF reset='1' THEN state<=s0;
    ELSIF clk'EVENT and clk='1' THEN
        CASE state IS
```

```
            WHEN s0=> IF data_in='1' THEN state<=s1;
                      ELSE state<=s0;
                      END IF;
            WHEN s1=> IF data_in='1' THEN state<=s2;
                      ELSE state<=s1;
                      END IF;
            WHEN s2=> IF data_in='1' THEN state<=s3;
                      ELSE state<=s2;
                      END IF;
            WHEN s3=> IF data_in='1' THEN state<=s0;
                      ELSE state<=s3;
                      END IF;
            END CASE;
        END IF;
        END PROCESS p1;
        p2:PROCESS(state)                          --当前状态 state 决定输出的进程
        BEGIN
            CASE state IS
            WHEN s0=> data_out<="00";
            WHEN s1=> data_out<="01";
            WHEN s2=> data_out<="10";
            WHEN s3=> data_out<="11";
            END CASE;
        END PROCESS p2;
    END    behave;
```

在这个 Moore 型状态机的描述中用了两个进程 p1 和 p2，其中：进程 p1 用于描述状态转换的时序逻辑，进程 p2 用于描述输出的组合逻辑。可以看出输出只取决于当前状态。图 3-9 所示为 Moore 型状态机的仿真波形图。

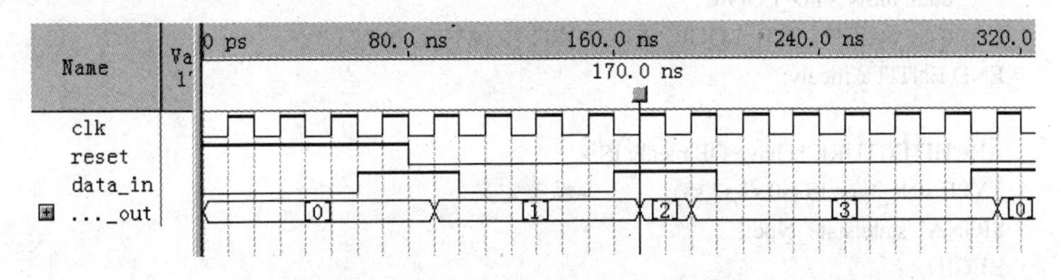

图 3-9　Moore 型状态机的仿真波形图

从图 3-9 可以看到，Moore 型状态机的状态变化需要等到时钟沿的到来，状态发生变化后输出才会发生改变。

2．Mealy 型

Mealy（米勒）型状态机的输出不仅与当前状态有关，还与当前输入信号有关，Mealy 型状态机如图 3-10 所示，Mealy 型状态机的次态也是由输入和现态共同决定，但是输出由现态和输入共同决定，即一个现态根据不同的输入会有不同的输出。

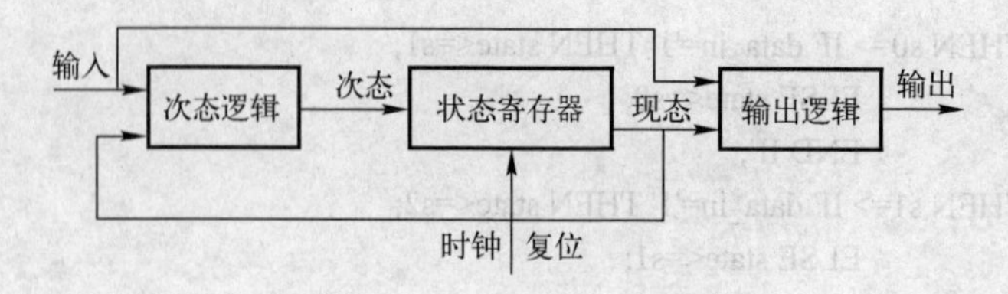

图 3-10　Mealy 型状态机

图 3-11 所示为 Mealy 型状态机的状态转移图实例。可以看出，从 s0 状态到 s1 状态的条件是“1/00”，即当输入是“1”时，输出为“00”；当输入为“0”时，输出为“01”。Mealy 型状态机的输出是当前状态和输入的函数。

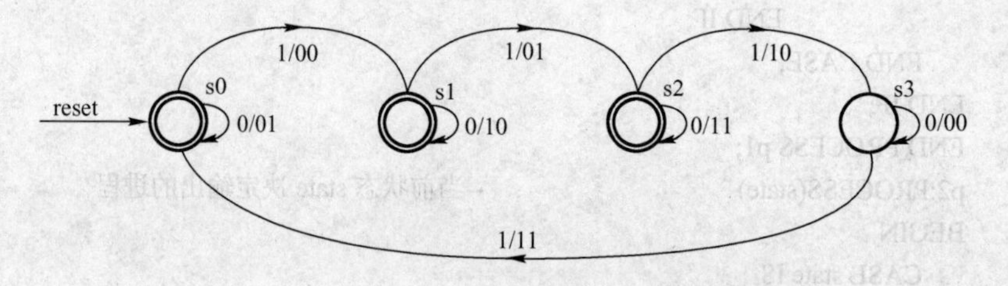

图 3-11　Mealy 型状态机的状态转移图示例

根据状态转移图编写该 Mealy 型状态机的 VHDL 代码如下：

```
LIBRARY IEEE;
USE IEEE.STD_LOGIC_1164.ALL;
USE IEEE.STD_LOGIC_UNSIGNED.ALL;

ENTITY mealy IS
PORT(
    clk,reset:IN STD_LOGIC;
    data_in:IN STD_LOGIC;
    data_out:OUT STD_LOGIC_VECTOR(1 DOWNTO 0) );
END ENTITY mealy;

ARCHITECTURE behave OF mealy IS
TYPE state_type IS (s0,s1,s2,s3);          --状态定义
SIGNAL state:state_type;
BEGIN
    p1:PROCESS(clk,reset)
    BEGIN
    IF reset='1' THEN state<=s0;
    ELSIF clk'EVENT and clk='1' THEN
        CASE state IS
        WHEN s0=> IF data_in='1' THEN state<=s1;
                  ELSE state<=s0;
                  END IF;
        WHEN s1=> IF data_in='1' THEN state<=s2;
                  ELSE state<=s1;
```

```
                END IF;
        WHEN s2=> IF data_in='1' THEN state<=s3;
                ELSE state<=s2;
                END IF;
        WHEN s3=> IF data_in='1' THEN state<=s0;
                ELSE state<=s3;
                END IF;
        END CASE;
    END IF;
    END PROCESS p1;
    p2:PROCESS(state,data_in)          --输出由当前状态和输入共同决定
    BEGIN
        CASE state IS
        WHEN s0=> IF data_in='1' THEN data_out<="00";
                ELSE   data_out<="01";     END IF;
        WHEN s1=> IF data_in='1' THEN data_out<="01";
                ELSE   data_out<="10";     END IF;
        WHEN s2=> IF data_in='1' THEN data_out<="10";
                ELSE   data_out<="11";     END IF;
        WHEN s3=> IF data_in='1' THEN data_out<="11";
                ELSE   data_out<="00";     END IF;
        END CASE;
    END PROCESS p2;
END   behave;
```

从上面代码的 p2 进程可以看出，输出由状态机的现态和输入共同决定。图 3-12 所示为 Mealy 型状态机的仿真波形。在第 2 个时钟周期内，当输入 data_in 从“0”变化为“1”时，状态仍为 s0，但输出 data_out 从“01”变为“00”。在第 5～6 个周期也可以看到输出受输入影响的情况。在输入信号或状态发生变化时，Mealy 型状态机的输出会立即发生变化。

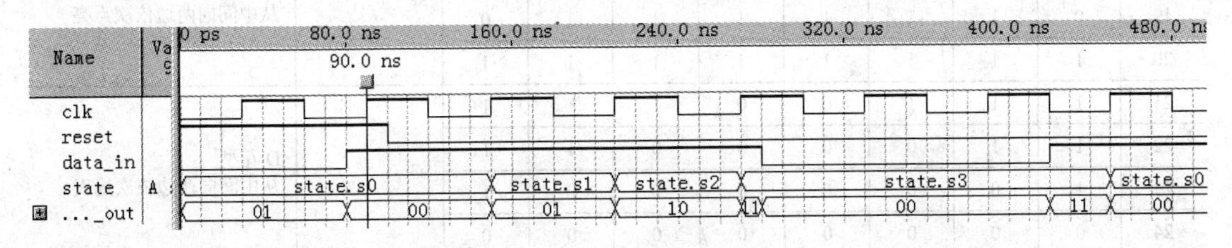

图 3-12　Mealy 型状态机的仿真波形

Moore 型和 Mealy 型状态机的输出信号都产生与组合逻辑，因此会有产生毛刺的可能。在同步电路中，毛刺产生在时钟有效边沿后的一个小的时间段内，在下一个时钟有效边沿来临后毛刺就会消失，对于要求较低的电路影响不是太大。若需要消除毛刺，则应该在程序编写中添加锁存语句或进程加以克服。

3．状态机常用描述方法

从前面的程序实例可以看出，在状态机描述时，往往用 TYPE 语句定义各个状态，所有

状态的表达为 CASE 语句中的各个分支，状态的转移通常用 IF 语句来实现。

无论 Moore 型还是 Mealy 型都需要根据设计的要求来确定采用什么方法来描述状态机。最常用的状态机描述方法通常包含说明部分、主控时序进程、主控组合进程、辅助进程等几部分。

为了便于理解，这里以前面提到的多路彩灯控制器（具体为八路彩灯控制器）的设计为例进行说明。表 3-2 列出八路彩灯的具体花型变化列表。

表 3-2　八路彩灯的具体花型变化列表

序号	qq7	qq6	qq5	qq4	qq3	qq2	qq1	qq0	状态 state	说明
1	1	0	0	0	0	0	0	0	s0	A 花型 从左向右顺序点亮
2	1	1	0	0	0	0	0	0		
3	1	1	1	0	0	0	0	0		
4	1	1	1	1	0	0	0	0		
5	1	1	1	1	1	0	0	0		
6	1	1	1	1	1	1	0	0		
7	1	1	1	1	1	1	1	0		
8	1	1	1	1	1	1	1	1		
9	1	1	1	1	1	1	1	0	s1	B 花型 从右向左逆序熄灭
10	1	1	1	1	1	1	0	0		
11	1	1	1	1	1	0	0	0		
12	1	1	1	1	0	0	0	0		
13	1	1	1	0	0	0	0	0		
14	1	1	0	0	0	0	0	0		
15	1	0	0	0	0	0	0	0		
16	0	0	0	0	0	0	0	0		
17	0	0	0	1	1	0	0	0	s2	C 花型 从中间向两边依次点亮
18	0	0	1	1	1	1	0	0		
19	0	1	1	1	1	1	1	0		
20	1	1	1	1	1	1	1	1		
21	1	1	1	0	0	1	1	1	s3	D 花型 从中间向两边依次熄灭
22	1	1	0	0	0	0	1	1		
23	1	0	0	0	0	0	0	1		
24	0	0	0	0	0	0	0	0		
25	1	0	0	0	0	0	0	1	s4	E 花型 从两边向中间依次点亮
26	1	1	0	0	0	0	1	1		
27	1	1	1	0	0	1	1	1		
28	1	1	1	1	1	1	1	1		
29	0	0	0	0	0	0	0	0	s5	F 花型全熄灭

图 3-13 所示为八路彩灯控制器的仿真波形结果。

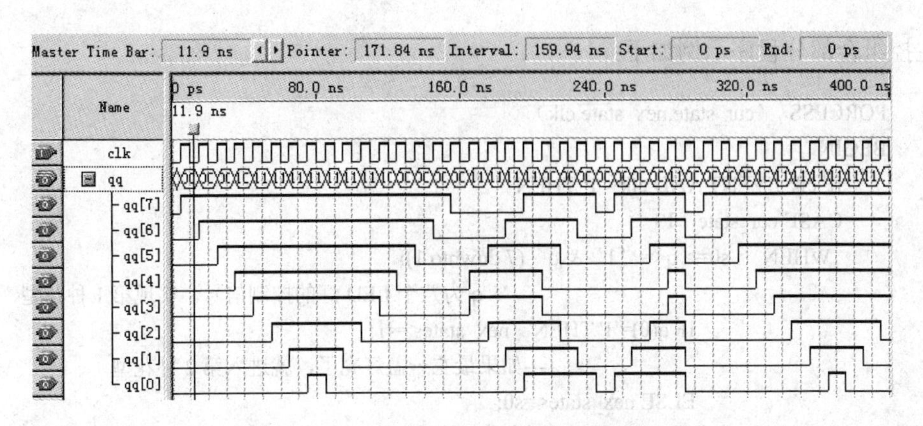

图 3-13 八路彩灯控制器的仿真波形结果

（1）说明部分

根据控制单元的逻辑功能确定所需状态后，应用 TYPE 语句定义新的数据类型。从一个状态到另一个状态，状态变量（如现态和次态）应定义为信号，便于信息传递；每个状态变量的数据类型就是用 TYPE 语句新定义的数据类型。

说明部分一般放在结构体的 BEGIN 之前。例如：

```
ARCHITECTURE …   IS
TYPE   flag   IS  （s0, s1, s2, s3, s4, s5）;     ----这里定义了 6 个状态，分别对应 6 种花型
SIGNAL cur_state, nex_state: flag ;    ----这里定义了现态和次态
……
BEGIN
```

（2）主控时序进程

主控时序进程主要负责状态机运转和在时钟驱动下状态的转换。状态机随外部时钟信号，以同步时序方式工作。当时钟发生跳变时，状态机的状态才发生变化。

一般情况下，主控时序进程不负责下一状态的具体状态取值，如 s0, s1, s2…中的某一状态值。该进程只是将代表次态的信号 nex_state 中的内容送入到现态的信号 cur_state 中，而信号 nex_state 中的内容完全由其他的进程根据实际情况来决定。

主控时序部分程序示例如下：

```
PROCESS (clk)
BEGIN
    IF clk=‘1’   AND   clk‘event   THEN
                        cur_state<=nex_state;            ----把次态的内容送到现态的信号中
    END IF;
END PROCESS;
```

（3）主控组合进程

主控组合进程的任务是根据外部输入的控制信号（包括来自状态机外部的信号和来自状态机内部进程的信号）和当前状态的状态值确定下一状态 nex_state 的取向，即 nex_state 的取值内容，以及确定对外输出或对内部其他进程输出控制信号的内容。

主控组合部分程序示例如下：

```
PORCESS （cur_state,nex_state,clk）
BEGIN
    IF clk'EVENT AND clk='1' THEN
    CASE cur_state  IS
     WHEN    s0=> q<= ‘1’ & q  (7 downto 1);
                                        ---q 为八个 LED 灯的控制信号，实现第 1 种花型
                  IF q(0)='1' THEN  nex_state<=s1;
                                  ---如果最左一盏灯亮了，就进入第 2 种花型
                  ELSE nex_state<=s0;
                  END IF;
    WHEN    s1=> q<= q(6 downto 0) & '0';     ----实现第 2 种花型
                 IF q(7)='0' THEN  nex_state<=s2;
                 ELSE nex_state<=s1;
                 END IF;
    WHEN
    ……
    WHEN    s5=> q<= “00000000”;
            nex_state<=s0;
    END CASE;
    END IF;
   qq<=q;
END PROCESS;
```

（4）辅助进程

用于配合状态机工作的组合进程或时序进程。例如为了完成某种算法的进程，或用于配合状态机工作的其他时序进程，或为了稳定输出设置的数据锁存器等。

也可用单进程来描述该控制器的功能，对于该彩灯控制器而言，单进程写起来更紧凑些。

```
LIBRARY IEEE;
USE IEEE.STD_LOGIC_1164.ALL;
USE IEEE.STD_LOGIC_UNSIGNED.ALL;
USE IEEE.STD_LOGIC_ARITH.ALL;

ENTITY cdkz2 IS
  PORT(clk:IN STD_LOGIC;                              --时钟脉冲输入信号
       qq:OUT STD_LOGIC_VECTOR(7 downto 0));  --彩灯控制输出信号
END ENTITY cdkz2;

ARCHITECTURE behav OF cdkz2 IS
CONSTANT w:INTEGER:=7;
SIGNAL  q: STD_LOGIC_VECTOR (7 downto 0);         --信号定义
BEGIN
```

```
PROCESS(clk)
VARIABLE flag: STD_LOGIC_VECTOR (2 downto 0):="000";        --状态标识定义
BEGIN
    IF clk'EVENT AND clk='1' THEN                          --在时钟同步下进行状态转换
        IF flag="000" THEN                                 --第 1 种花型
            q<='1'& q(w downto 1);
            IF q(1)='1' THEN
                flag:="001";
            END IF;
        ELSIF flag="001" THEN                              --第 2 种花型
            q<=q(w-1 downto 0)&'0';
            IF q(6)='0' THEN
                flag:="010";
            END IF;
        ELSIF flag="010" THEN                              --第 3 种花型
            q<=q(w-1 downto 4)&"11"&q(w-4 downto 1);
            IF q(1)='1' THEN
                flag:="011";
            END IF;
        ELSIF flag="011" THEN                              --第 4 种花型
            q<=q(w-1 downto 4)&"00"&q(w-4 downto 1);
            IF q(1)='0' THEN
                flag:="100";
            END IF;
        ELSIF flag="100" THEN                              --第 5 种花型
            q<='1'&q(w downto w-2)&q(2 downto 0)&'1';
            IF q(2)='1' THEN
                flag:="101";
            END IF;
        ELSIF flag="101" THEN                              --第 6 种花型
            q<="00000000";
            flag:="000";
        END IF;
    END IF;
    qq<=q;
  END PROCESS;
END behav;
```

应用有限状态机设计控制单元的一般步骤如下所述：

1）利用有限状态机完成控制逻辑首先需要弄清楚该控制器的设计指标，即要达到什么控制目的和效果。

2）分析清楚被控对象的时序状态，确定有限状态机的各个状态及输入/输出条件。

3）最后，画出有限状态机状态转换图，完成模块程序编写和仿真。

3.2.2　数字电压表设计

数字电压表是实验室常用测量仪表，用于直观显示测量的电压值，具有较高精度。

数字电压表的设计要求：

1）电压测量范围 0～5.000V。

2）用四个数码管显示电压测量值，其中：一个数码管显示个位数值，其他三个数码管显示小数部分的数值。

3）电压测量精度为±0.1V。

3.2.2.1　数字电压表顶层设计

1．功能实现分析

1）电压采样部分：用 ADC0809 器件对模拟电路进行采样，需要了解 ADC0809 的器件功能，完成采样电路的设计与制作，并会使用万用表等测量仪器进行检测。

2）A-D 转换控制模块：通过有限状态机设计实现对 ADC0809 进行控制，获得 ADC0809 采样得到的 8 位数据。

3）电压数值处理模块：将采样得到的数值转换为 BCD 码，用来给数码管显示。这里需要考虑数值转换算法。

4）显示模块：为了节省芯片资源，需要对四个数码管进行动态扫描，用来显示测量的电压值。

2．顶层设计方案

图 3-14 所示为数字电压表设计系统框图。待测电压是模拟量，经过 ADC0809 转换为数字量送入 FPGA 芯片进行处理，经数码管显示输出。

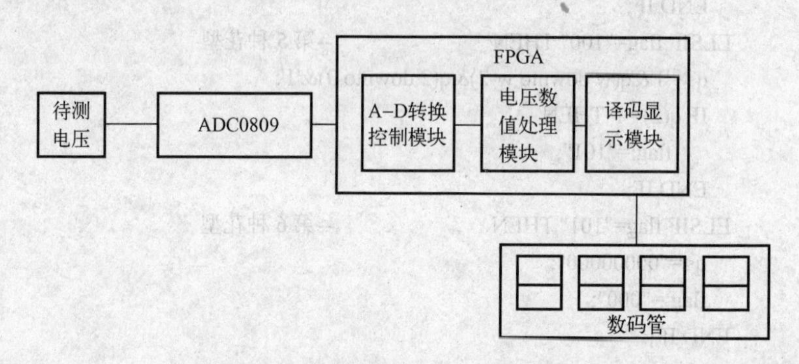

图 3-14　数字电压表设计系统框图

在 FPGA 内有三个功能模块：A-D 转换控制模块负责与 AD0809 通信，并获得电压数字量；电压数值处理模块负责对数字量进行转换处理为 8421BCD 码；译码显示模块负责将电压测量值送显数码管。其中，实现与 AD0809 通信并获得采样电压数字量的 A-D 转换控制模块是完成设计的必要条件。

注意：由于该数字电压表用于测直流电压，在硬件电路设计中没有采样保持器。

3.2.2.2　ADC 器件应用

要用有限状态机来实现对 ADC 器件的采样控制就必须对 ADC 器件的工作时序有所了

解。才能做出状态转移图，进而完成代码编写。

在项目设计中往往要先清楚相关电子器件的参数、指标及工作时序等，继而才能更好地应用这些器件。这个时候，通常需要通过查阅该器件的芯片资料去了解，有时候获得的是中文资料，更多的时候获得的是英文资料。但不管怎样，要完成这个设计，就需要查阅 ADC 器件的技术资料，在看懂、弄清楚它的工作时序后，才能开展后续的工作。

ADC0809 是一种常用的 8 位逐次逼近型 A-D 转换器件，它的转换速率较高（转换时间为 100μs），转换精度较高，比较适合要求不高的场合。ADC0809 内部结构示意图如图 3-15 所示，ADC0809 由一个 8 路模拟开关、一个地址锁存译码器、一个 A-D 转换器和一个三态输出锁存器组成。多路开关可选通 8 个模拟通道，允许 8 路模拟量分时输入，共用 A-D 转换器进行转换。三态输出锁存器用于锁存 A-D 转换完的数字量，当 OE 端为高电平时，才可以从三态输出锁存器取走转换完的数据。

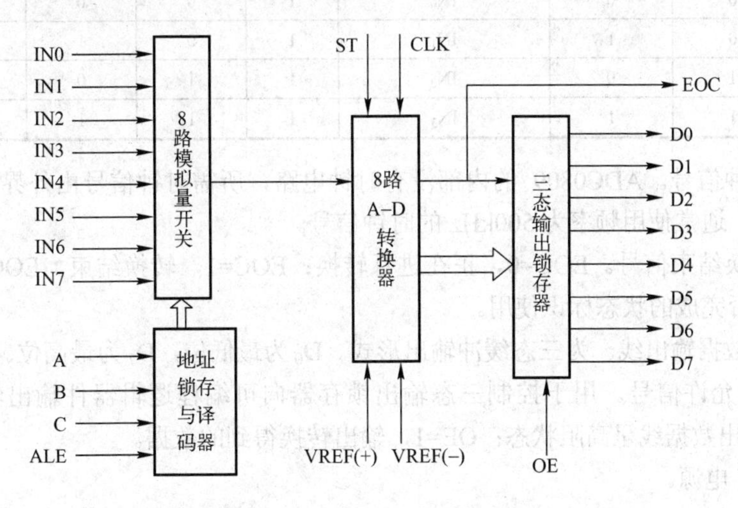

图 3-15　ADC0809 内部结构示意图

ADC0809 的引脚图如图 3-16 所示。

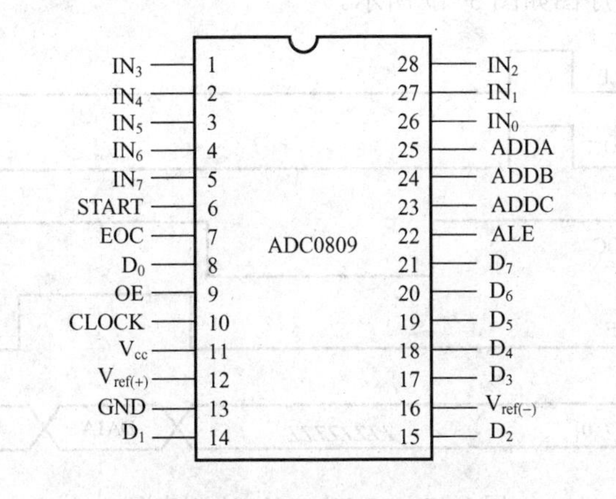

图 3-16　ADC0809 引脚图

IN_7～IN_0：模拟量输入通道。

ALE：地址锁存允许信号。对应 ALE 上升沿，A、B、C 地址状态送入地址锁存器中。

START：转换启动信号。START 上升沿时，复位 ADC0809；START 下降沿时启动芯片，开始进行 A-D 转换；在 A-D 转换期间，START 应保持低电平。本信号有时简写为 ST。

A、B、C：地址线。通道端口选择线，A 为低地址，C 为高地址，引脚图中为 ADDA、ADDB 和 ADDC。ADC0809 地址状态与通道对应关系见表 3-3，如果地址为“000”则对应的通道为 IN0，即设置 C、B、A 为低电平，模拟信号从 IN0 引脚接入 ADC0809。

表 3-3　ADC0809 地址状态与通道对应关系

C	B	A	对应通道	C	B	A	对应通道
0	0	0	IN_0	1	0	0	IN_4
0	0	1	IN_1	1	0	1	IN_5
0	1	0	IN_2	1	1	0	IN_6
0	1	1	IN_3	1	1	1	IN_7

CLK：时钟信号。ADC0809 的内部没有时钟电路，所需时钟信号由外界提供，因此有时钟信号引脚。通常使用频率为 500kHz 的时钟信号。

EOC：转换结束信号。EOC=0，正在进行转换；EOC=1，转换结束。EOC 信号作为检测转换结果是否完成的状态标识使用。

D_7～D_0：数据输出线。为三态缓冲输出形式。D_0 为最低位，D_7 为最高位。

OE：输出允许信号。用于控制三态输出锁存器向可编程逻辑器件输出转换得到的数据。OE=0，输出数据线呈高阻状态；OE=1，输出转换得到的数据。

V_{cc}：　+5V 电源。

V_{ref}：参考电压，用来与输入的模拟信号进行比较，作为逐次逼近的基准。其典型值为：$V_{ref(+)}$=+5V 和 $V_{ref(-)}$=−5V。

ADC0809 的工作时序图如图 3-17 所示。

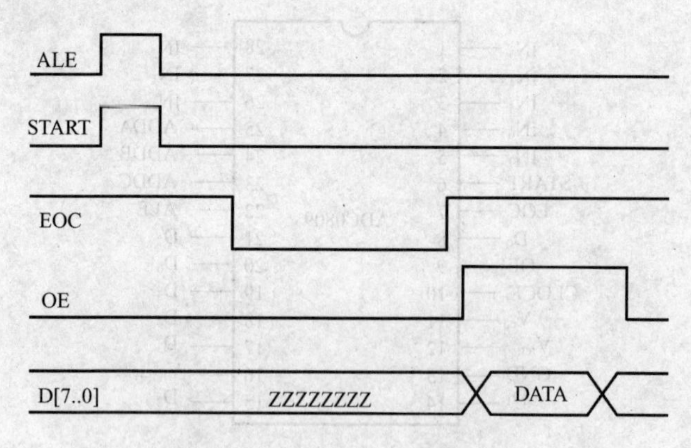

图 3-17　ADC0809 的工作时序图

ADC0809 的工作过程：首先输入三位地址，并使 ALE=1，将地址存入地址锁存器中。

此地址经译码后选通对应的 8 路模拟输入信号之一到比较器。START 上升沿将逐次逼近寄存器复位，下降沿启动 A-D 转换，之后 EOC 输出信号变低，指示转换正在进行。直到 A-D 转换完成，EOC 变为高电平，指示 A-D 转换结束，转换结果已存入锁存器。当 OE 输入高电平时，输出三态门打开，转换结果的数字量输出到数据总线上。

ADC0809 典型应用电路示例如图 3-18 所示。该电路模拟信号从 IN_0 输入，其通道地址为“000”，故 A、B、C 引脚接地。ALE 与 START 引脚连接在一起。并行输出引脚为 D_0、D_1、D_2、D_3、D_4、D_5、D_6、D_7。

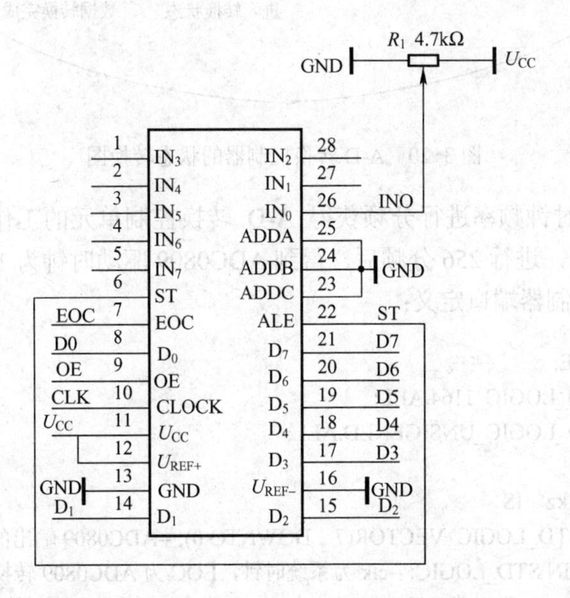

图 3-18　ADC0809 典型应用电路示例

为了方便理解，根据 ADC0809 引脚情况和工作原理画出 ADC0809 与 FPGA 芯片之间通信的信号关系图，如图 3-19 所示。

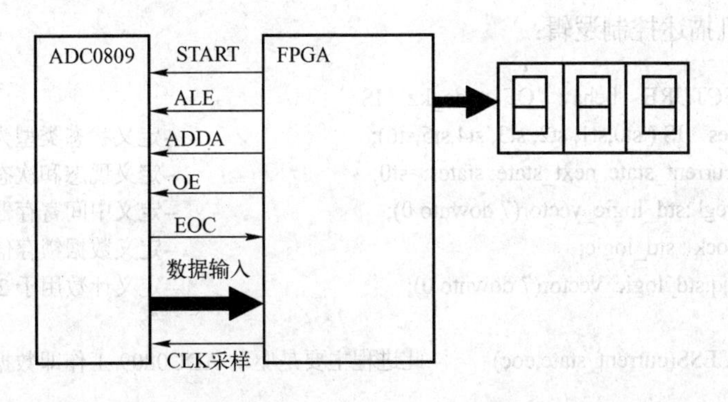

图 3-19　ADC0809 与 FPGA 芯片之间通信的信号关系图

A-D 转换控制器在时钟信号控制下实现对 ADC0809 采样的控制。根据上面对 ADC0809 的时序图分析，可以得到 A-D 转换控制器的七个工作状态，并确定各状态之间的转移条件。A-D 转换控制器的状态转换图如图 3-20 所示。

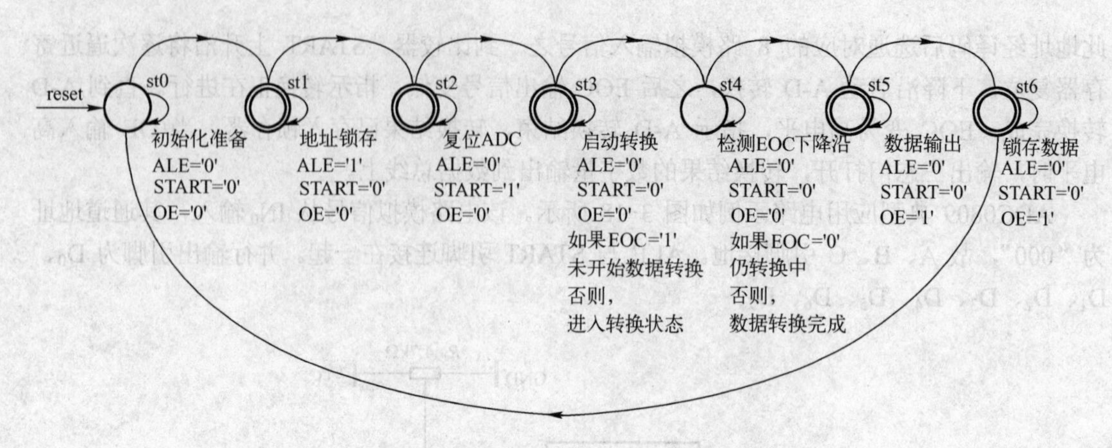

图 3-20　A-D 转换控制器的状态转换图

根据开发板的主时钟频率进行分频获得 A-D 转换控制单元的工作频率。这里，以主时钟频率为 50MHz 为例，进行 256 分频后，得到 ADC0809 驱动时钟为 195kHz。

ADC0809 转换控制器端口定义：

```
LIBRARY IEEE;
USE IEEE.STD_LOGIC_1164.ALL;
USE IEEE.STD_LOGIC_UNSIGENED.ALL;

ENTITY   adc_kz   IS
PORT ( d : IN STD_LOGIC_VECTOR(7   DOWNTO 0); --ADC0809 输出的采样数据输入 FPGA
       clk,eoc: IN STD_LOGIC; --clk 为系统时钟，EOC 为 ADC0809 转换结束信号输入 FPGA
   lock1,start, ale,oe: OUT STD_LOGIC;          --ADC0809 控制信号 FPGA 输出信号
   add_out : OUT STD_LOGIC_VECTOR (2 DOWNTO 0);       --ADC0809 模拟信号选通地址
   q :OUT STD_LOGIC_VECTOR(7 DOWNTO 0));    --送至数码管信号 FPGA 输出数字信号
 END   adc_kz;
```

用有限状态机描述控制逻辑：

```
ARCHITECTURE   behav   OF   adc_kz   IS
TYPE states   IS ( st0,st1, st2, st3, st4,st5,st6);            --定义状态类型为枚举类型
SIGNAL current_state, next_state: states:=st0;                 --定义现态和次态,并且初值为 st0 态
SIGNAL regl :std_logic_vector(7 downto 0);                     --定义中间寄存器
SIGNAL lock : std_logic;                                       --定义数据锁存信号
SIGNAL qq:std_logic_vector(7 downto 0);                        --定义计数用于 256 分频
BEGIN
com:PROCESS(current_state,eoc)     --此进程主要是驱动 ADC0809 工作即数据转换过程
BEGIN
  CASE current_state IS
  WHEN st0=>next_state<=st1;ale<='0';start<='0';oe<='0';       --ADC0809 初始化准备
  WHEN st1=>next_state<=st2;ale<='1';start<='0';oe<='0';       --三个地址信号送入地址锁存器
  WHEN st2=>next_state<=st3;ale<='0';start<='1';oe<='0';       --复位 ADC0809
  WHEN st3=> ale<='0';start<='0';oe<='0';                      --开始转换
        IF eoc='1' THEN next_state<=st3;                       --检测 EOC 的下降沿
```

```
            ELSE next_state<=st4;
            END IF;
      WHEN st4=> ale<='0';start<='0';oe<='0';                       --检测 EOC 的上升沿
            IF eoc='0' THEN next_state<=st4;
            ELSE next_state<=st5;
            END IF;
      WHEN st5=>next_state<=st6;ale<='0';start<='0';oe<='1';        --输出转换好的数据
      WHEN st6=>next_state<=st0;ale<='0';start<='0';oe<='1';regl<=d;--将数据送入寄存器 regl
      END CASE;
   END PROCESS com;
   clock:PROCESS(clk)                  --对系统时钟进行分频，得到驱动 ADC0809 的时钟信号
   BEGIN
   IF clk'EVENT AND clk='1'   THEN qq<=qq+1;
        IF qq="01111111" THEN lock1<='1';                --进行 256 分频
         current_state <=next_state;                     --在 lock 上升沿，转换至下一状态
        ELSIF qq<="01111111" then lock1<='0';
        END IF;
   END IF;
   END PROCESS clock;
   q<=regl;                                              --寄存器数据输出即 FPGA 输出
   add_out<="000";                                       --模拟选通信号送往 ADC0809
   END behav;
```

3.2.2.3　串行通信接口设计

在应用 ADC0809 器件进行 A-D 转换的过程中，由于其 8 位输出是并行的，在多路通信数据的情况下，就需要通过对其进行时分复用的方式来分别读取数据，但占用 FPGA 引脚资源较多；也可以采用具有串行总线的 ADC 器件完成任务。

这里，简单介绍一种串行通信接口设计：I^2C 总线接口设计。

I^2C（Inter-Integrated Circuit）总线是 Philips 公司推出的串行总线。I^2C 总线与并行总线相比具有结构简单、可维护性好，易实现模块化设计等优点。I^2C 总线系统结构示例如图 3-21 所示，整个系统即主控器与外围器件仅靠两条线进行全双工信息传输，一条为时钟线（SCL），一条为数据线（SDA）。I^2C 总线通过上拉电阻接电源，当总线空闲时，两根线均为高电平。连接到总线的任一器件输出低电平都会使总线信号变低。取决于要完成的功能，在信息传输过程中每个模块都既是发送器又是接收器。

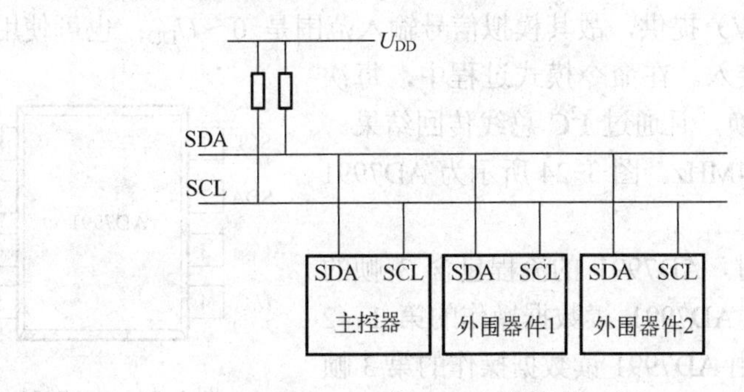

图 3-21　I^2C 总线系统结构示例

I^2C 总线在传送数据过程中共有三种信号类型：开始信号、结束信号及应答信号。其中：当 SCL 为高电平时，SDA 由高电平向低电平跳变为开始信号，表示开始传送数据；当 SCL 为高电平时，SDA 由低电平向高电平跳变为结束信号，表示结束传送数据（如图 3-22 所示）。接收方在接收到 8 位数据后（每个字节必须保证是 8 位的长度，先传高位数据 MSB），向发送数据的模块发出特定的低电平脉冲为应答信号，表示已接收到数据（如图 3-23 所示），即 1 帧有 9 位。

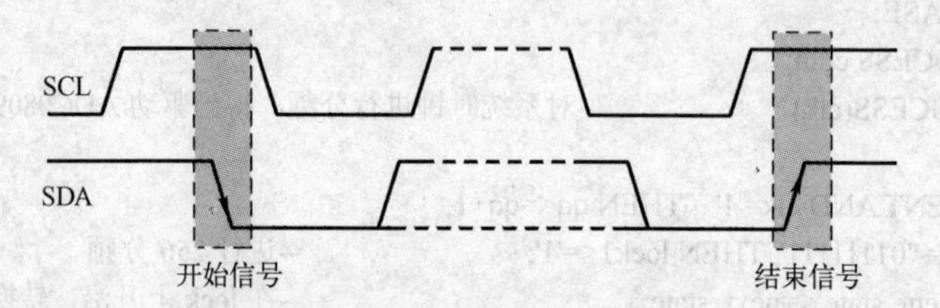

图 3-22　I^2C 总线的开始和结束信号

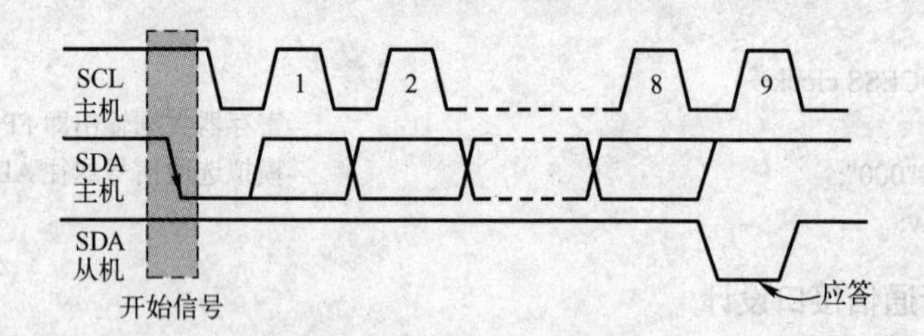

图 3-23　I^2C 总线的应答信号

在通信中有发送请求和响应请求的过程，发送请求的设备称为主机（Master），完成应答的设备称为从机（Slave）。在数据采集系统中，FPGA 控制单元发起数据采集请求为主机，ADC 器件响应请求为从机。开始信号和结束信号都由主机发出，在开始信号产生后，总线处于被占用状态，结束信号产生后，总线处于空闲状态。

以 AD7991 为例，来说明 I^2C 总线通信接口的设计方法。

（1）AD7991 芯片介绍

AD7991 是内置 I^2C 接口的 12 位、低功耗、逐次逼近型的 ADC，其转换时间为 1μs。通常 AD7991 保持在关断状态，仅在执行转换操作时上电。AD7991 有四个模拟输入通道，基准源可由 U_{DD}（2.7～5.5V）提供，故其模拟信号输入范围是 0～U_{DD}；也可使用外部基准电压通过基准源输入通道接入。在命令模式过程中，每次 I^2C 操作都会启动一次转换，且通过 I^2C 总线传回结果。其允许的输入频率可达 14MHz。图 3-24 所示为 AD7991 引脚图。

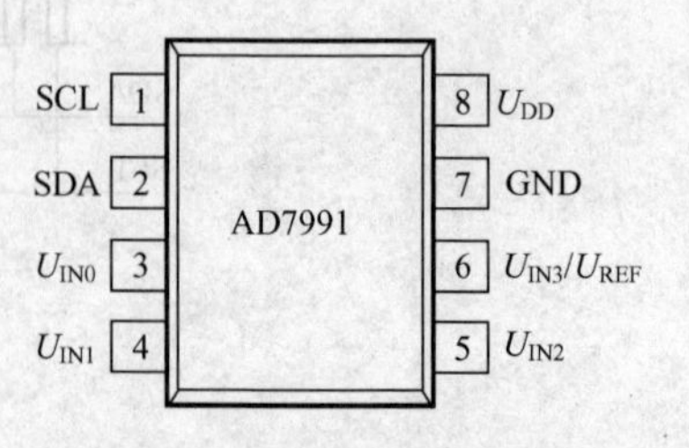

图 3-24　AD7991 引脚图

从 AD7991 读数据时，AD7991 的流程包含 3 帧的操作。图 3-25 所示为由 AD7991 读数据操作的第 1、2 帧格式，图 3-26 所示为由 AD7991 读数据操作的第 3 帧格式。

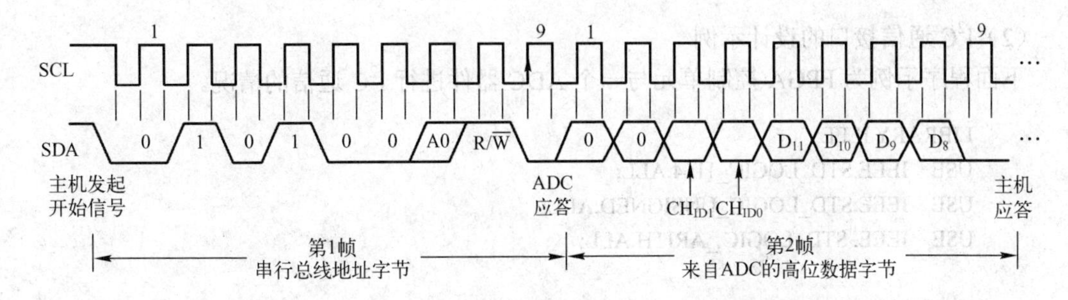

图 3-25 由 AD7991 读数据操作的第 1、2 帧格式

在第 1 帧中，由主机即控制单元发起开始信号，SDA 线电平拉低，主机向 ADC 发送 7bits 读地址（AD7991 有两种类型：AD7991-0 的 I^2C 地址为“0101000”，AD7991-1 的 I^2C 地址为“0101001”。本书以 AD7991-0 的 I^2C 地址为例），并把 $R/\overline{W}$ 设为“1”。接收方 ADC 在第 9 个时钟上升沿到来时进行应答，同时 A-D 采样开始，约 0.6μs 后完成采样，转换开始。这个采样和转换过程与读操作是同时进行的，并不影响读操作。

第 2 帧为来自 ADC 器件的采样转换获得的高位数据字节，前 4 位为状态位，后 4 位为高位 D_{11}、D_{10}、D_9、D_8 的数据。在第 9 个时钟上升沿到来时接收方主机进行应答。

第 3 帧为来自 ADC 器件的采样转换获得的低位数据字节，依次为 D_7、D_6、D_5、D_4 、D_3、D_2、D_1、D_0 的数据。在该帧的第 9 个时钟上升沿到来时，如果主机发送应答信号，则 AD7991 继续执行第 2 次 A-D 转换，如果主机没有发送应答信号，则 AD7991 不再执行转换。

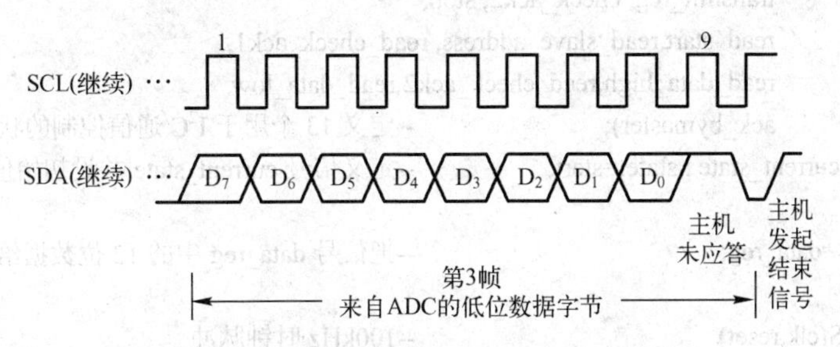

图 3-26 由 AD7991 读数据操作的第 3 帧格式

AD7991 运行模式有三种：标准模式、快速模式及高速模式。这三种运行模式对应的时钟最高频率分别为 100kHz、400kHz、3.4MHz。

AD7991 的内部配置寄存器是一个 8bit 的只写寄存器，用于设置 AD7991 器件的操作模式。AD7991 内部配置寄存器写入的第 1 个字节的 8bit 结构见表 3-4。高 4 位 D_7～D_4 为模拟通道的选通位，这里 D_4 为“1”，表示选通了 U_{IN0} 通道；D_3 为“0”，表示选择的参考电压为内部电压，反之则选择外部参考电压；其他位默认为零。

表 3-4 AD7991 内部配置寄存器设置字节

位	D_7	D_6	D_5	D_4	D_3	D_2	D_1	D_0
功能	CH_3	CH_2	CH_1	CH_0	REF_SEL	FLTR	Bit trial delay	Sample delay
设置值	0	0	0	1	0	0	0	0

（2）I^2C 通信接口的设计示例

下面程序示例为 FPGA 控制单元与一个 ADC 器件进行 I^2C 通信的情况。

```
LIBRARY IEEE;
USE   IEEE.STD_LOGIC_1164.ALL;
USE   IEEE.STD_LOGIC_UNSIGNED.ALL;
USE   IEEE. STD_LOGIC _ARITH.ALL;

ENTITY ad_check IS                                  --实体名 ad_check
port(   clk : IN STD_LOGIC;                          --100kHz 时钟信号，根据开发板主频进行分频得到
        reset : IN STD_LOGIC;                        --复位信号
        db_on : OUT STD_LOGIC;                       --数据转换成功标识
        db_clk: OUT STD_LOGIC;                       --数据输出标记，每当完成一次数据采集后，则设置
                                                       为 1，可以当作读数据的时钟
        SDA :INOUT   STD_LOGIC;                      --数据线
        SCL : INOUT   STD_LOGIC;                     --时钟线
        data_out: OUT   STD_LOGIC_VECTOR(11 downto 0) );      --给下一级输出信号
END ad_check;

ARCHITECTURE behavioral OF   ad_check   IS
SIGNAL data_reg :STD_LOGIC_VECTOR(11 DOWNTO 0);
                                                    --定义用于锁存的 12 位 A-D 转换信号
TYPE state IS (start,transmit_slave_address,check_ack1,
               transmit_reg, check_ack2, stop,
               read_start,read_slave_address, read_check_ack1,
               read_data_high,read_check_ack2,read_data_low,
               ack_bymaster);                       --定义 13 个用于 I2C 通信控制的状态
SIGNAL current_state : state:=start;                --定义信号 current_state 并设初始值为 start 状态
BEGIN
data_out<=data_reg;                                 --把信号 data_reg 中的 12 位数据给输出端口 data_out

PROCESS(clk,reset)                                  --100kHz 时钟脉冲
VARIABLE count1:INTEGER   RANGE   0   TO   16;  --用于对时钟脉冲上升沿计数的变量
VARIABLE  slave_address,internal_reg,read_address,data_high,data_low:  STD_LOGIC_VECTOR  (8
DOWNTO 1);        --用于存放从机地址、内部寄存器、读地址、高位数据、低位数据的变量
VARIABLE cnt1: INTEGER   RANGE   0   TO   8;                          --用于计数字节位值
BEGIN
    IF reset='0' THEN                                      --复位信号低电平有效
        count1:=0;   data_reg<="000000000000";
            SDA<='1'; SCL<='1';                            --数据总线空闲
            db_on<='0';
            cnt1:=8;                                       --1B 长度
            slave_address:="01010000";        --从机地址字节，最后 1 位为 0 表示为 write 模式
            current_state<=start;             --有限状态机当前状态为 start
            read_address:="01010001";         --读地址字节，最后 1 位为 1，表示为 read 模式
            internal_reg:="00010000";         --内部寄存器字节，选通 UIN0 通道，电压参考源选内部
            db_clk<='0';                      --数据未采集
```

```
ELSIF RISING_EDGE (clk)   THEN
  CASE current_state IS
   WHEN start =>count1:=count1+1;                        --主机输出起始信号状态
         CASE count1 IS
         WHEN 1 => SDA<='1';SCL<='1';                        --总线初始化
         WHEN 2 => SDA<='0';count1:=0;current_state<=transmit_slave_address;   --I2C 起始
         WHEN others =>null;
         END CASE;
  WHEN transmit_slave_address => count1:=count1+1;  --主机向 ADC 器件发送写地址字节
         CASE count1   IS
         WHEN 1 =>SCL<='0';
         WHEN 2 =>SDA<=slave_address(cnt1);            --首先发送从机地址的最高位
         WHEN 3 =>SCL<='1';                            --SCL 线时钟高电平阶段
         WHEN 4 =>cnt1:=cnt1-1;count1:=0;              --从机地址字节计数移低一位
              IF cnt1=0   THEN   cnt1:=8;
                 current_state<=check_ack1;      --设定当前状态为第 1 帧的应答检查状态
              END IF;
         WHEN OTHERS =>null;
         END CASE;
  WHEN check_ack1 => count1:=count1+1;         --检查  ACK  应答信号
         CASE count1 IS
         WHEN 1 =>SCL<='0'; SDA<='Z';
         WHEN 2 =>null;                        --等待 ADC 发送 ACK  应答信号
         WHEN 3 =>SCL<='1';
         WHEN 4 =>IF   SDA='0' THEN count1:=0;current_state<=transmit_reg;
                           --检查到应答信号，将当前状态设定为传输寄存器字节状态
                  END IF;
         WHEN 16 =>current_state<=start;             --写操作失败，等待 16 个时钟周期后重启
         WHEN others =>null;
         END CASE;
  WHEN ransmit_reg => count1:=count1+1;        --传输 ADC 的配置寄存器字节
         CASE count1 IS
         WHEN 1=>SCL<='0';
         WHEN 2=>SDA<=internal_reg(cnt1);         --SDA 信号放置 internal_reg 的最高位
         WHEN 3=>SCL<='1';
         WHEN 4=>cnt1:=cnt1-1;count1:=0;          --将 internal_reg 的计位值向低位移 1
             IF cnt1=0 THEN cnt1:=8;              --当计位值移到最低位时
               current_state<=check_ack2;         --将当前状态设定为第 2 次检查 ACK 状态
             END IF;
         WHEN OTHERS=>null;
         END CASE;
  WHEN check_ack2 => count1:=count1+1;            --检测 ADC 的 ACK 信号
         CASE count1 IS
            WHEN 1 =>SCL<='0'; SDA<='Z';
         WHEN 2 =>null;                           --等待 ACK 信号
            WHEN 3 =>SCL<='1';
```

```
                WHEN 4 =>IF SDA='0' THEN count1:=0;        --如果 SDA 为低电平则收到 ACK 信号
                          current_state<=stop;              --将当前状态设定为 stop 状态
                         END IF;
                WHEN 6 =>current_state<=start;             --写操作失败，等待 6 个时钟周期后重
                                                            启，读者根据实际情况修改等待周期
                WHEN OTHERS =>null;
                END CASE;
        WHEN    stop => count1:=count1+1;                   --生成 stop 信号
                CASE count1 IS
                WHEN 1=>SCL<='0';
                WHEN 2=>SDA<='1';
                WHEN 3=>SCL<='1';   db_on<='1';             --标记初始化成功
                WHEN 6=>count1:=0;
                    current_state<=read_start;   --等待 6 个时钟周期，将当前状态设定为
                                                  read_start 状态，读者可以修改等待周期
                WHEN OTHERS=>null;
                END CASE;
        WHEN read_start =>count1:=count1+1;
               CASE count1 IS
               WHEN 1 => SDA<='1';
               WHEN 2 => SCL<='1';
               WHEN3 => SDA<='0'; count1:=0;
                   current_state<=read_slave_address;    --SDA 拉低电平，占用总线开始，
                                                          将当前状态设定为 read_slave_address 状态
               WHEN OTHERS =>null;
               END CASE;
        WHEN    read_slave_address => count1:=count1+1;          --读从机地址状态
                CASE count1 IS
                WHEN 1 =>SCL<='0';
                WHEN 2 =>SDA<=read_address(cnt1);                --传输从机地址最高位数据
                WHEN 3 =>SCL<='1';
                WHEN 4 =>cnt1:=cnt1-1;count1:=0;                 --从机地址计位值移向低一位
                        IF cnt1=0 THEN cnt1:=8;current_state<=read_check_ack1;
                                                  --完成地址输出则转向 read_check_ack1 状态
                        END IF;
                WHEN OTHERS =>null;
                END CASE;
        WHEN read_check_ack1 => count1:=count1+1;        --确认 ACK 信号
                CASE count1 IS
                WHEN 1 =>SCL<='0';
                WHEN 2 =>SDA<='Z';                               --等待 ADC 器件的 ACK 信号
                WHEN 3 =>SCL<='1';
                WHEN 4 => IF SDA='0' THEN count1:=0;     --如果收到 ACK 信号
                          current_state<=read_data_high;db_clk<='0';   --将当前状态设定为
                                                                        --read_data_high 状态
                          END IF;
```

```
                WHEN 16 =>current_state<=start;
                WHEN OTHERS =>null;
                END CASE;
        WHEN read_data_high => count1:=count1+1;              --读取 ADC 器件传来的第 1 帧数据
              CASE count1 IS
                WHEN 1=>SCL<='0';
                WHEN 2=>SDA<='Z';                             --置高阻
                WHEN 3=>SCL<='1';
                WHEN 4=>data_high(cnt1):=SDA;                 --从高位开始读
                        cnt1:=cnt1-1;count1:=0;
                         IF cnt1=0 THEN cnt1:=8;
                        current_state<=read_check_ack2; END IF;
                                                    --读完 8 位数据后转入 read_check_ack2 状态
                WHEN others=>null;
                END CASE;
        WHEN read_check_ack2 => count1:=count1+1;             --主机写 ACK 给 ADC 器件
                CASE count1 IS
                WHEN 1 =>SCL<='0';
                WHEN 2 =>SDA<='0';
                WHEN 3 =>SCL<='1';
                WHEN 4 =>count1:=0;                           --给 ADC 应答 ACK 信号
                        current_state<=read_data_low;         --当前状态转向 read_data_low 状态
                WHEN OTHERS =>null;
                END CASE;
        WHEN read_data_low => count1:=count1+1;               --读取 ADC 器件传来的第 2 帧数据
                CASE count1 IS
                WHEN 1=>SCL<='0';
                WHEN 2=>SDA<='Z';
                WHEN 3=>SCL<='1';
                WHEN 4=>data_low(cnt1):=SDA;   cnt1:=cnt1-1;count1:=0;
                  IF cnt1=0 THEN cnt1:=8;
                  current_state<=cont_read_high_ack;   --当前状态转向 cont_read_high_ack 状态
                data_reg<=data_high(4 downto 1)&data_low;          --形成 12 位 A-D 转换数值
                  db_clk<='1';
                END IF;
              WHEN OTHERS=>null;
              END CASE;
        WHEN ack_bymaster => count1:=count1+1;                     --主机发送 ACK 信号
                CASE count1   IS
                WHEN 1 =>SDA<='0';
                WHEN 3 =>SCL<='1';
                WHEN 5 =>SCL<='0';
                WHEN 6 =>current_state<=read_data_high;count1:=0;
                WHEN OTHERS =>null;
                END CASE;
        WHEN OTHERS =>null;
```

```
        END CASE;
      END IF;
   END PROCESS;
   END behavioral;
```

3.2.2.4 功能模块设计

1. 数值转换模块

采样后的数值处理流程图如图 3-27 所示，数值转换模块完成经过 ADC0809 数模转换的电压数字量到电压值 BCD 码的转换，转换后的 BCD 码经过数码管显示模块的处理后以十进制形式显示测量得到的电压值。

图 3-27 采样后的数值处理流程图

首先需要考虑的是算法问题。如果输入电压为 0～5 V，则 ADC0809 所能转换的最小电压值：5/256 V≈0.019 53 V。假设 ADC0809 经过采样、完成 A-D 转换后的数字信号是 01110110（对应十进制为 118），其对应的电压模拟值应为：118×0.019 53 V＝2.305 V，这里的四位有效数字需要用 BCD 码表示。

VHDL 语言有 15 种算术运算符，包括：+、-、*、/、MOD、ABS 等。在进行运算时要求参与运算的操作数数据类型必须相同。值得注意的是，实际上能够真正综合逻辑电路的算术运算符只有“+”“-”“*”。在数据位较长时使用算术运算符，尤其是“*”进行运算时应该特别慎重，因为综合后的门电路会超过上千个。对于“/”运算符，如果被除数是 2 的整数幂时，门电路综合是可以的。

其次需要考虑如何实现 BCD 码与电压值的对应关系。可以通过类似数据表的方法实现，即 0～5 V 的电压，进行采样转换后得到 8 位二进制数共有 256 个，每一个二进制数对应一个十进制数值。实际采样得到的数字量通过查数据表的方法即可完成相应转换。也可以应用 VHDL 语言进行数据处理。例如：需要把 A-D 转换得到的 8 位二进制数转换为十进制数。在 VHDL 语言中不同数据类型的对象之间不能直接代入或运算，需要通过数据类型转换来实现。VHDL 语言常用数据类型转换函数见表 3-5。

表 3-5 VHDL 语言常用数据类型转换函数

所 属 包	数据类型转换函数	函 数 功 能
IEEE.STD_LOGIC_1164	TO_STD_LOGIC_VECTOR(A)	由 BIT_VECTOR 转换为 STD_LOGIC_VECTOR
	TO_STD_LOGIC (A)	由 BIT 转换为 STD_LOGIC
	TO_BIT_VECTOR(A)	由 STD_LOGIC_VECTOR 转换为 BIT_VECTOR
	TO_BIT(A)	由 STD_LOGIC 转换为 BIT
IEEE.STD_LOGIC_UNSIGNED	CONV_INTEGER(A)	由 STD_LOGIC_VECTOR 转换为 INTEGER
IEEE.STD_LOGIC_ARITH	CONV_STD_LOGIC_VECTOR(A,位长)	由 INTEGER、UNSIGNED、SIGNED 转换为 STD_LOGIC_VECTOR
	CONV_INTEGER(A)	由 UNSIGNED、SIGNED 转换为 INTEGER

需要注意的是，在由 BIT_VECTOR 向 STD_LOGIC_VECTOR 进行数据转换时，代入 BIT_VECTOR 的值可以是二进制数、八进制数、十六进制数，但代入 STD_LOGIC_VECTOR 的值只能是二进制数。例如：

```
SIGNAL a:BIT_VECTOR(11 DOWNTO 0);
SIGNAL b:STD_LOGIC_VECTOR(11 DOWNTO 0);
a<=X"B7";
b<=TO_STD_LOGIC_VECTOR(a);
b<=TO_STD_LOGIC_VECTOR(O"267");
b<=TO_STD_LOGIC_VECTOR(B"1011_0111");
```

当然数据类型的转换还有其他的方法，例如常数转换法，利用自定义的数据类型来进行转换，见下例：

```
TYPE conv_datatype IS ARRAY (STD_LOGIC) OF BIT;
CONSTANT std_bit : conv_datatype:=('0'/'L'=>'0','1'/'H'=>'1',OTHERS=>'0');
SIGNAL a:BIT;
SIGNAL b:STD_LOGIC;
a<= std_bit(b);
```

也可以通过类型标记的方法实现关系密切的数据类型（即整数和实数）之间的转换。见下例：

```
VARIABLE x:INTEGER;
VARIABLE y:REAL;
x:=INTEGER(y);
y:=REAL(x);
```

以下程序示例是针对 8 位 A-D 转换获得的二进制数应用数据类型转换函数转换为十进制整数，经过计算获得对应电压值，并将十进制电压值转换为 BCD 码的操作。

```
LIBRARY IEEE;
USE IEEE.STD_LOGIC_1164.ALL;
USE IEEE.STD_LOGIC_ARITH.ALL;
USE IEEE.STD_LOGIC_UNSIGNED.ALL;

ENTITY bit8_bcd4 IS
 PORT ( ad_value : IN   STD_LOGIC_VECTOR (7 downto 0);     --A-D采样后的8bit
        lock_bit : IN   STD_LOGIC;                         --用于标识1次采样A-D转换结果的输出
             rst: IN    STD_LOGIC;                         --复位
     thousand,hundred,ten,unit:OUT   STD_LOGIC_VECTOR (3 downto 0) );
                                                           --输出转换后的4个BCD码
END bit8_bcd4;

ARCHITECTURE behavioral OF bit8_bcd4 IS
BEGIN
    PROCESS(ad_value,lock_bit,rst)
    VARIABLE tmp_ad_value:INTEGER   RANGE 0 TO 600000;     --根据数据转换数值而定
```

```
VARIABLE tmp_qian: INTEGER    RANGE 0 TO 9;                    --十进制电压值的最高位
VARIABLE tmp_bai : INTEGER    RANGE 0 TO 9;                    --小数点后第 1 位
VARIABLE tmp_shi : INTEGER    RANGE 0 TO 9;                    --小数点后第 2 位
VARIABLE tmp_ge    : INTEGER    RANGE 0 TO 9;                  --小数点后第 3 位
VARIABLE tmp_js_bai: INTEGER    RANGE 0 TO 100000;             --用于判断的中间变量
VARIABLE tmp_js_shi: INTEGER    RANGE 0 TO 10000;
VARIABLE tmp_js_ge: INTEGER    RANGE 0 TO 10000 ;
BEGIN
 IF(rst='1')THEN tmp_qian:=0;tmp_bai:=0;tmp_shi:=0;tmp_ge:=0;      --高电平复位有效
 ELSE
   IF RISING_EDGE(lock_bit) THEN
     tmp_ad_value:=CONV_INTEGER(ad_value)*1953;          --强制转换 A-D 值为十进制
     IF(tmp_ad_value>=0) AND (tmp_ad_value<=99999) THEN tmp_qian:=0;
                                                          --判断小数点前的数字
     ELSIF(tmp_ad_value>=100000) AND (tmp_ad_value<=199999) THEN tmp_qian:=1;
     ELSIF(tmp_ad_value>=200000) AND (tmp_ad_value<=299999) THEN tmp_qian:=2;
     ELSIF(tmp_ad_value>=300000) AND (tmp_ad_value<=399999) THEN tmp_qian:=3;
     ELSIF(tmp_ad_value>=400000) AND (tmp_ad_value<=499999) THEN tmp_qian:=4;
     ELSIF(tmp_ad_value>=500000) AND (tmp_ad_value<=599999) THEN tmp_qian:=5;
     ELSE tmp_qian:=0;
     END IF;
     tmp_js_bai:=(tmp_ad_value-(tmp_qian*100000));             --将小数点前的数字去掉
     IF(tmp_js_bai>=0) AND (tmp_js_bai<=9999) THEN tmp_bai:=0;     --百位计算数据
     ELSIF(tmp_js_bai>=10000) AND (tmp_js_bai<=19999) THEN tmp_bai:=1;
     ELSIF(tmp_js_bai>=20000) AND (tmp_js_bai<=29999) THEN tmp_bai:=2;
     ELSIF(tmp_js_bai>=30000) AND (tmp_js_bai<=39999) THEN tmp_bai:=3;
     ELSIF(tmp_js_bai>=40000) AND (tmp_js_bai<=49999) THEN tmp_bai:=4;
     ELSIF(tmp_js_bai>=50000) AND (tmp_js_bai<=59999) THEN tmp_bai:=5;
     ELSIF(tmp_js_bai>=60000) AND (tmp_js_bai<=69999) THEN tmp_bai:=6;
     ELSIF(tmp_js_bai>=70000) AND (tmp_js_bai<=79999) THEN tmp_bai:=7;
     ELSIF(tmp_js_bai>=80000) AND (tmp_js_bai<=89999) THEN tmp_bai:=8;
     ELSIF(tmp_js_bai>=90000) AND (tmp_js_bai<=99999) THEN tmp_bai:=9;
     ELSE tmp_bai:=0;
     END IF;
     tmp_js_shi:=((tmp_ad_value-(tmp_qian*100000))-(tmp_bai*10000));
     IF(tmp_js_shi>=0)AND (tmp_js_shi<=999) THEN tmp_shi:=0;         --十位计算数据
     ELSIF(tmp_js_shi>=1000)AND (tmp_js_shi<=1999) THEN tmp_shi:=1;
     ELSIF(tmp_js_shi>=2000) AND (tmp_js_shi<=2999) THEN tmp_shi:=2;
     ELSIF(tmp_js_shi>=3000) AND (tmp_js_shi<=3999) THEN tmp_shi:=3;
     ELSIF(tmp_js_shi>=4000) AND (tmp_js_shi<=4999) THEN tmp_shi:=4;
     ELSIF(tmp_js_shi>=5000) AND (tmp_js_shi<=5999) THEN tmp_shi:=5;
     ELSIF(tmp_js_shi>=6000) AND (tmp_js_shi<=6999) THEN tmp_shi:=6;
     ELSIF(tmp_js_shi>=7000) AND (tmp_js_shi<=7999) THEN tmp_shi:=7;
     ELSIF(tmp_js_shi>=8000) AND (tmp_js_shi<=8999) THEN tmp_shi:=8;
     ELSIF(tmp_js_shi>=9000) AND (tmp_js_shi<=9999) THEN tmp_shi:=9;
     ELSE tmp_shi:=0;
```

```
            END IF;
        tmp_js_ge:=(((tmp_ad_value-(tmp_qian*100000))-(tmp_bai*10000))-(tmp_shi*1000));
            IF(tmp_js_ge>=0) AND (tmp_js_ge<=99) THEN tmp_ge:=0;        --个位计算数据
            ELSIF(tmp_js_ge>=100) AND (tmp_js_ge<=199) THEN tmp_ge:=1;
            ELSIF(tmp_js_ge>=200) AND (tmp_js_ge<=299) THEN tmp_ge:=2;
            ELSIF(tmp_js_ge>=300) AND (tmp_js_ge<=399) THEN tmp_ge:=3;
            ELSIF(tmp_js_ge>=400) AND (tmp_js_ge<=499) THEN tmp_ge:=4;
            ELSIF(tmp_js_ge>=500) AND (tmp_js_ge<=599) THEN tmp_ge:=5;
            ELSIF(tmp_js_ge>=600) AND (tmp_js_ge<=699) THEN tmp_ge:=6;
            ELSIF(tmp_js_ge>=700) AND (tmp_js_ge<=799) THEN tmp_ge:=7;
            ELSIF(tmp_js_ge>=800) AND (tmp_js_ge<=899) THEN tmp_ge:=8;
            ELSIF(tmp_js_ge>=900) AND (tmp_js_ge<=999) THEN tmp_ge:=9;
            ELSE tmp_ge:=0;
            END IF;
            thousand<=conv_std_logic_vector(tmp_qian,4);
            hundred<=conv_std_logic_vector(tmp_bai,4);
            ten<=conv_std_logic_vector(tmp_shi,4);
            unit<=conv_std_logic_vector(tmp_ge,4);
          END IF;
        END IF;
    END PROCESS;
    END behavioral;
```

2．译码模块

译码显示模块的任务是把数据处理模块处理得到的 BCD 码转换成能被数码管译码的编码。8 位二进制数转换成 BCD 码后为 16 位，因此需要 4 个数码管显示结果。为了节省资源，采用扫描方式控制数码管的显示，扫描时钟由 CK 提供，其频率应大于 160 Hz，否则会有闪烁现象。

示例如下。

```
LIBRARY IEEE;
USE IEEE.STD_LOGIC_1164.ALL;
USE IEEE.STD_LOGIC_ARITH.ALL;
USE IEEE.STD_LOGIC_UNSIGNED.ALL;

ENTITY disp IS
PORT ( unit,ten,hundred,thousand :IN   STD_LOGIC_VECTOR (3 downto 0);     --4 个 BCD 编码
                        clk,rst: IN   STD_LOGIC;
                        wei_s:OUT   STD_LOGIC_VECTOR (3 downto 0);        --位选
                      dis_num:OUT   STD_LOGIC_VECTOR (7 downto 0));       --段选
END disp;

ARCHITECTURE   behavioral OF disp   IS
SIGNAL tem_wei:STD_LOGIC_VECTOR (1 downto 0);                     --用来暂存位选地址
SIGNAL tem_sel:STD_LOGIC_VECTOR (3 downto 0);
SIGNAL wei:STD_LOGIC_VECTOR (1 downto 0);                         --用来判断小数点
```

```
SIGNAL tem_num:STD_LOGIC_VECTOR (7 downto 0);                --用来存储 7 段译码数据
BEGIN
p1：PROCESS(clk,rst)                                          --动态改变位选地址
     BEGIN
       IF(rst='1') THEN tem_wei<="00";
       ELSE
          IF RISING_EDGE(clk)   THEN tem_wei<=tem_wei+1;     --位选 00>01>10>11
          END IF;
       END IF;
        wei<=tem_wei;
     END PROCESS p1;
p2：PROCESS(unit,ten,hundred,thousand,tem_wei)                --动态扫描数码管
      BEGIN
          CASE tem_wei   IS
          WHEN "00"=> tem_sel<=unit;                          --选中个位
                      wei_s<="1110";                          --位选码"1110"
          WHEN "01"=> tem_sel<=ten;                           --选中十位
                      wei_s<="1101";
          WHEN "10"=> tem_sel<=hundred;                       --选中百位
                      wei_s<="1011";
          WHEN "11"=> tem_sel<=thousand;                      --选中千位
                      wei_s<="0111";
          WHEN OTHERS=> null;
          END CASE;
   END PROCESS p2;
      p3：PROCESS(tem_sel)                                    --段选进程
        BEGIN
          CASE tem_sel IS
          WHEN "0000"=>tem_num<="10000001";                   --0
          WHEN "0001"=>tem_num<="11001111";                   --1
          WHEN "0010"=>tem_num<="10010010";                   --2
          WHEN "0011"=>tem_num<="10000110";                   --3
          WHEN "0100"=>tem_num<="11001100";                   --4
          WHEN "0101"=>tem_num<="10100100";                   --5
          WHEN "0110"=>tem_num<="10100000";                   --6
          WHEN "0111"=>tem_num<="10001111";                   --7
          WHEN "1000"=>tem_num<="10000000";                   --8
          WHEN "1001"=>tem_num<="10000100";                   --9
          WHEN OTHERS=> null;
          END CASE;
   END PROCESS p3;
p4：PROCESS(wei,tem_num)                                      --小数点显示
     BEGIN
       IF(wei="11") THEN dis_num<=tem_num AND "01111111";
       ELSE   dis_num<=tem_num;
```

```
        END IF;
      END PROCESS p4;
  END behavioral;
```

以上示例程序只是提供一种编程思路和方法，编程应用时则需要根据实际硬件资源和编程习惯和技巧而定。

3.3 任务 3——简易波形发生器设计

1. 任务描述

信号发生器用于产生测试信号，也称为信号源，在生产实践、科技领域中有着广泛的应用。信号发生器按照信号波形可以分为四类：正弦信号发生器、函数（波形）信号发生器、脉冲信号发生器和随机信号发生器。

信息发生器能够产生多种波形，如：产生正弦波、三角波、锯齿波及矩形波的电路称为函数信号发生器。函数信号发生器不仅提供稳定的参考信号，并且信号的特征参数，如：频率、幅度、波形及占空比等参数是可控的，即使用者可以调节相关参数得到想要的稳定信号。

“简易波形发生器设计”项目要求通过按键选择输出正弦波、三角波、锯齿波和方波信号。本书使用 Quartus II 提供的知识产权核（Intellectual Property core，IP 核）来设计存储波形用的 ROM，并应用 Quartus II 工具 SignalTap II 逻辑分析仪进行该项目的设计调试，并通过示波器观察输出波形。

2. 任务目标

1）能根据简易信号发生器功能设计要求设计顶层结构，合理安排工作进度。

2）能根据设计需求学习 IP 核的使用方法，完成波形 ROM 的定制并将其调用到设计文件中。

3）能根据设计要求完成其他功能模块的程序编写和仿真。

4）能根据设计需要合理分配、利用实验箱/实验板等硬件资源，配置引脚，完成下载验证。

5）能根据硬件验证和 SignalTap II 逻辑分析仪发现的问题现象，判断、定位并解决问题。

3. 学习重点

1）自顶向下的层次设计方法。

2）波形信号发生器的一般设计原理及思路。

3）IP 核的基本使用方法。

4）SignalTap II 逻辑分析仪的使用方法。

5）硬件资源的合理应用、高速 DAC 器件的特性。

6）分析、判断、解决问题的方法。

4. 学习难点

1）简易波形发生器顶层设计方案的确定。

2）DDS 信号发生器的设计原理。

3）对设计过程中出现问题的分析、判断和解决。

3.3.1 简易波形发生器顶层设计

图 3-28 所示为简易波形发生器设计核心部分，它由计数器构成的地址信号发生器和存储波形数据器 ROM 组成。波形数据器 ROM 中存有发生器的波形数据，包括正弦波、三角波、锯齿波和方波波形数据。在时钟脉冲作用下，地址信号发生器产生连续地址去读取 ROM 中存放的波形数据并送往 DAC 器件，从而得到连续的波形。输出波形的频率由发出的地址信号的速度决定。

图 3-28 简易波形发生器设计核心部分

该简易波形发生器的外围器件需要 DAC 器件和滤波电路。D-A 器件转换负责将 ROM 输出的数据转换成模拟信号，经滤波电路后输出。输出波形的频率上限与 D-A 器件的转换速度有关。本次设计采用 DAC0832（8 位 D-A 转换器）。

根据任务描述和要求，需要有外部按键能够选择波形输出。要从 4 种波形中选出 1 种波形向外输出，需要 4 选 1 多路数据选择器来完成。图 3-29 所示为简易波形发生器顶层设计结构示例图。

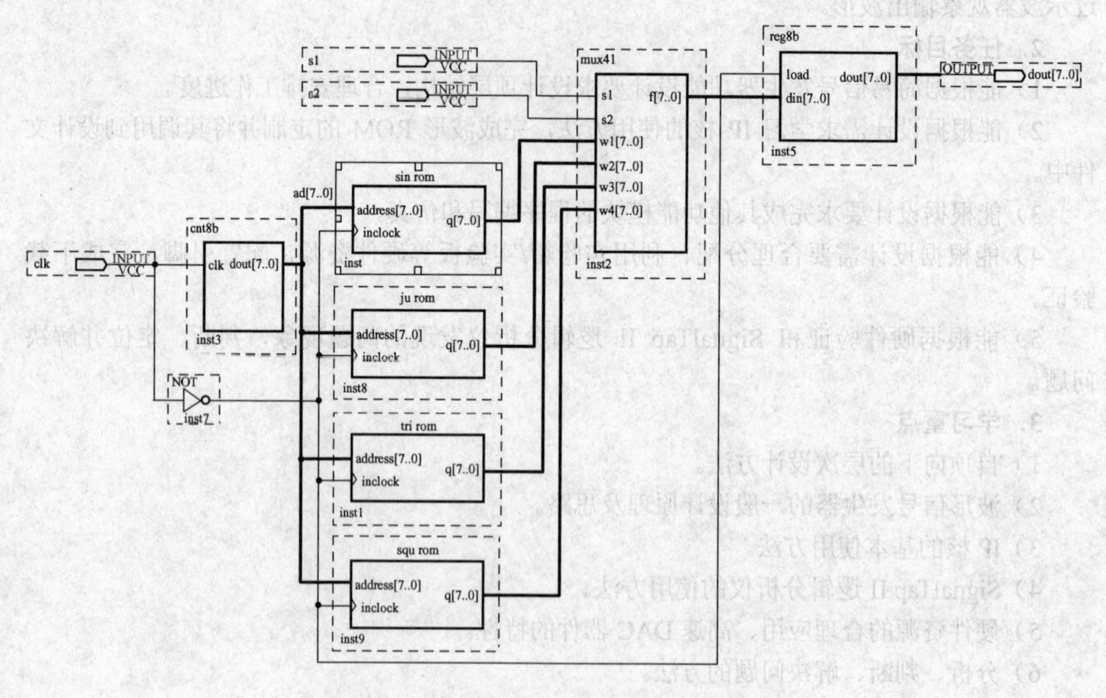

图 3-29 简易波形发生器顶层设计结构示例图

3.3.2 ROM设计

1. IP核初步

IP（知识产权）核是ASIC、PLD等芯片当中预先设计好的电路功能模块。在FPGA设计中，IP核具体指一些数字电路中常用的功能块，简单的如RAM、FIFO、乘法器及加法器等，复杂的如FIR滤波器、DDR控制器及PCIE等，模块的一般参数可修改。Altera公司提供了很多IP核资源，在得到相应的授权之后，可以将需要的IP核应用在自己的系统中。随着设计规模增大，复杂度提高，使用IP核可以提高开发效率，减少设计和调试时间，降低开发成本，是业界的发展趋势。

IP核分为软IP、固IP和硬IP三种。软IP，即用HDL语言的形式描述功能块的行为，不涉及电路与元件；固IP，即完成了综合的功能块，有较大的设计深度，以网表的形式提供使用；硬IP提供最终阶段产品——掩膜（Mask）。三种IP核比较起来从软IP到硬IP，设计灵活性降低，设计深度提高，设计成功率提高。

2. ROM设计

本节以ROM设计为例讲解如何例化和调用IP核库中的ROM核资源，并将其应用在设计中。只读存储器（Read Only Memory，ROM）只能读取数据但不允许擦写，一般用于存放常数、数据表格及程序代码等。本次设计中ROM用于存放正弦波、三角波、锯齿波及方波的波形数据。

（1）波形数据的获得

由于所选用DAC器件为8位输入，故波形数据也应为8位。另外，在本设计中ROM的深度即地址总数为256。

用于存储波形的文件类型要求是.mif、.hex。波形数据的获得有多种途径，可以利用Matlab软件或VC程序生成，读者可以查阅相关资料掌握相应方法，这里不再论述。选择存储波形的文件类型，单击“File”菜单中“New…”选项进入新建文件窗口，在“Other Files”选项单选择“Memory Initialization File”选项，建立ROM初始化文件如图3-30所示。选择该文件类型后会出现图3-31所示的对话框，设置其存储的深度和位宽。

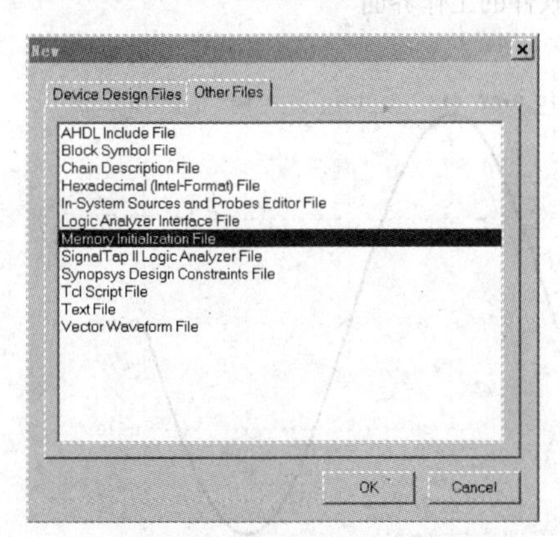

图3-30 建立ROM初始化文件

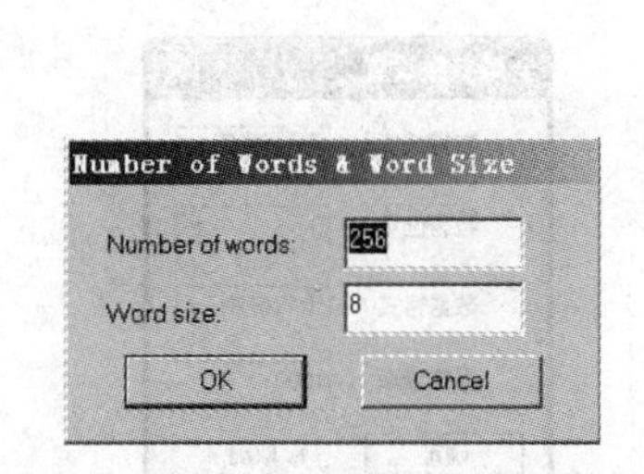

图3-31 设置ROM初始化文件存储的深度和位宽

设置存储的深度和位宽后单击“OK”按钮，进入新建的.mif文件界面，如图3-32所示。把获得的波形数据文件填入并保存，默认文件名为“Mif1.mif”，读者可以重新命名。

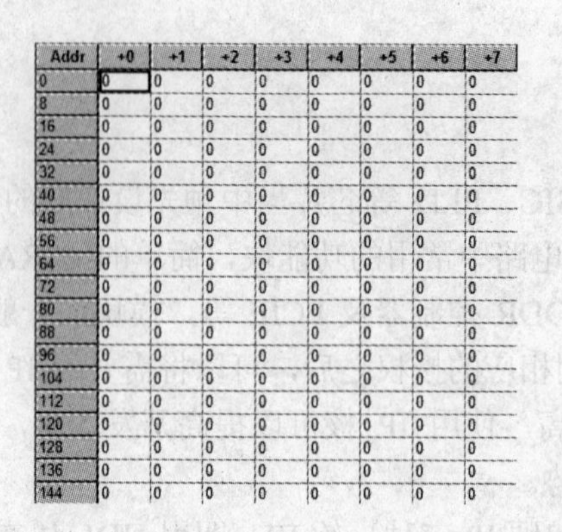

Addr	+0	+1	+2	+3	+4	+5	+6	+7
0	0	0	0	0	0	0	0	0
8	0	0	0	0	0	0	0	0
16	0	0	0	0	0	0	0	0
24	0	0	0	0	0	0	0	0
32	0	0	0	0	0	0	0	0
40	0	0	0	0	0	0	0	0
48	0	0	0	0	0	0	0	0
56	0	0	0	0	0	0	0	0
64	0	0	0	0	0	0	0	0
72	0	0	0	0	0	0	0	0
80	0	0	0	0	0	0	0	0
88	0	0	0	0	0	0	0	0
96	0	0	0	0	0	0	0	0
104	0	0	0	0	0	0	0	0
112	0	0	0	0	0	0	0	0
120	0	0	0	0	0	0	0	0
128	0	0	0	0	0	0	0	0
136	0	0	0	0	0	0	0	0
144	0	0	0	0	0	0	0	0

图 3-32　新建的.mif 文件界面

波形数据文件也可应用浙江康芯公司的 mif-Maker 软件获得。打开 mif-Maker 软件，进入工作界面，如图 3-33 所示。在“查看”菜单中单击“全局参数”，在弹出的“全局参数设置”窗口中，做图 3-34 所示的设置。然后在“设定波形”菜单中，选择“正弦波”后单击确定，就得到了正弦波形，如图 3-35 所示。最后在“文件”菜单中单击“保存”，给文件命名并保存即可。

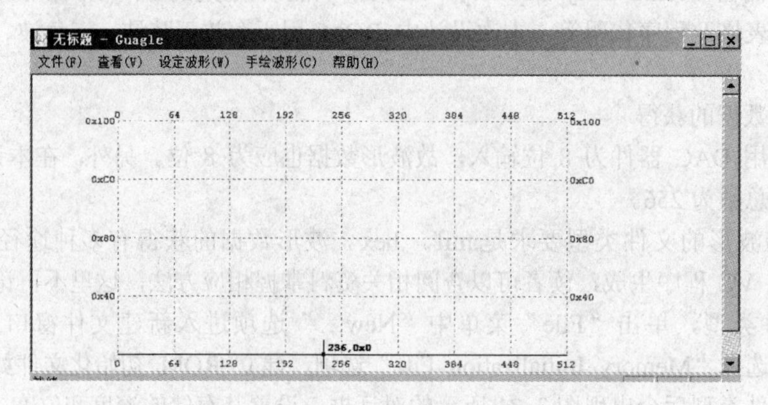

图 3-33　mif-Maker 软件的工作界面

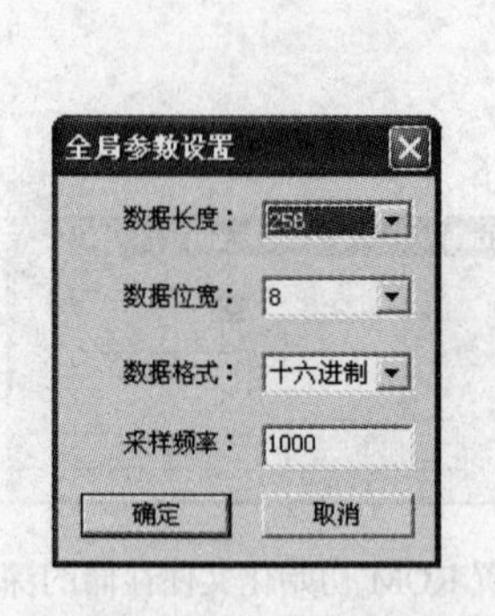

图 3-34　“全局参数设置”窗口

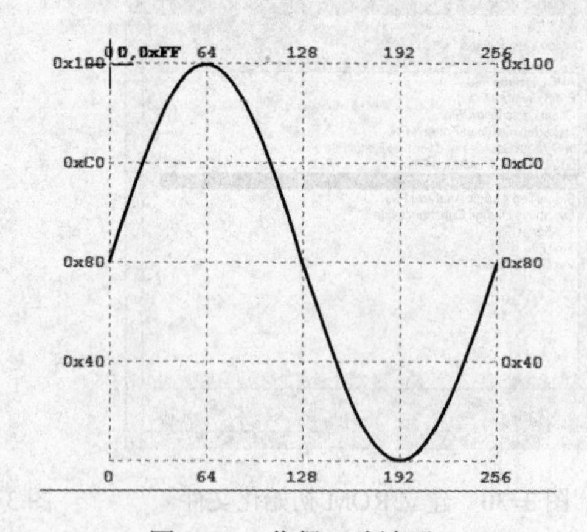

图 3-35　获得正弦波形

利用上述方法可依次生成正弦波形数据、三角波形数据、锯齿波形数据以及方波数据，以.mif 文件格式保存并命名。

注意：要确认所存文件大小不为 0KB。

（2）ROM 参数定制

一定要先建立好项目的工程文件，在 Quartus II 的“Tools”菜单中打开“MegaWizard Plug-In Manager”工具，进入 Altera 公司提供的宏功能模块插件管理器向导界面 1，如图 3-36 所示。读者在该界面上选择希望的操作是创建一个新的用户自定义宏功能模块。

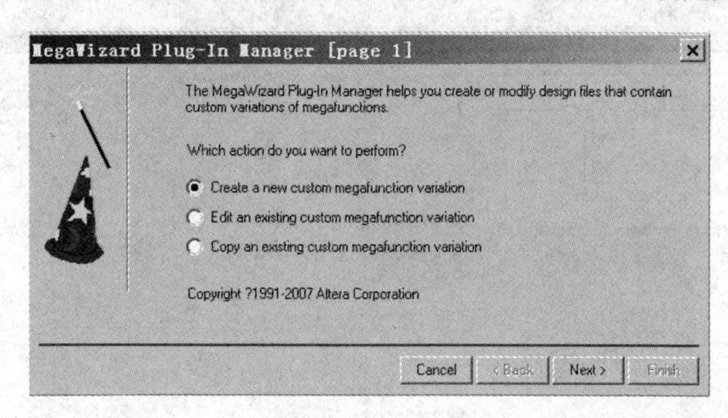

图 3-36　MegaWizard Plug-In Manager 向导界面 1

单击“Next”按钮进入 MegaWizard Plug-In Manager 向导界面 2，如图 3-37 所示。界面左侧为宏功能模块列表，根据项目设计需求从中选择 Memory Compiler 下的 ROM:1-PORT 类型。界面右侧最上面需要选择所用的器件所属系列（这里为 Cyclone III 系列），选择希望定制模块的输出文件类型为“VHDL”，输出文件的名字要自定义（最好是容易理解的名字），单击“Next”按钮进入下一向导界面。

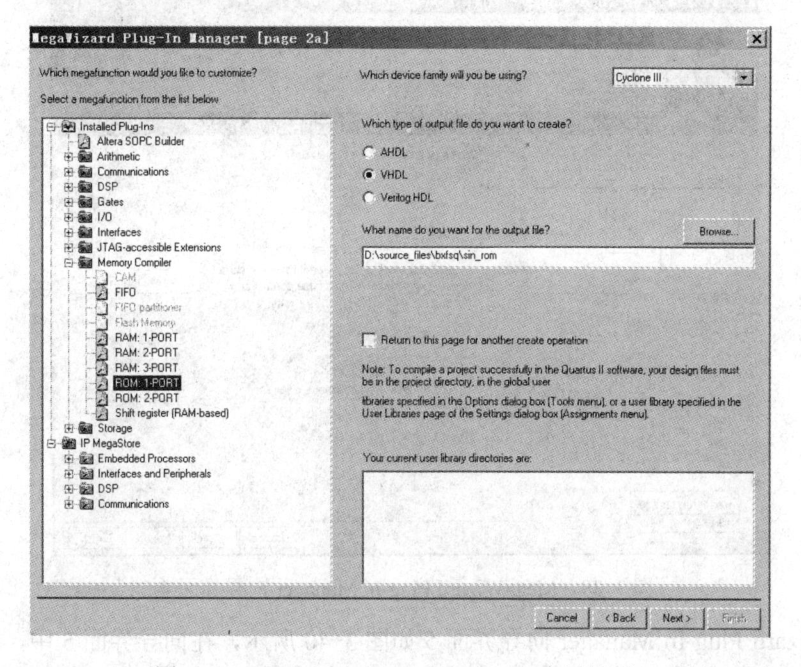

图 3-37　MegaWizard Plug-In Manager 向导界面 2

图 3-38 所示为 MegaWizard Plug-In Manager 向导界面 3。设定输出端口 q 位宽为 8bits，存储深度为 256words，选择存储块类型为 Auto（所列 MLAB、M9K、M144K 等均为 Quartus II 提供的存储器类型，针对具体适用的类型，读者可查阅相关技术资料了解），时钟选择单时钟。

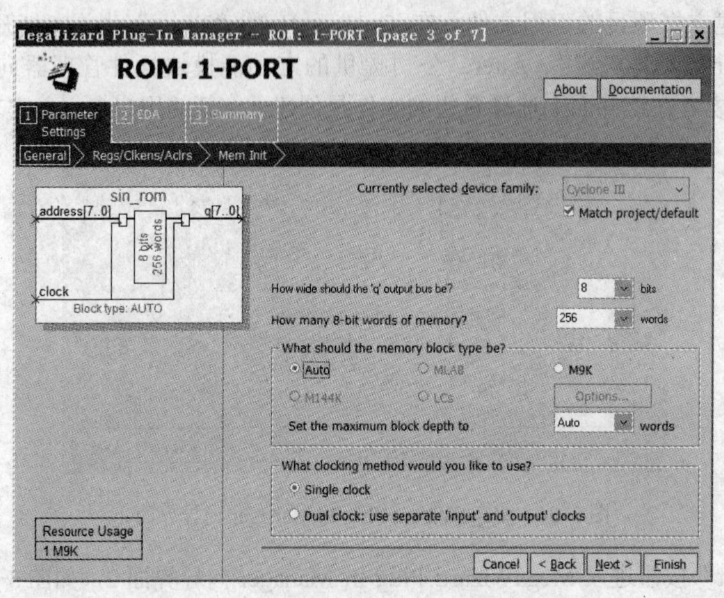

图 3-38　MegaWizard Plug-In Manager 向导界面 3

MegaWizard Plug-In Manager 向导界面 4 如图 3-39 所示，在向导界面 4 中不再添加其他端口信号。

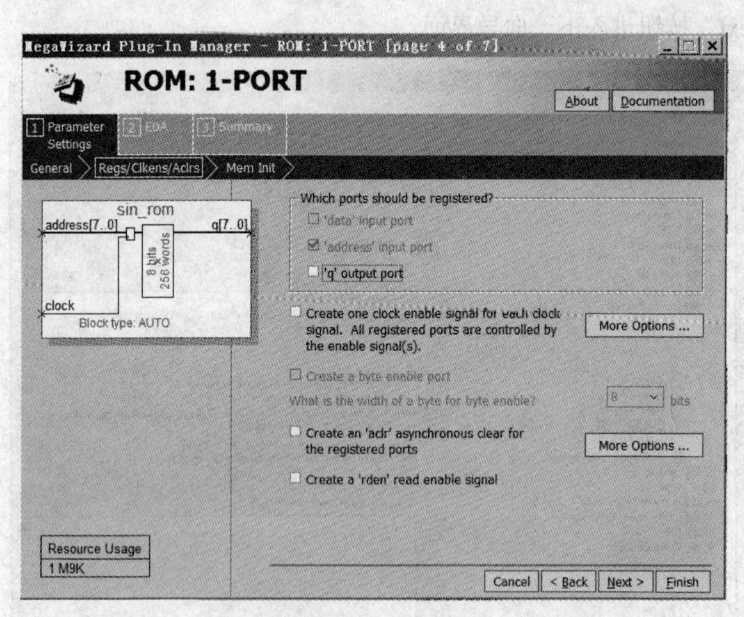

图 3-39　MegaWizard Plug-In Manager 向导界面 4

MegaWizard Plug-In Manager 向导界面 5 如图 3-40 所示，在向导界面 5 中，将前面做好的正弦波形文件与 ROM 关联起来，指定文件的路径和名字。

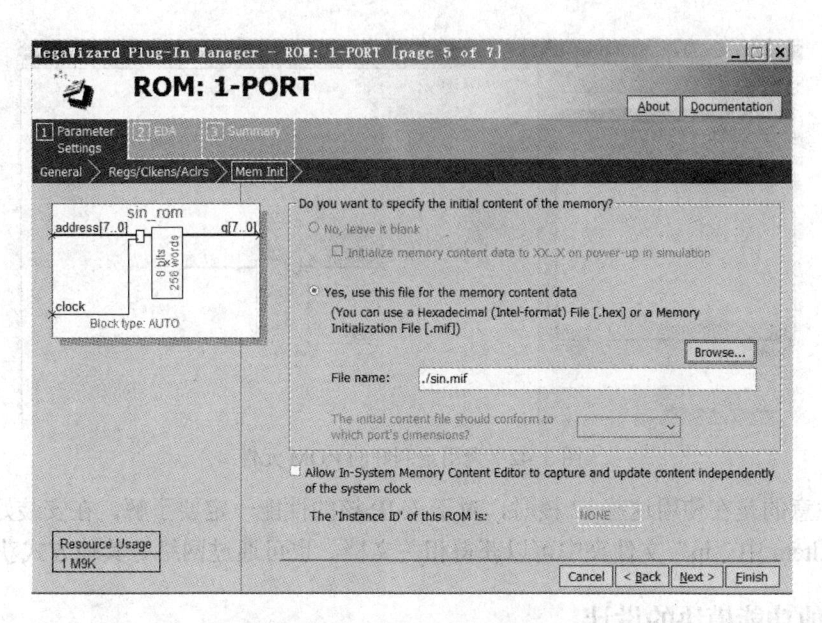

图 3-40　MegaWizard Plug-In Manager 向导界面 5

进入向导界面 6 按照默认的仿真文件模式不做修改，再单击“Next”进入向导界面 7，MegaWizard Plug-In Manager 向导界面 7 如图 3-41 所示。这个界面主要说明根据宏功能模块 ROM 的参数设置后生成相应的文件，主要包括 ROM 的.vhd 文件、symbol 文件（该文件用于在原理图中调用 ROM）等。单击“Finish”按钮完成该 ROM 模块的定制。

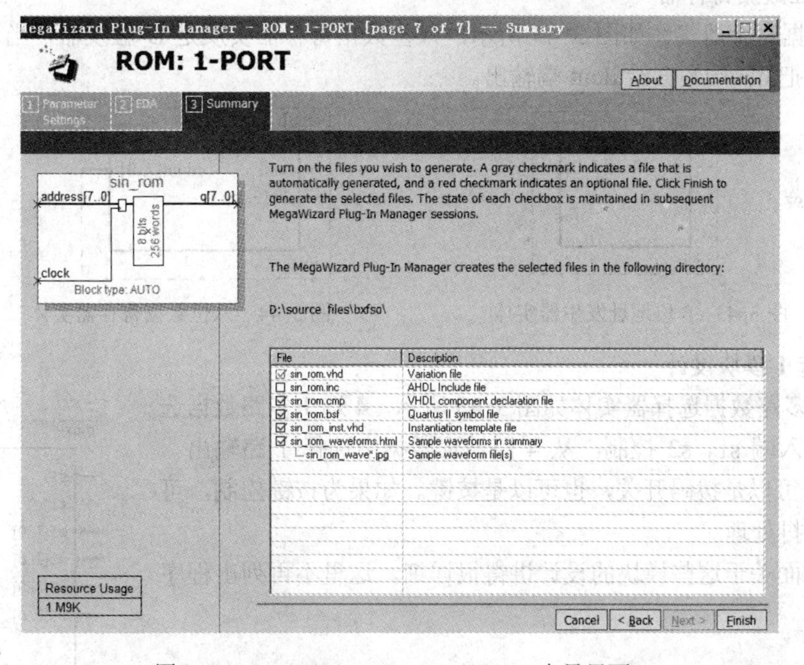

图 3-41　MegaWizard Plug-In Manager 向导界面 7

在打开的顶层原理图文件中调用该 ROM，从元件库中就可以找到，调用定制好的 ROM 元件如图 3-42 所示。其他波形文件的 ROM 也按照这种方法就可以获得。

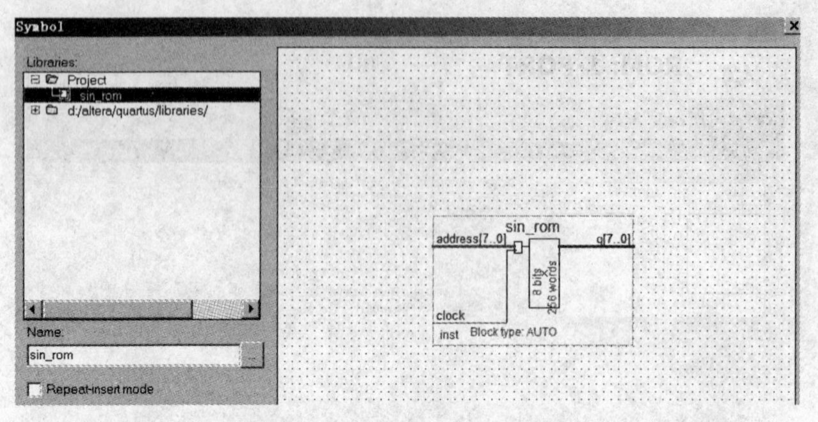

图 3-42　调用定制好的 ROM 元件

需要注意的是在使用这些 IP 核时，对于该 IP 核的性能一定要了解，在安装好的 Quartus II 文件夹 Altera 中“ip”文件夹中可以获得相关文档。也可通过网络等其他方式获得。

3.3.3　其他功能模块的设计

1．地址发生器

8 位地址发生器实体如图 3-43 所示，地址发生器的实质是一个 8 位计数器，在时钟沿到来时，从 00000000～11111111 进行计数，输出到与其相连的 ROM，从而读取 ROM 内存放的波形数据。当 dout 为“11111111”时再清零重新开始计数。

2．八位数据寄存器

8 位数据寄存器实体如图 3-44 所示，八位数据寄存器实质是 D 触发器，当 load 端上升沿到来时，把 din 端数据给 dout 端输出。

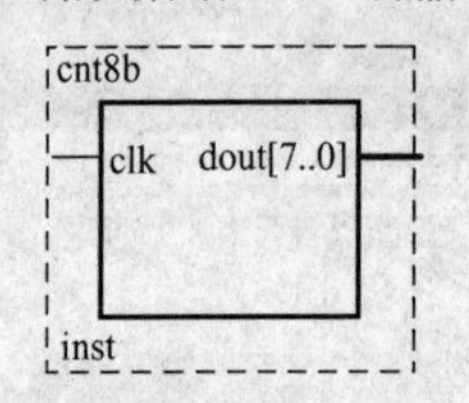

图 3-43　8 位地址发生器实体

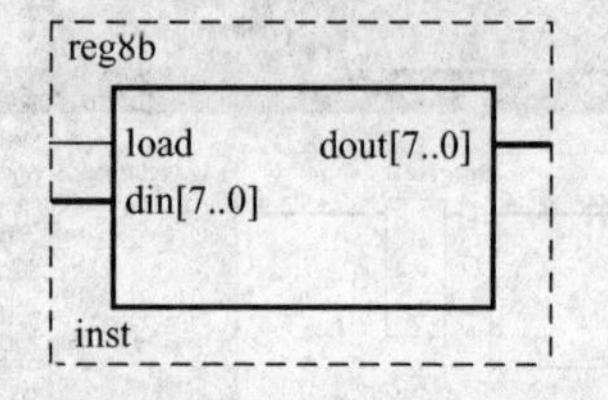

图 3-44　八位数据寄存器实体

3．4 选 1 模块设计

4 选 1 多路数据选择器实体如图 3-45 所示，4 选 1 多路数据选择器根据输入端 s1、s2 控制，从 4 路波形数据中选择 1 路输出。s1 和 s2 既可以是拨码开关，也可以是按键。如果为按键控制，可以考虑加防抖处理。

由于前面关于这些模块的设计讲得很详细，这里不再列出程序示例。

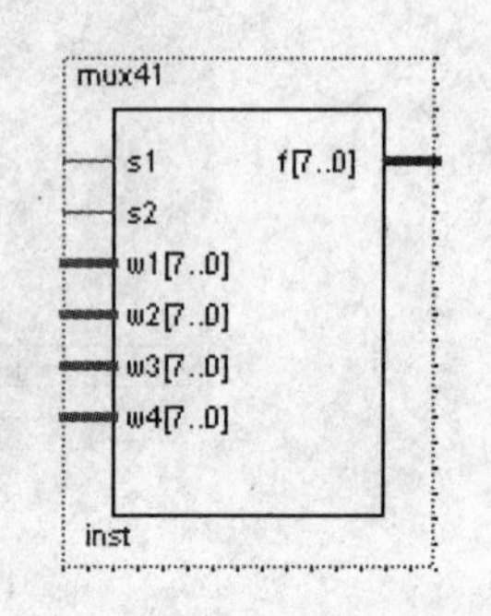

图 3-45　4 选 1 多路数据选择器实体

3.3.4　DDS 信号发生器

1．DDS 信号发生器原理

直接数字合成器（Direct Digital Synthesizer，DDS）是目前较

常用的一种频率合成技术，具有频率分辨率较高、频率切换快及切换时相位保持连续的特点。利用 DDS 技术可以设计 DDS 信号发生器，达到方便调控频率、相位及幅度的目的。

DDS 的主要思想是从相位的概念出发来合成所需波形的。以 DDS 信号发生器产生正弦波形为例，来说明 DDS 原理。正弦输出信号用式（3-1）表示，式中 S_O、f_O 分别表示正弦信号和其频率。

$$S_O = A\sin\omega t = A\sin(2\pi f_O t) \tag{3-1}$$

对式（3-1）进行离散化处理，需要将连续的时间处理成离散的相位变化量。由于该正弦信号的相位表示为：

$$\theta = 2\pi f_O t \tag{3-2}$$

用基准时间 clk 进行抽样时，经过一个周期 T_{clk}，θ 相位的变化量为：

$$\Delta\theta = 2\pi f_O \cdot T_{clk} = 2\pi f_O / f_c \quad （f_c 为基准频率） \tag{3-3}$$

设量化值 B 用 N 位二进制数表示，量化间距就为 $2^N/(2\pi)$，即把一个 2^N 分成了 2π 份。故每个时钟周期的相位增量 $\Delta\theta$ 的量化值用 $B_{\Delta\theta}$ 表示为：

$$B_{\Delta\theta} = \Delta\theta \cdot \frac{2^N}{2\pi} = 2^N f_O / f_C \tag{3-4}$$

由式（3-4）可得，相位增量的量化值 $B_{\Delta\theta}$ 与 f_O 成正比。该正弦信号的数字逻辑表达式为：

$$S_O = A\sin(\theta_{n-1} + \Delta\theta) = A\sin\left[\frac{2\pi}{2^N}(B_{n-1} + B_{\Delta\theta})\right] \tag{3-5}$$

在式（3-5）中，B_{n-1} 是前一个时钟周期的相位值。从以上的推导可以看到，DDS 原理把连续的时间离散化处理为相位的累积，把相位的量化值进行简单的累加就可得到正弦信号当前的相位。相位增量 $B_{\Delta\theta}$ 的大小决定了信号的输出频率 f_O，如果 $B_{\Delta\theta}$ 较大，则输出频率较高，反之较低。故也把相位增量 $B_{\Delta\theta}$ 称为频率控制字 K。根据上面推导可知，DDS 信号发生器的输出频率 $f_O=f_C \times K/2^N$。

图 3-46 所示为 DDS 信号发生器基本工作原理图。DDS 信号发生器的核心结构是可溢出的相位累加器。当频率控制字输入到相位累加器后随时钟脉冲累积，相位累加器每溢出一次，就代表正弦波形的一个周期。同步寄存器的作用是当频率控制字改变时不会干扰相位累加器的工作。通常 N 大于 M，所以用相位累加器的输出（一般取其高位）作为 ROM 查找表的地址信号，读出正弦波量化数据，通过 DAC 器件输出模拟波形信号。

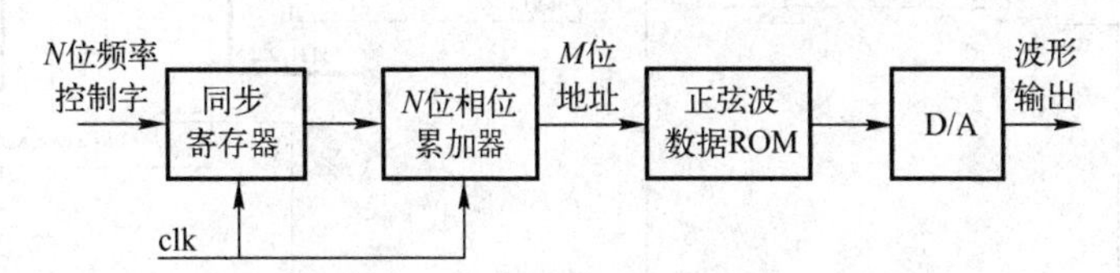

图 3-46　DDS 信号发生器基本工作原理图

可改变相位的 DDS 信号发生器工作原理图如图 3-47 所示，如果需要控制信号的相位，则还需要输入相位控制字，在地址上加一个相位偏移量。

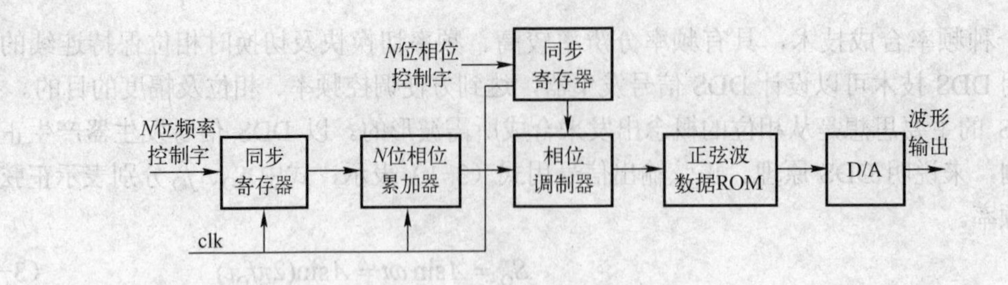

图 3-47　可改变相位的 DDS 信号发生器工作原理图

2．DDS 信号发生器结构设计

图 3-48 所示为 DDS 信号发生器的系统框架图。DDS 信号发生器可通过开关按键控制输出信号类型、输出频率等。按键输入根据实际情况可用按键步进输入所需信号的频率，也可用矩阵键盘输入。用数码管或液晶显示屏显示当前输入的频率大小。用 ROM 存储所需波形的量化数据，按照不同的频率要求以频率控制字 K 为步进对相应增量进行累加，以累加相位作为地址码读取存放在存储器内的波形数据，经过 D-A 转换和幅度调制，再经过滤波即可得到要求的波形。

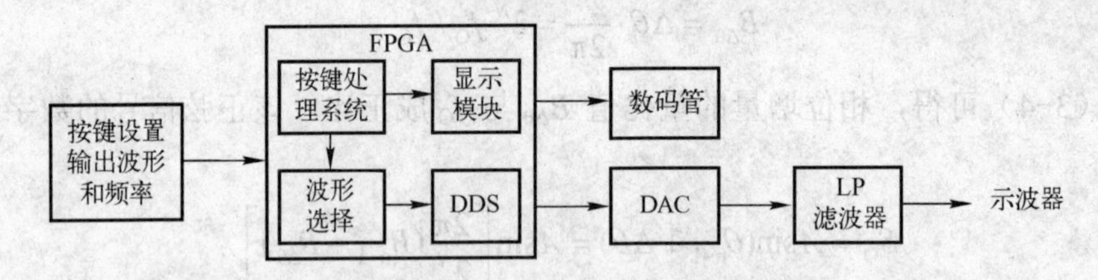

图 3-48　DDS 信号发生器的系统框架图

图 3-49 所示为 DDS 信号发生器的顶层设计图示例。功能模块“add32”为 32 位加法器，“dff_32”为 D 触发器，两者共同构成了同步相位累加器，功能模块“sin_rom”存储了 1024 个 10 位正弦波形量化数据。频率控制字信号名为“kzz”，为了方便仿真，其高 14 位 kzz[31..18]接地取值均为“0”，低 10 位 kzz[9..0]接 VCC 取值均为“1”，kzz[17..10]取值由输入决定。ROM 地址取相位累积的高 10 位 ljx[31..22]，将波形数据从输出端口 dac_bx 输出。

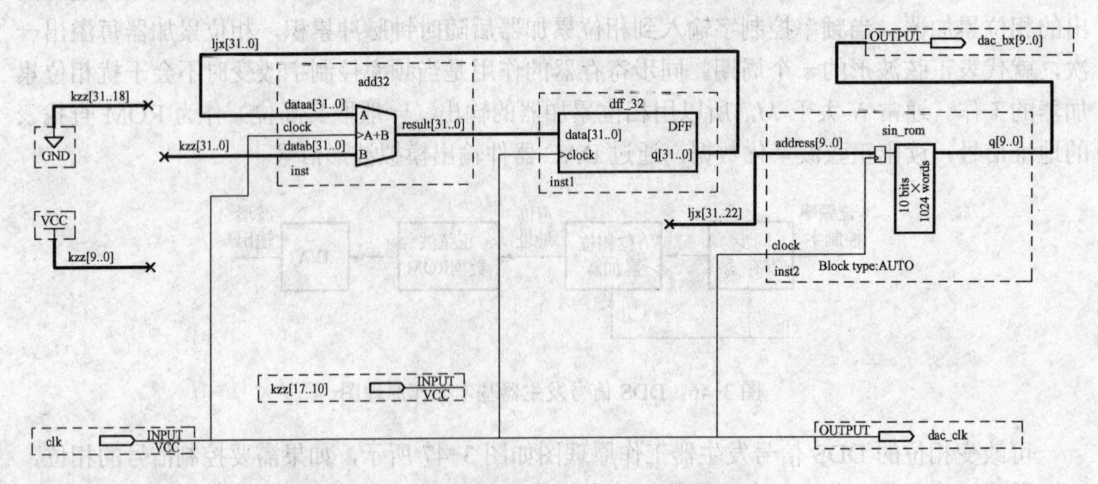

图 3-49　DDS 信号发生器的顶层设计图示例

对该文件仿真后得到图 3-50 所示为 DDS 信号发生器仿真图样。可以看到当频率控制字改变时，ROM 输出数据的速度有明显变化。

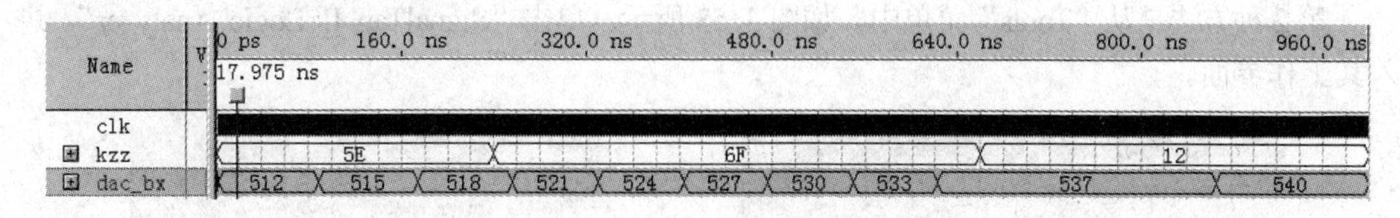

图 3-50　DDS 信号发生器仿真图样

3.3.5　嵌入式逻辑分析仪的使用

SignalTap II Logic Analyzer 是 Altera Quartus II 自带的嵌入式逻辑分析仪，是功能强大且极具实用性的在线调试工具。使用 SignalTap II 无须额外的逻辑分析设备，只需将一根 JTAG 接口的下载电缆连接到要调试的 FPGA 器件上。应用 SignalTap II 可以捕获和显示实时信号，观察在系统设计中的硬件和软件之间的互相作用，方便用户调试。SignalTap II 支持多达 1024 个通道，采样深度高达 128KB，支持的器件系列包括：APEXT II、APEX20KE、APEX20KC、APEX20K、Cyclone、Excalibur、Stratix GX、Stratix 等。

如图 3-51 所示，SignalTap II 的工作原理是在工程中引入宏功能模块——嵌入式逻辑分析模块（Embedded Logic Analyzer，ELA），即将逻辑分析模块嵌入到 FPGA 芯片中，以预先设定的时钟采样实时数据，并存储于 FPGA 片上 RAM 资源中，然后数据通过 JTAG 接口从 FPGA 传送回 Quartus II 软件显示分析。

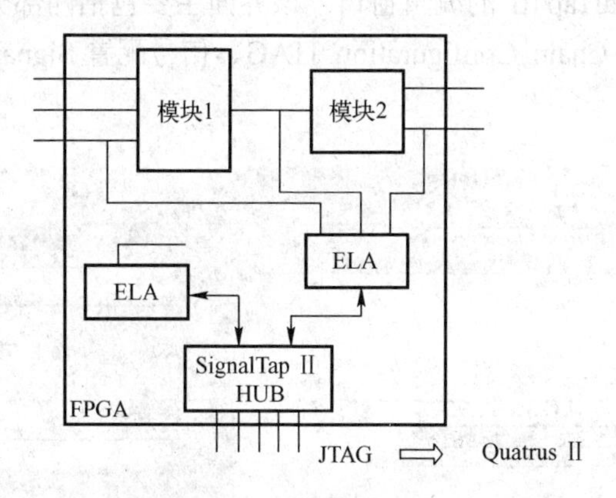

图 3-51　SignalTap II 的工作原理图

应用 SignalTap II 需要先创建.stp 文件，该文件包含所有测试设置并以波形显示捕获到的信号。下面以简易信号发生器的设计为例来说明 SignalTap II 的应用流程。

值得注意的是：应用 SignalTap II 前，该工程的设计、编译、引脚配置工作应该完成。

1．创建 SignalTap II 测试文件.stp，并将其添加至工程中

.stp 文件是 SignalTap II 需要的测试文件类型。在 Quartus II 中创建.stp 文件的方法有两种。

第 1 种是从“File”菜单中单击“New…”，进入图 3-52 所示再选择 SignalTap II 测试文件类型窗口，单击“Other Files”选项单，选择“SignalTap II Logic Analyzer File”文件类型。

第 2 种方法是从“Tools”菜单中，如图 3-53 所示，单击“SignalTap II Logic Analyzer”，进入其工作界面。

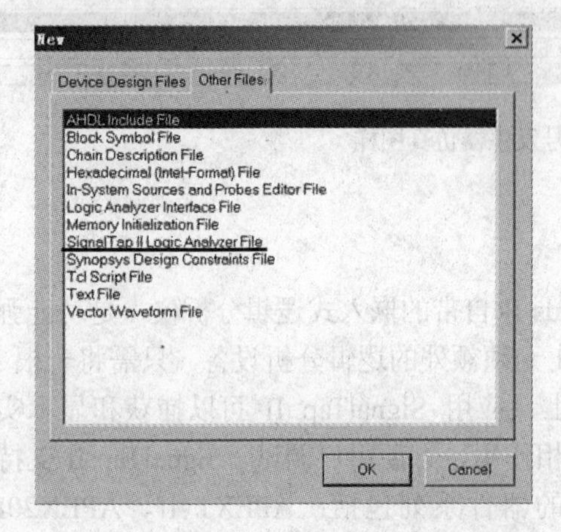

图 3-52　选择 SignalTap II 测试文件类型窗口

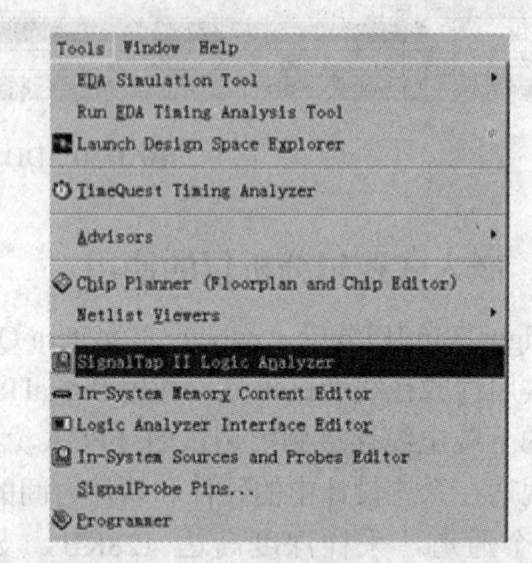

图 3-53　从 Tools 菜单进入 SignalTap II 界面

无论上面哪种方法都会进入到 SignalTap II 的编辑窗口，创建.stp 文件并完成相关配置，其默认文件名为“STP1.stp”。

2．建立.stp 文件

图 3-54 所示为 SignalTap II 的编辑窗口。该界面主要包括四部分：实例管理器 Instance Manger、连接配置 JTAG Chain Configuration JTAG、信号配置 Signal Configuration、波形观察窗口 Waveform Viewer。

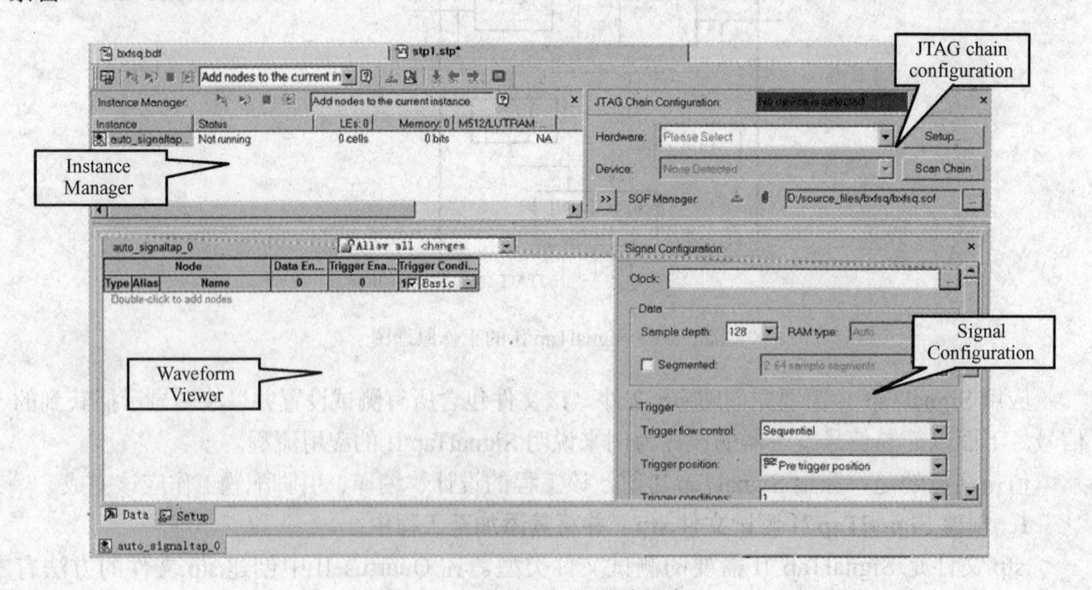

图 3-54　SignalTap II 的编辑窗口

Instance Manger 主要用于设置实例、显示当前每个实例的状态及其资源应用状况。

JTAG Chain Configuration 选择可编程的硬件和自动检测 JTAG 物理连接的设备。

Signal Configuration 用于管理捕获的数据和设置信号。具体包括采样时钟、采样深度、触发位置和触发条件等。

Waveform Viewer 可以设置待测信号及其触发条件等，还可以设置观察信号的显示方式。

SignalTap II 工作界面的左下方有两个选项卡选项 Data 和 Setup，两个选项卡对应的界面可以相互切换。在 Setup 界面可以设置相关时钟和触发信号等参数；在 Data 界面主要用来观测测试信号的情况。

（1）添加实例和观测节点

在实例管理器里可设置多个实例。在 SignalTap II 中一个实例包含一组待测的信号。新建实例并命名如图 3-55 所示，在新建的 STP 文件 Instance Manager 窗口中有一个默认的名为“auto_signaltap_0”的实例。单击该实例名称进行重命名，在本例中命名为“wave_select”。

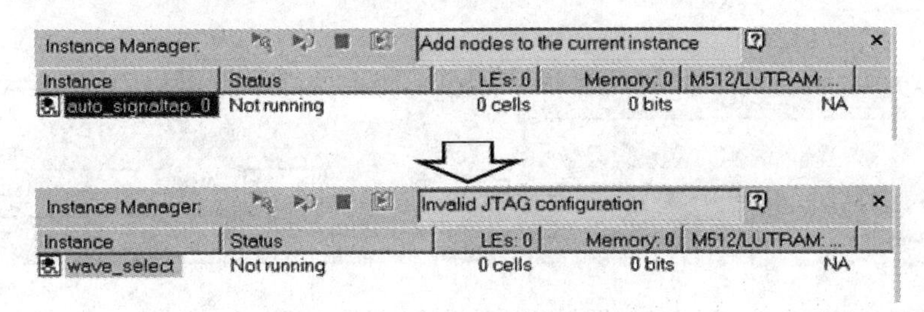

图 3-55　新建实例并命名

给新建的 Instance 实例“wave_select”添加观测节点：在“Edit”菜单中单击“Add nodes”项则会弹出“Node Finder”界面。添加观测节点如图 3-56 所示，根据调测需要选择节点过滤条件，把待测信号添加到右侧 selected Nodes 栏内。

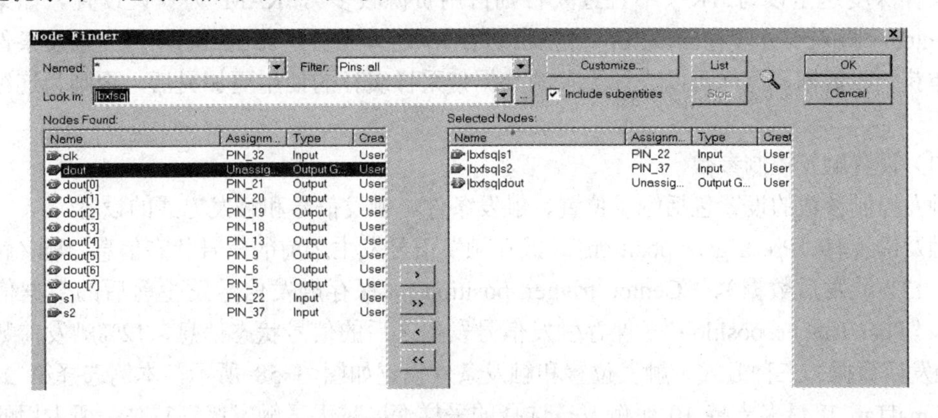

图 3-56　添加观测节点

注意：如果要观察总线信号只需调入总线信号即可。SignalTap II 不可测试的信号包括：逻辑单元的进位信号、PLL 的时钟输出、JTAG 引脚信号和 LVDA 低压差分信号。一般不添加工程的主频时钟，因为要用它来做采样时钟。

可以看到在图 3-56 中，引脚类型选择的是“all”，节点列表只包含输入、输出节点。如果需要观测内部信号则需要选择其他类型，例如：pre-synthesis、post-fitting 等。pre-synthesis 表示寄存器传输级 RTL 信号，在对设计进行 Analysis&Elaboration 操作后存在，适合在逻辑分析仪修改后快速添加新节点的情况；post-fitting 信号是在对工程设计进行物理综合优化以及布局、布线操作后才存在。

（2）设置采样时钟、采样深度及 RAM 类型

单击选项卡“Setup”进入参数设置状态。

采样时钟决定了显示信号波形的分辨率，采样时钟频率要大于被测信号的最高频率，否则无法正确反映被测信号波形的变化。SignalTap II 在时钟上升沿把被测信号存储到缓存中。如果用户没有分配采样时钟，Quartus II 会自动建立一个名为“auto_stp_external_clk”的时钟引脚，用户需要给该时钟单独分配一个引脚并有一外部时钟信号驱动该引脚。采样时钟设置如图 3-57 所示，单击 Clock 右侧按钮，进入“Node Finder”界面，把本例 clk 时钟信号选为采样时钟。

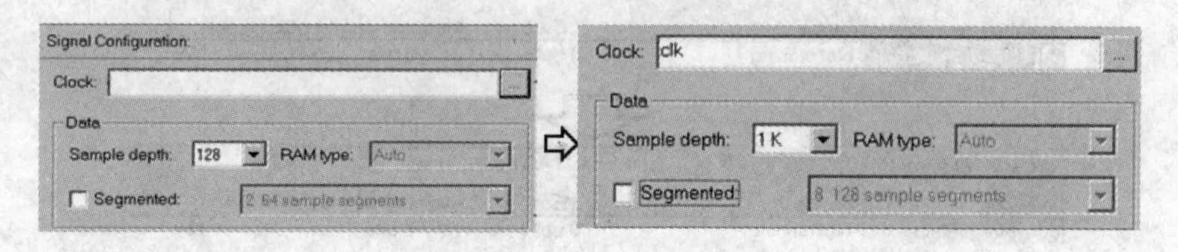

图 3-57　采样时钟设置

注意：如果读者的开发板主时钟频率过高（例如 50MHz），不适合做采样时钟，建议用分频后的时钟做采样时钟。

采样深度这里设为 1K（不宜过大否则占用资源较多），RAM 为默认设置。如果选择 Segmented，将采用分段存储模式，将整个缓存分成多个片段 segments，每当触发条件满足时就捕获一段数据，这样可以去掉无关的数据使采样缓存的使用更加灵活，否则为连续存储模式。

（3）设置触发控制参数

触发控制参数的设置包括触发位置、触发条件、触发信号和触发方式的设置。

触发位置有“Pre trigger position”（保存触发信号发生之前的信号状态信息，88%触发前数据，12%触发后数据）、“Center trigger position”（保存触发信号发生前后的数据信息各 50%）、“Post trigger position”（保存触发信号发生之后的信号状态信息，12%触发前数据，88%触发后数据）三种方式。触发位置和触发条件设置如图 3-58 所示，本例选择第 2 种方式。SignalTap II 最多支持 10 级触发，选择的采样深度越大、触发级别越高，所占用的资源就越多，本例选择“1”。

可以设定合适的触发条件来捕获相应的数据以协助调试设计，触发类型设置如图 3-59 所示，本例触发信号为波形选择按键信号 s2，触发方式为“low”低电平触发，触发类型为“Basic”基本触发。如果需要较复杂的触发条件就需要选择“Advanced”高级触发类型，在弹出的高级触发设置页面上进行有运算符参与的触发条件编辑，这里不再赘述。

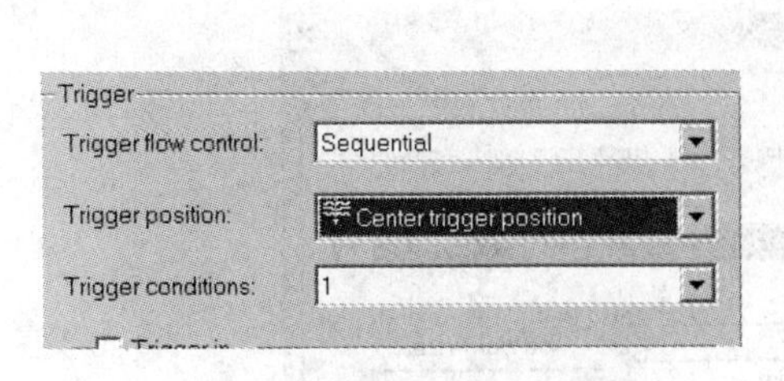

图 3-58　触发位置和触发条件设置

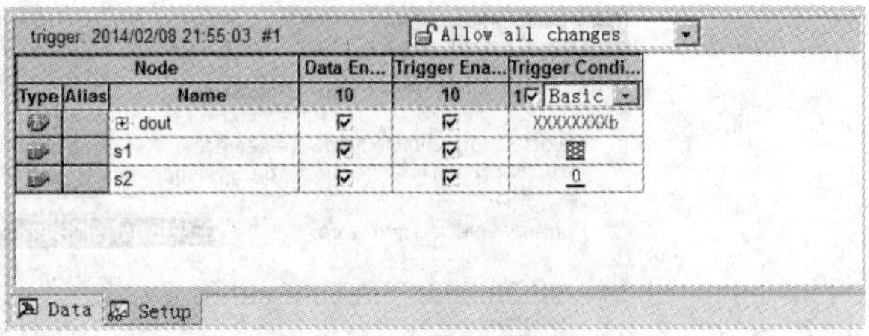

图 3-59　触发类型设置

信号的触发模式如图 3-60 所示，对于已经选择的待测信号 SignalTap II 要求对每个信号设置触发模式，信号触发模式包括：Don’t Care 无关项触发、Low 低电平触发、Falling Edge 下降沿触发、Rising Edge 上升沿触发、High 高电平触发以及 Either Edge 双沿触发六种类型。本例将选择按键〈s1〉设置为无关项触发，把 s2 设置为低电平触发。

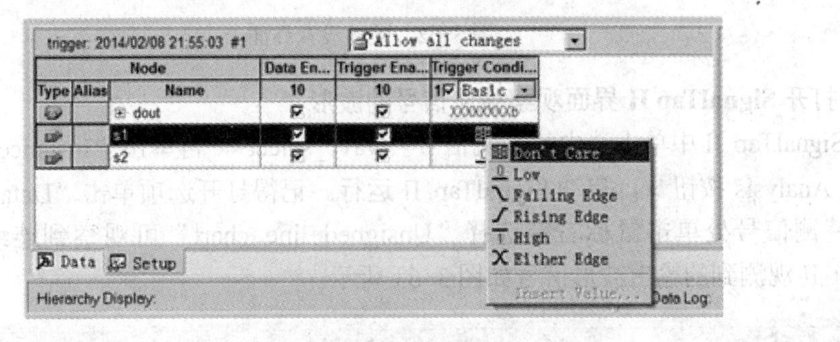

图 3-60　信号的触发模式

（4）JTAG 连接配置

图 3-61 所示为 JTAG 连接配置界面。图中左侧为未配置连接时，显示红色字体“No device is selected”，Hardware 和 Device 项均为空。单击“Setup”按钮，进入到硬件设置界面，如图 3-62 所示，选择实际的 FPGA 编程器即可。.sof 的文件设置需要单击 SOF Manager 右侧按钮，选择添加工程引脚配置完成后编译的.sof 文件。

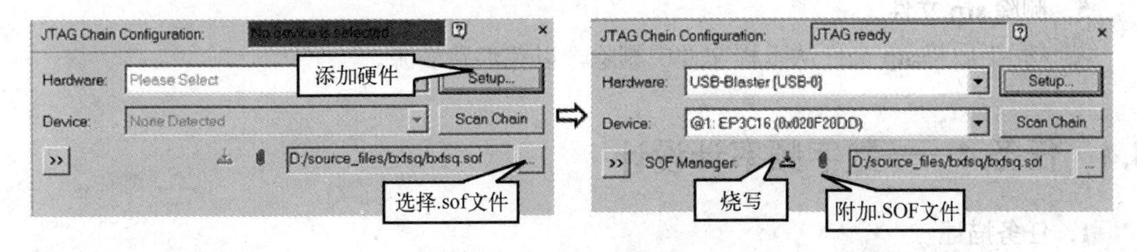

图 3-61　JTAG 连接配置界面

3. 编程并下载到 FPGA 中

设置完毕后保存.stp 文件，可以给文件重新命名，例如“xinhao.stp”。再次编译工程，将此文件与工程捆绑在一起综合、适配、下载到目标 FPGA 器件中完成实时测试任务。第一次保存.stp 文件，会有对话框弹出询问是否使能 SignalTap II 逻辑分析仪，单击“确定”按钮即可。

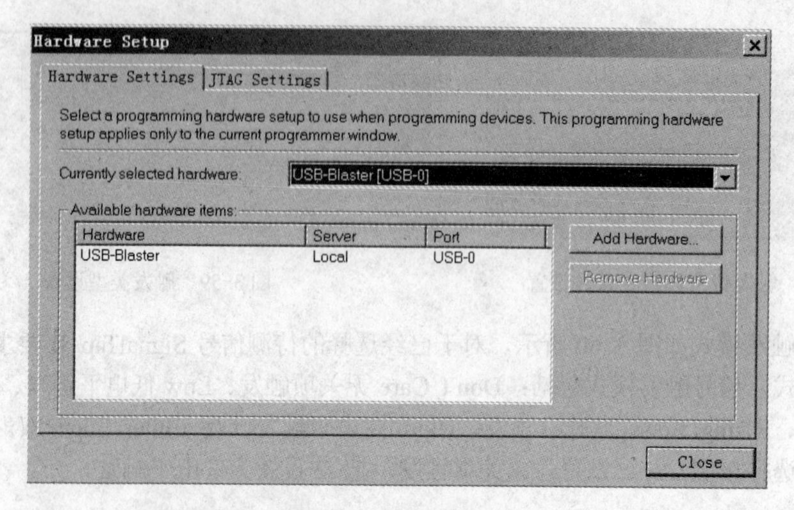

图 3-62　硬件设置界面

4．打开 SignalTap II 界面观察被测信号的波形

在 SignalTap II 中单击选中待观测信号“wave_select”，再单击“Instance Manager”上的 Autorun Analysis 按钮，启动 SignalTap II 运行。记得打开选项单击“Data”观察信号的情况。在待测信号处单击鼠标右键选择“Unsigned line chart”可观察到连续的波形，利用 SignalTap II 观测到的输出波形信号如图 3-63 所示。

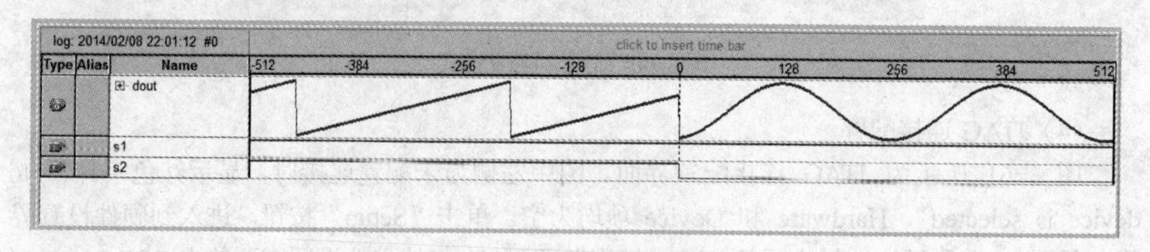

图 3-63　利用 SignalTap II 观测到的输出波形信号

5．删除.stp 文件

测试完毕后将.stp 文件从工程文件中删除，以免浪费资源。

3.4　任务 4——数字频率计设计

1．任务描述

数字频率计是数字电路的典型应用电路，在生产、科研方面有着较为广泛的应用。可以用来测量正弦波、方波、尖脉冲以及其他具有周期性变化的信号频率并直接用十进制数字来显示测量结果。在电路中添加传感器，还可以做成数字脉搏仪、调音器及计价器等。

测量频率的常用方法有周期测量法、频率测量法和等精度测量法等。

数字频率计基本结构如图 3-64 所示，基于 FPGA 的数字频率计的功能模块主要包括信号调理/整形模块、时间闸门、频率测量模块、控制/数据处理模块、按键控制模块及译码显示模块等。

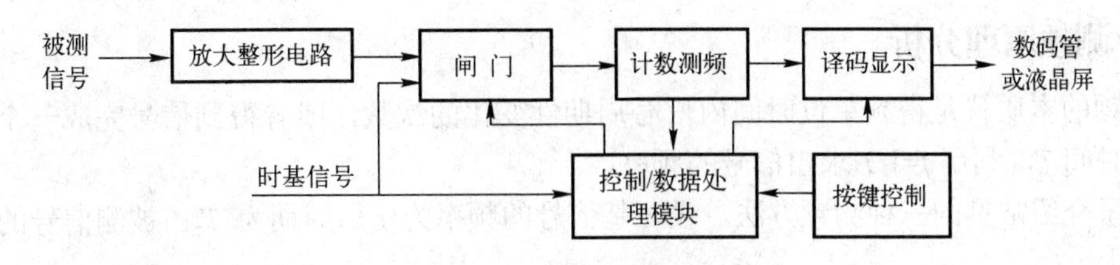

图 3-64　数字频率计基本结构

其中，信号调理/整形模块需要对待测非矩形波的电信号（正弦波、三角波、锯齿波等信号）进行滤波、放大、整形后使信号变成计数器所要求的脉冲信号。硬件电路可采用施密特电路，将其变成规则的脉冲信号，便于计数器计数。

时间闸门和计数测频完成频率计最主要的功能——测频功能。

晶振产生的一定频率的正弦信号经过整形成为标准时钟信号，再经过分频形成不同频率的脉冲信号。由于这些信号频率相对精准且稳定度好，在数字频率计中通常作为标准时基信号使用。

闸门根据输入的时基信号和待测脉冲信号构成具有一定宽度的脉冲信号，用它去控制主控门的开门时间（也称为取样时间）。时间闸门的开门时间一般设定为单位时间，当时基信号和待测脉冲信号通过这个闸门时，对被测信号/时基信号进行计数直到闸门关闭，封锁主控门和时基信号的输入，使显示数字停留以便观测和读取数据。计数的结果通过处理即为要测的频率或周期。

按键控制模块主要是处理来自外部的按键控制信号，例如：测频开始信号、复位信号等。

译码显示模块是为了驱动数码管或液晶显示屏显示测量的结果。

这些模块协调工作的控制核心就是控制模块。

本次任务要求完成 3 位十进制数字频率计的设计。测量范围为 1～999Hz，用 3 个数码管显示测量结果。

2．任务目标

1）能根据数字频率计功能设计要求设计顶层结构，合理安排工作进度。

2）能根据设计需求完成各功能模块的程序编写、仿真和调试。

3）能根据设计需要合理分配、利用实验箱/实验板等硬件资源，配置引脚，完成下载验证。

3．学习重点

1）自顶向下的层次设计方法。

2）数字频率计的一般设计原理及思路。

3）硬件资源的合理应用。

4）分析、判断、解决问题的方法。

4．学习难点

1）等精度频率计设计原理。

2）数据处理方法。

3）对设计过程中出现问题的分析、判断和解决。

3.4.1 测频原理分析

测频的本质就是得到单位时间内信号周期性变化的次数，或者得到信号完成一个周期性变化的时间 T，利用 $f=1/T$ 求出信号的频率。

这里介绍常见的三种测频方法。设时基信号的频率为 f_c，周期为 T_c；被测信号的频率为 f_x，周期为 T_x。

1．测周期法

测周期法原理图如图 3-65 所示，把被测信号的一个周期 T_x 作为时间闸门打开的时间，对时基信号（频率 f_c 已知，且信号稳定）的周期进行计数，求出单位时间的脉冲数 $\dfrac{f_c}{N}$，即为被测信号的频率 f_x。

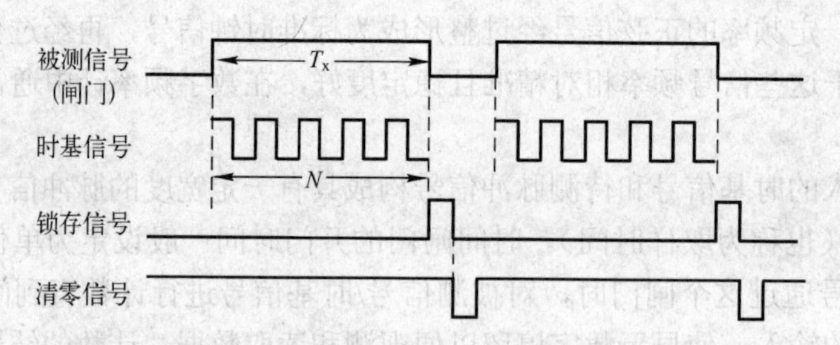

图 3-65 测周期法原理图

这种方法得到的计数值会产生±1 个脉冲误差，测量精度随被测信号频率的增加而减小，适合于低频信号的测量。

2．测频率法

测频率法原理图如图 3-66 所示，以时基信号作为闸门信号，在确定的时间 T（通常取 1s）内对被测信号的脉冲数进行计数，从而得到被测信号的频率为 $\dfrac{N_x}{T}$。如果 T=1s，则 $f_x=N_x$。这种方法也会产生±1 个脉冲误差，测量精度随被测信号频率的降低而减小，与测周期法相比，较适合于高频信号的测量。

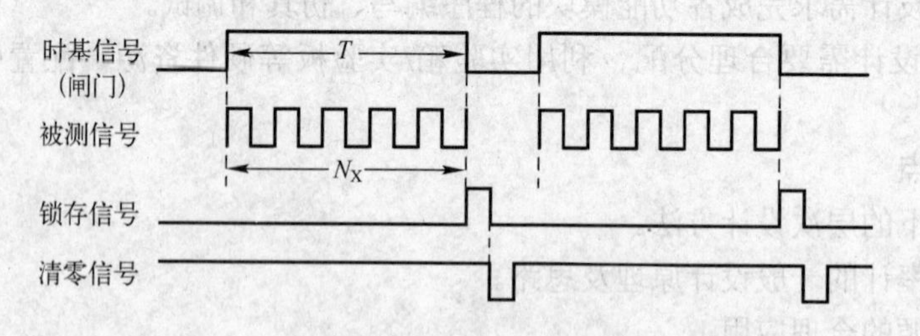

图 3-66 测频率法原理图

以八位十六进制频率计的设计为例，采用测频率法需要脉宽为 1s 的闸门脉冲信号作为计数允许的信号，当 1s 结束后计数值被锁存，计数器清零，为下一次测频做准备。其测频控制时序图如图 3-67 所示，信号 clk 为 1Hz 的时基信号；信号 en 是把 clk 二分频处理后得到的高电平为 1s 的时间闸门；信号 load 为计数值锁存信号，即将 en 取反获得的信号；信号

rst 为计数清零信号，当 rst 为高电平时计数值归零。

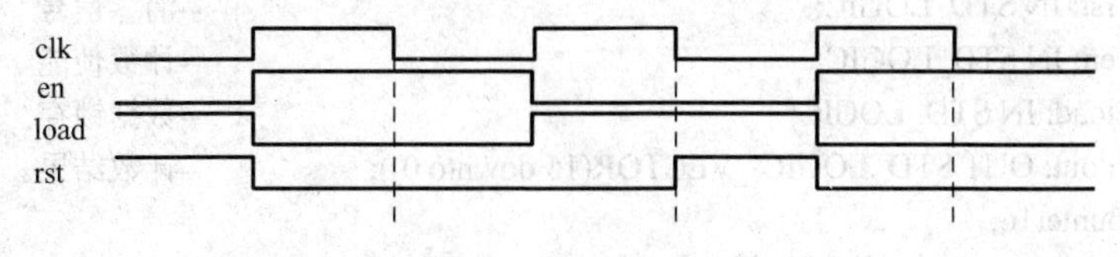

图 3-67　测频控制时序图

该频率计由测频控制模块、计数模块及译码显示模块组成。测频控制模块程序示例如下：

```
LIBRARY IEEE;
USE IEEE.STD_LOGIC_1164.ALL;
USE IEEE.STD_LOGIC_UNSIGNED.ALL;

ENTITY plkz IS
PORT( clk:IN STD_LOGIC;                          --1Hz 脉冲信号
      en:OUT STD_LOGIC;                          --计数使能信号
      rst:OUT STD_LOGIC;                         --计数器复位信号
      load:OUT STD_LOGIC);                       --锁存数据信号
END plkz;

ARCHITECTURE   behav OF plkz IS
SIGNAL clk2:STD_LOGIC;
BEGIN
 p1: PROCESS(clk)                                --将 1Hz 脉冲二分频
     BEGIN
     IF clk'EVENT AND clk='1' THEN
       clk2<=NOT clk2;
     END IF;
     END PROCESS;
 p2:PROCESS(clk,clk2)                            --生成复位信号
    BEGIN
    IF clk='0' AND clk2='0' THEN rst<='1';
    ELSE rst<='0';
    END IF;
    END PROCESS;
load<=NOT clk2; en<=clk2;                        --生成锁存信号，将使能信号赋值给 en
END   behav;
```

计数模块程序示例：

```
LIBRARY IEEE;
USE IEEE.STD_LOGIC_1164.ALL;
USE IEEE.STD_LOGIC_UNSIGNED.ALL;

ENTITY counter16   IS
```

```
PORT( test:IN STD_LOGIC;                                    --被测信号
        rst: IN STD_LOGIC;                                  --清零信号
        en: IN STD_LOGIC;                                   --计数使能
        load: IN STD_LOGIC;                                 --数据锁存
        dout: OUT STD_LOGIC _VECTOR(15 downto 0));          --计数结果
END counter16;

ARCHITECTURE behav OF counter16   IS
SIGNAL cnt: STD_LOGIC _VECTOR(15 downto 0);
BEGIN
p1:   PROCESS(test,rst,en)                                  --计数进程
  BEGIN
        IF rst='1' THEN cnt<=(others=>'0');
         ELSIF test'EVENT AND test='1' THEN
           IF en='1' THEN cnt<=cnt+1; END IF;
        END IF;
 END PROCESS;
p2: PROCESS(load)                                           --锁存进程
   BEGIN
   IF RISING_EDGE(load) THEN    dout<=cnt;
   END IF;
   END PROCESS;
END behav;
```

译码显示模块示例程序此处省略。由于上面程序中得到的计数值直接送给译码显示模块得到的十六进制数字显示，需要将十六进制转换为十进制，转换的方式多样，这里只列举一种：

```
IF cnt(11 DOWNTO 0)="100110011001" THEN cnt <= cnt +"011001100111";
  ELSIF cnt (7 DOWNTO 0)="10011001" THEN cnt <= cnt +"01100111";
  ELSIF cnt (3 DOWNTO 0)="1001" THEN cnt <= cnt +"0111";
  ELSE cnt <= cnt +1;
END IF;
```

注意：这些模块也可以用进程的方式写到一个程序中，此处分开写只是为了展示模块间的联系。

3．等精度测频法

上述两种方法在实际应用中都有一定的局限性，为了保证整个测量频段内的测量精度保持不变，可以采用等精度测频法。等精度测频法的基本结构图如图 3-68 所示，在等精度测频法中使用了门控电路和两个计数器，门控信号由控制模块产生并作为门控电路的输入信号，两个计数器在相同的时间闸门内分别对时基信号和被测信号的周期进行计数。

门控电路的实质是 D 触发器，其输出信号 Q 是两个计数器的使能信号，但这个使能信号由门控信号和被测信号共同控制。等精度测频法原理图如图 3-69 所示，当门控信号的高电平到来时并不能直接使能计数器计数，只有当被测信号的上升沿到来时，才能开启闸门计数使能。同理，当门控信号要关闭时也需要等待被测信号的上升沿到来，才能关闭闸门停止

计数。这样就保证了在实际闸门的作用时间内被测信号的整数个周期。

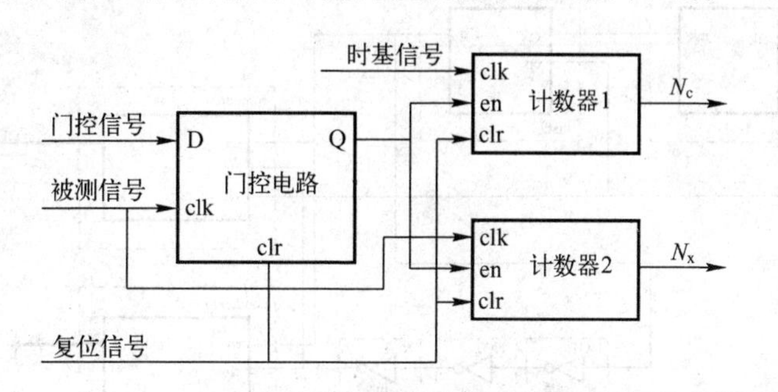

图 3-68　等精度测频法的基本结构图

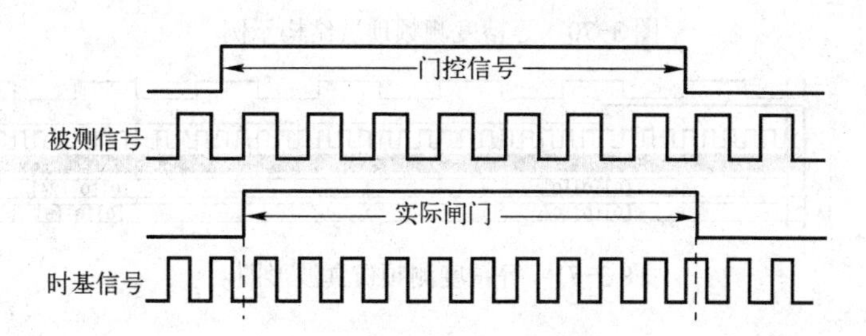

图 3-69　等精度测频法原理图

在计数允许的时间内，对时基信号和被测信号同时进行计数，计数结果分别为 N_c、N_x。根据两个计数器计数时间相同，可以得到式（3-6）：

$$N_c/f_c = N_x/f_x \tag{3-6}$$

将式（3-6）整理变形得到计算被测信号频率的式（3-7）：

$$f_x = N_x \cdot f_c / N_c \tag{3-7}$$

由于门控信号是被测信号的整数倍，消除了对被测信号产生的±1 个周期误差，但会产生对时基信号 1 个周期的误差。然而由于时基信号的频率远高于被测信号，测量的相对误差很小，提高了测量精度。如果选 50MHz 作为时基信号，测量精度为 1/50MHz。且测量精度与被测信号的频率无关，仅与基准信号的频率、稳压度有关，可以保证在整个测量频段内测量精度不变。

等精度测频顶层结构示例如图 3-70 所示，1Hz 信号经过分频模块 fenpin 得到脉宽为 1s 的门控信号（秒脉冲可由主频分频得到）。对时基信号和被测信号计数的计数器计数的位数根据实际情况而定。例如：时基信号为 10kHz，则二进制计数位需要 14 位，被测信号最大为 1MHz，则其二进制计数位需要 20 位，本例采用了 20 位二进制进行计数。另外，需要对计数结果进行锁存和对计数器进行清零防止累加。在计数模块 counter0/1 中有两个进程：一个进程用于计数，另一个用于锁存计数结果，由计数使能信号 en 的下降沿触发，保证了数据输出的稳定性。计数模块的清零信号由使能信号经过 3 个非门时延后得到，防止了计数值累加。等精度测频仿真波形图如图 3-71 所示为应用 Timing 时序仿真方式得到的仿真图样。

对得到的两个计数值进行数据处理时，要应用到乘法器和除法器，读者可参考相关资料自行完成。由于乘法器、除法器利用软件实现占用资源较多，也可以利用硬件实现相关计算。

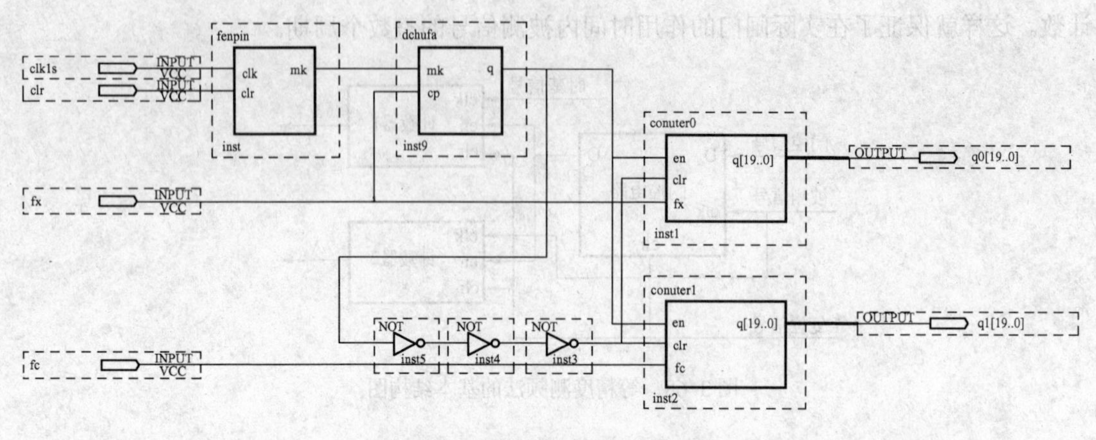

图 3-70　等精度测频顶层结构示例

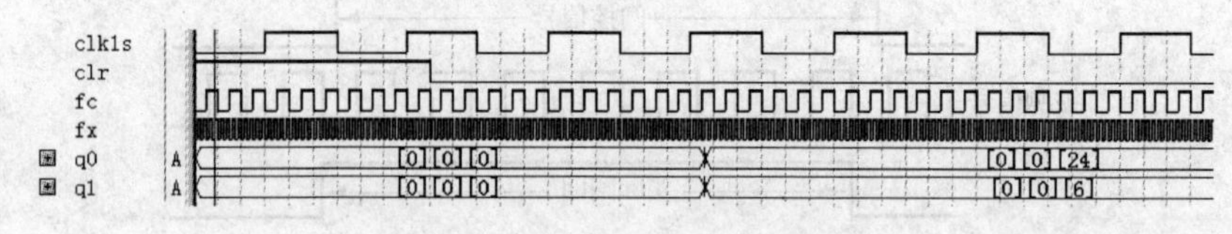

图 3-71　等精度测频仿真波形图

3.4.2　频率计顶层设计

本次项目任务是对低频信号（0～999Hz）进行测频，故采用周期法测量信号的频率。图 3-72 所示为顶层设计结构图。按键检测模块对测频启动键进行防抖处理和按键检测后，将启动测频信号送往测频/数据处理模块；周期法测频闸门由被测信号产生（可以把被测信号进行分频处理增大闸门时间），也送往测频/数据处理模块；测频/数据处理模块在闸门有效打开时间内，对时基信号（将系统时钟分频后得到）进行计数，并做数据处理得到被测信号的频率数值（BCD 码）；译码显示模块需要对数码管动态扫描并译码显示测频结果。

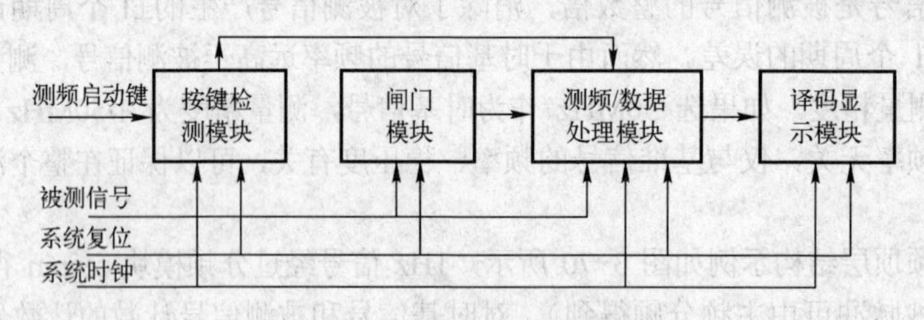

图 3-72　顶层设计结构图

在进行顶层设计时需要确定各功能模块的工作频率。例如主板时钟为 50MHz，需要进行分频处理才能满足各功能模块的需要。时序设计的合理与否关系到数字系统能否正常工作，用户是否得到所需功能。因此，合理设计系统时序也是保证设计质量的关键。

3.4.3　功能模块设计

1．按键检测模块

机械按键按下和释放时会出现抖动情况，需要进行防抖处理。当按键按下时，会检测到低电平，要求再次检测为低电平才能作为一次有效按键，释放也要进行防抖处理，才能确认按键释放，这样以确保按下一次并释放只出现一个上升沿与下降沿输出。

本例中在按键按下期间给其他功能模块的按键输出指示为高电平。

按键检测模块程序示例：

```
LIBRARY IEEE;
USE IEEE.STD_LOGIC_1164.ALL;
USE IEEE.STD_LOGIC_UNSIGNED.ALL;
USE IEEE.STD_LOGIC_ARITH.ALL;

ENTITY check_key IS
PORT(clk50M:IN STD_LOGIC;                          --50MHz
     reset:IN STD_LOGIC;                           --复位信号
     key:IN STD_LOGIC;                             --按键信号
     kout:OUT STD_LOGIC);                          --按键输出指示信号
END check_key;

ARCHITECTURE behav OF check_key IS
SIGNAL clk100:STD_LOGIC;
TYPE   state IS (s0,s1,s2,s3,s4,s5);
SIGNAL current_state : state;
BEGIN
p1:PROCESS(clk50M,reset)                     --产生 100Hz 脉冲信号，用于检测按键
VARIABLE   cnt:INTEGER RANGE 0 TO 249999;
BEGIN
     IF reset='0' THEN cnt:=0;clk100<='0';
     ELSIF RISING_EDGE(clk50M) then
          IF cnt=249999 THEN cnt:=0;clk100<=not clk100;
          ELSE cnt:=cnt+1;
          END IF;
      END IF;
END PROCESS p1;

p2:PROCESS(clk100,reset)                     --按键消抖程序
BEGIN
   IF reset='0' THEN kout<='0';current_state<=s0;
   ELSIF RISING_EDGE(clk100) THEN
         CASE current_state IS
          WHEN s0 => kout<='0';
                IF key='1' THEN current_state<=s0;
                else current_state<=s1; end if;
          WHEN s1 => kout<='0';--延时 10ms
               IF key='1' THEN current_state<=s0;
               ELSE current_state<=s2; end if;
          WHEN s2 =>
               IF key='1'THEN kout<='0';current_state<=s0;
```

```
                ELSE kout<='1';current_state<=s3;           --按下输出指示有效，kout='1'
                END IF;
            WHEN s3 =>
                IF key='0' THEN current_state<=s3;          --等待按键释放
                ELSE    current_state<=s4;END IF;           --检测到按键释放
            WHEN s4 => current_state<=s5;                   --延时 1 个时钟周期消除上升沿抖动
          WHEN s5 => kout<='0';current_state<=s0;           --按键释放确认
          WHEN OTHERS => current_state<=s0;
          END CASE;
      END IF;
  END PROCESS p2;
  END behav;
```

2．闸门/测频/数据处理模块

这个模块用多个进程描述，完成时间闸门、被测信号使能的测频模块、测频数据处理功能。

```
LIBRARY IEEE;
USE IEEE.STD_LOGIC_1164.ALL;
USE IEEE.STD_LOGIC_UNSIGNED.ALL;
USE IEEE.STD_LOGIC_ARITH.ALL;

ENTITY plj IS                                               --顶层实体端口定义
PORT(clk50M:IN STD_LOGIC;                                   --开发板主频 50MHz
     reset:IN STD_LOGIC;                                    --系统复位信号
     test:IN STD_LOGIC;                                     --被测信号输入端口
     key_in:IN STD_LOGIC;                                   --测频开始按键
     dout:OUT STD_LOGIC_VECTOR(11 DOWNTO 0));               --测频结果 BCD 码输出
END plj;

ARCHITECTURE behav OF plj IS
SIGNAL clk1K:STD_LOGIC;
SIGNAL temp_test:STD_LOGIC;
SIGNAL fre:INTEGER RANGE 0 TO 1000;
SIGNAL temp_fre:STD_LOGIC_VECTOR(11 DOWNTO 0);
TYPE state IS (st0,st1,st2);
SIGNAL current_state : state;
SIGNAL start:STD_LOGIC;
BEGIN
p1:PROCESS(reset,clk50M)                                    --分频得到 1kHz 脉冲信号
VARIABLE cnt0:INTEGER RANGE 0 TO 24999;
BEGIN
 IF reset='0' THEN cnt0:=0;clk1K<='0';
 ELSIF RISING_EDGE(clk50M) THEN cnt0:=cnt0+1;
    IF cnt0=24999 THEN cnt0:=0;clk1K<=NOT clk1K;
    END IF;
 END IF;
```

```
END PROCESS p1;

p2:PROCESS(reset,test)                          --将被测信号二分频，得到脉宽较大的闸门信号
VARIABLE cnt1:INTEGER RANGE 0 TO 1;
BEGIN
 IF reset='0' THEN cnt1:=0;temp_test<='0';
 ELSIF RISING_EDGE(test) THEN
    IF cnt1=1 THEN cnt1:=0;temp_test<=NOT temp_test;
    ELSE cnt1:=cnt1+1;
    END IF;
 END IF;
END PROCESS p2;

p3:PROCESS(reset,clk1K,temp_test,key_in)                 --测频、数据处理进程
VARIABLE counter0:INTEGER RANGE 0 TO 10000;              --存放闸门内时基信号的周期数
VARIABLE counter1:INTEGER RANGE 0 TO 1000;               --存放数据处理得到的十进制频率值
VARIABLE a:INTEGER RANGE 0 TO 2000:=2000;                --被测信号周期T=1×10^-3×counter0/2;
                                  --则被测信号频率f=1/T=2000/counter0 信号a用于数据处理
VARIABLE cnt:INTEGER RANGE 0 TO 3;                       --定义了进程的4个状态
BEGIN
IF reset='0' THEN counter0:=0;counter1:=0;a:=2000;fre<=0;cnt:=0;start<='0';
ELSIF key_in='1' THEN counter0:=0;counter1:=0;a:=2000;fre<=0;cnt:=0;start<='1';
                                              --测频开始键按下，进入测频状态start=1
ELSIF start='1' THEN
         IF RISING_EDGE(clk1K) THEN
        CASE cnt IS
        WHEN 0=>IF temp_test='1' THEN cnt:=1;counter0:=1;          --时基信号开始通过闸门
                ELSE cnt:=0;counter0:=0;
                END IF;
        WHEN 1=>IF temp_test='1' THEN counter0:=counter0+1;        --对时基信号周期计数
                ELSE cnt:=2;
                END IF;
        WHEN 2=>IF a>=counter0 THEN a:=a-counter0 ;counter1:=counter1+1;   --处理计数结果
                  ELSE cnt:=3;
                  END IF;
         WHEN 3=>IF (counter1>999 OR counter1<1)THEN counter0:=0; start<='0';
                   ELSE   fre<=counter1;cnt:=0;counter0:=0; start<='0';      --将频率值赋值给fre
                   END IF;
         WHEN OTHERS=>counter0:=0; start<='0';
         END CASE;
        END IF;
END IF;
END PROCESS p3;

p4:PROCESS(clk50M,reset,fre)                             --将十进制频率值转换为BCD码
     variable d0 : std_logic_vector(3 downto 0);
```

```
        variable d1 : std_logic_vector(3 downto 0);
        variable d2 : std_logic_vector(3 downto 0);
        variable data:integer range 0 to 10000;
    BEGIN

    IF reset='0' THEN d0:="0000";d1:="0000";d2:="0000";data:=0;
    temp_fre<="000000000000";current_state<=st0;
    ELSIF RISING_EDGE(clk50M) THEN
            CASE current_state   IS
            WHEN st0 => data:=fre;
                            d0:="0000";
                            d1:="0000";
                            d2:="0000";
                          current_state<=st1;
            WHEN   st1 =>IF data >99 THEN data:= data-100;
                                      d2:=d2+1;
                     ELSIF data > 9 THEN data:= data-10;
                                      d1:=d1+1;
                     ELSE   d0:= CONV_STD_LOGIC_VECTOR(data,4);
                                current_state<=st2;
                     END IF;
            WHEN   st2 => temp_fre<=d2&d1&d0; current_state<=st0;
            WHEN OTHERS => current_state<=st0;
            END CASE;
        END IF;
        dout<=temp_fre;
    END PROCESS p4;
    END behav;
```

3．译码显示模块

该模块包含两部分：动态扫描数码管和七段译码。

```
    LIBRARY IEEE;
    USE IEEE.STD_LOGIC_1164.ALL;
    USE IEEE.STD_LOGIC_UNSIGNED.ALL;
    USE IEEE.STD_LOGIC_ARITH.ALL;

    ENTITY seg7 IS
    PORT(clk:IN STD_LOGIC;                                              --50MHz
         reset:IN STD_LOGIC;
         ge,shi,bai: in   STD_LOGIC_VECTOR (3 downto 0);
                seg : out   STD_LOGIC_VECTOR (7 downto 0);
                com : out   STD_LOGIC_VECTOR (2 downto 0));
    END seg7;

    ARCHITECTURE behav OF seg7 IS
    SIGNAL cnt:STD_LOGIC_VECTOR(2 DOWNTO 0);
```

```
SIGNAL bcd:STD_LOGIC_VECTOR(3 DOWNTO 0);
SIGNAL clk_2KHZ:STD_LOGIC;
BEGIN
p1:PROCESS(clk,reset)                                --生成 2kHz 数码管扫描时钟
VARIABLE count:INTEGER RANGE 0 TO 12500:=0;
BEGIN
    IF(reset='0') THEN count:=0;
    ELSIF RISING_EDGE(clk) THEN
        IF count>=12500-1 THEN    count:=0; clk_2KHZ<=NOT clk_2KHZ;
        ELSE count:=count+1;
        END IF;
    END IF;
END PROCESS p1;

p2:PROCESS(clk_2KHZ,reset)                  --开发板是 8 个数码管，扫描地址从 000～111
BEGIN
IF reset='0' THEN cnt<="000";
ELSE
    IF RISING_EDGE(clk_2KHZ) THEN
        IF cnt="111" THEN cnt<="000";
        ELSE cnt<=cnt+1;
        END IF;
    END IF;
END IF;
END PROCESS p2;

p3:PROCESS(cnt,bcd,ge,shi,bai)              --动态扫描赋值、七段译码
BEGIN
  CASE cnt IS
  WHEN "000"=>     bcd<=ge;   com<="011";
  WHEN "001"=>     bcd<=shi;  com<="010";
  WHEN "010"=>     bcd<=bai;  com<="001";
  WHEN "011"=>     bcd<="1111"; com<="000";
  WHEN  OTHERS=>bcd<="0000";
  END CASE;

  CASE bcd IS--0 dispaly
  WHEN "0000" => seg<="11111100";--a,b,c,d,e,f,g,dp
  WHEN "0001" => seg<="01100000";
  WHEN "0010" => seg<="11011010";
  WHEN "0011" => seg<="11110010";
  WHEN "0100" => seg<="01100110";
  WHEN "0101" => seg<="10110110";
  WHEN "0110" => seg<="10111110";
  WHEN "0111" => seg<="11100000";
  WHEN "1000" => seg<="11111110";
```

```
    WHEN "1001" => seg<="11110110";
    WHEN "1010" => seg<="11101110";--
    WHEN "1011" => seg<="00111110";--B
    WHEN "1100" => seg<="10011100";--C
    WHEN "1101" => seg<="01111010";--D
    WHEN "1110" => seg<="10011110";--E
    WHEN "1111" => seg<="10001110";--F
    WHEN OTHERS => seg<="ZZZZZZZZ";
    END CASE;
  END PROCESS p3;
  end behav;
```

4．测试信号模块

这里利用开发板主频 50MHz 分频得到 50Hz 的测试信号。

```
LIBRARY IEEE;
USE IEEE.STD_LOGIC_1164.ALL;
USE IEEE.STD_LOGIC_UNSIGNED.ALL;
USE IEEE.STD_LOGIC_ARITH.ALL;

ENTITY fenpin IS
PORT(clk50M:IN STD_LOGIC;
      reset:IN STD_LOGIC;
      clk50:OUT STD_LOGIC);
END fenpin;

ARCHITECTURE bchav OF fenpin IS
BEGIN
PROCESS(clk50M,reset)
VARIABLE    cnt:INTEGER RANGE 0 TO 499999;
VARIABLE clock:STD_LOGIC;
BEGIN
      IF reset='0' THEN cnt:=0;clock:='0';
      ELSIF RISING_EDGE(clk50M) then
            IF cnt=499999 THEN cnt:=0;clock:=NOT clock;
            ELSE cnt:=cnt+1;
            END IF;
        END IF;
      clk50<=clock;
 END PROCESS;
 END behav;
```

5．顶层设计

利用封装元件的方式，将上述模块定义为元件，在顶层实体中进行连接。

```
LIBRARY IEEE;
USE IEEE.STD_LOGIC_1164.ALL;
USE IEEE.STD_LOGIC_UNSIGNED.ALL;
```

```
USE IEEE.STD_LOGIC_ARITH.ALL;

ENTITY top IS
PORT(clk50M:IN STD_LOGIC;
      reset:IN STD_LOGIC;
      key:IN STD_LOGIC;
     test:IN STD_LOGIC;
     clk50:OUT STD_LOGIC;
     seg:OUT STD_LOGIC_VECTOR(7 DOWNTO 0);
     sel:OUT STD_LOGIC_VECTOR(2 DOWNTO 0));
END top;

ARCHITECTURE behav OF top IS
SIGNAL start:STD_LOGIC;
SIGNAL bcd:STD_LOGIC_VECTOR(11 DOWNTO 0);
COMPONENT check_key IS                                          --按键检测
PORT(clk50M:IN STD_LOGIC;
      reset:IN STD_LOGIC;
      key:IN STD_LOGIC;
      kout:OUT STD_LOGIC);
END COMPONENT check_key;
COMPONENT plj IS                                                --测频处理
PORT(clk50M:IN STD_LOGIC;
      reset:IN STD_LOGIC;
      test:IN STD_LOGIC;
      key_in:IN STD_LOGIC;
      dout:OUT STD_LOGIC_VECTOR(11 DOWNTO 0));
END COMPONENT plj;
COMPONENT fenpin IS                                             --测试信号
PORT(clk50M:IN STD_LOGIC;
      reset:IN STD_LOGIC;
      clk50:OUT STD_LOGIC);
END COMPONENT fenpin;
COMPONENT seg7 IS                                               --译码显示
PORT(clk:IN STD_LOGIC;
      reset:IN STD_LOGIC;
      ge,shi,bai: in    STD_LOGIC_VECTOR (3 downto 0);
             seg : out    STD_LOGIC_VECTOR (7 downto 0);
             com : out    STD_LOGIC_VECTOR (2 downto 0));
END COMPONENT seg7;
BEGIN
u1:check_key PORT MAP(clk50M,reset,key,start);
u2:plj PORT MAP(clk50M,reset,test,start,bcd);
u3:fenpin PORT MAP(clk50M,reset,clk50);
u4:seg7   PORT   MAP(clk50M,reset,bcd(3   DOWNTO   0),bcd(7   DOWNTO   4),bcd(11   DOWNTO
8),seg,sel);
```

```
END behav;
```

上面的程序示例中各进程所需时钟信号读者可以根据实际应用进行调整。

3.4.4 下载验证

给设计进行引脚配置、编译后，下载到开发板上进行硬件验证。图 3-73 所示为百科融创开发套件 RC-EP3C16 核心板。该核心板以 Altera 公司 CycloneIII 系列 EP3C16Q240C8 作为核心，配置芯片采用可在线多次编程的 EPCS4 芯片，通过 AS 口下载完成 FPGA 设计的固化。由有源晶振产生 50MHz 的时钟信号，已连接在 FPGA 的全局时钟引脚（PIN-32）上。该核心板包含 1 个串行接口、1 个 VGA 接口、1 个 PS2 接口、1 个 USB 接口和 1 个 Ethernet 接口等。

图 3-73 百科融创开发套件 RC-EP3C16 核心板

本次项目应用到 1 个系统复位按键和 1 个〈S1〉按键作为测频启动键。由于需要利用数码管显示测频结果，将该开发配件的七段数码管显示模块与核心通过插针连接。

结合开发板硬件资源连接表进行引脚配置，如图 3-74 所示。将测试模块输出的 clk50 端口与被测信号 test 端口连接，从而完成被测信号的输入。也可用信号发生器输入。

	Node Name	Direction	Location	I/O Bank	Vref Group	I/O Standard	Reserved	Group
1	clk50M	Input	PIN_32	1	B1_N1	2.5 V (default)		
2	clk50	Output	PIN_86	3	B3_N0	2.5 V (default)		
3	key	Input	PIN_149	5	B5_N0	2.5 V (default)		
4	reset	Input	PIN_210	7	B7_N1	2.5 V (default)		
5	seg[7]	Output	PIN_6	1	B1_N0	2.5 V (default)		seg[7..0]
6	seg[6]	Output	PIN_5	1	B1_N0	2.5 V (default)		seg[7..0]
7	seg[5]	Output	PIN_13	1	B1_N0	2.5 V (default)		seg[7..0]
8	seg[4]	Output	PIN_9	1	B1_N0	2.5 V (default)		seg[7..0]
9	seg[3]	Output	PIN_19	1	B1_N1	2.5 V (default)		seg[7..0]
10	seg[2]	Output	PIN_18	1	B1_N1	2.5 V (default)		seg[7..0]
11	seg[1]	Output	PIN_21	1	B1_N1	2.5 V (default)		seg[7..0]
12	seg[0]	Output	PIN_20	1	B1_N1	2.5 V (default)		seg[7..0]
13	sel[2]	Output	PIN_39	2	B2_N0	2.5 V (default)		sel[2..0]
14	sel[1]	Output	PIN_22	1	B1_N1	2.5 V (default)		sel[2..0]
15	sel[0]	Output	PIN_37	2	B2_N0	2.5 V (default)		sel[2..0]
16	test	Input	PIN_33	2	B2_N0	2.5 V (default)		

图 3-74 引脚配置表示例

数字频率计硬件验证结果如图 3-75 所示。

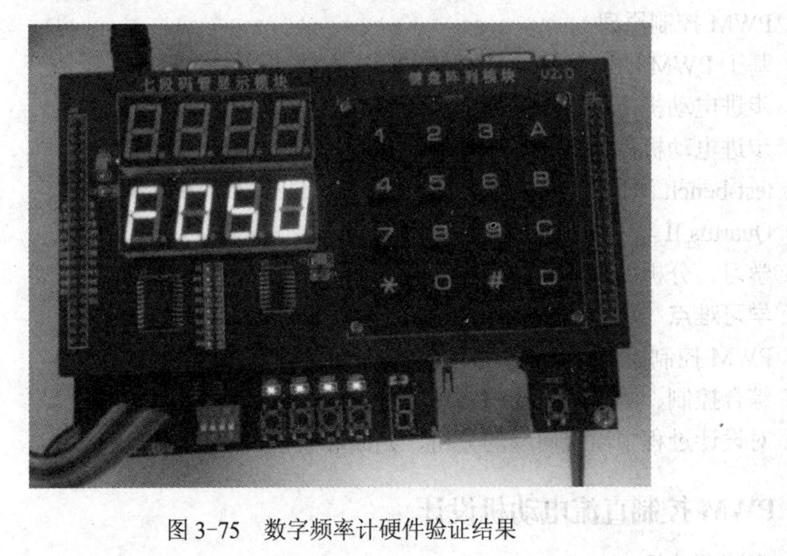

图 3-75　数字频率计硬件验证结果

3.5　任务 5——直流电动机控制器设计

1．任务描述

直流电机包括直流电动机和直流发电动机，其本质是实现了直流电能与机械能的相互转换。直流电动机由定子和转子两部分组成。定子是指直流电动机运行中静止不动的部分，由主磁极、轴承、电刷等组成，其作用是产生电场；转子是指直流电动机运行中转动的部分，由转轴、铁心及绕组等组成，其作用是产生电磁转矩和感应电动势，通常称为电枢。

本次任务是实现对直流电动机的转速控制。对直流电动机转速的控制方法有很多，其中：PWM（脉宽调制）是常用的电动机调速方法之一。简而言之，PWM 通过调整直流电动机电枢上电压的占空比来改变平均电压的大小，达到控制电动机转速的目的。

“直流电动机控制器设计”项目要求利用 PWM 原理实现对电动机转速的控制，通过按键实现直流电动机加速、减速、正/反转及停止的控制。

本书将介绍 PWM 控制原理以及直流电动机调速设计方法，还要学习另一种常见电动机——步进电动机的工作原理和控制方法，并结合步进电动机程序设计，初步学习 test-bench 测试文件的编写方法，完成基于 Model Sim-Altera 软件的仿真。

2．任务目标

1）能根据电动机控制器功能设计要求设计顶层结构，合理安排工作进度。

2）能根据设计要求完成功能模块的程序编写和仿真。

3）能根据设计需求学习 test-bench 测试文件的编写，并完成基于 Model Sim-Altera 软件的功能仿真。

4）能根据设计需要合理分配、利用实验箱/实验板等硬件资源，配置引脚，完成下载验证。

5）能根据硬件验证发现的问题现象，判断、定位并解决问题。

3．学习重点

1）PWM 控制原理。

2）基于 PWM 的电动机控制器基本设计方法。

3）步进电动机工作原理。

4）步进电动机控制器基本设计方法。

5）test-bench 测试文件的编写方法。

6）Quartus II 与 Model Sim 的联调方法。

7）学习、分析、解决问题的方法。

4．学习难点

1）PWM 控制原理。

2）综合控制、测速的设计与实现方法。

3）对设计过程中出现问题的分析、判断和解决。

3.5.1 PWM 控制直流电动机设计

1．直流电动机

直流电机包括直流发电机和直流电动机。根据电磁感应和电磁力的原理，进行电能与机械能的转换。图 3-76 所示为直流电动机的结构示意图和玩具电动机外观。给直流电动机的正负极加电，电动机转动，改变电压的大小或方向可以调节转速或进行正/反转控制。

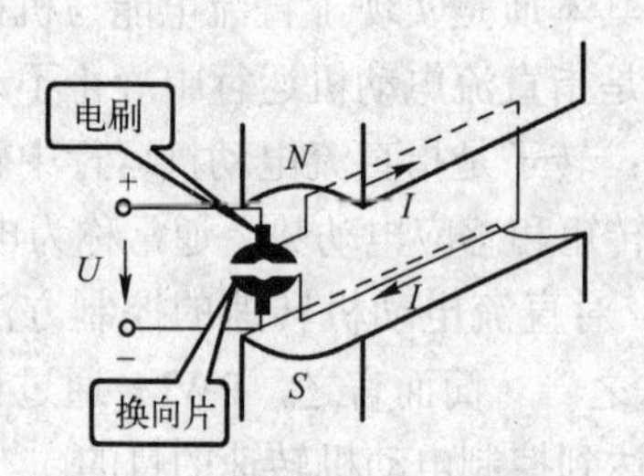

图 3-76　直流电动机的结构示意图和玩具电动机外观

直流电动机具有调速性能好、起动和制动转矩大、易丁快速起动或停止等特点，主要应用在：调速范围大的大型设备，如电气机车、无轨电车等；用蓄电池做电源的设备，如汽车、拖拉机等；家用设备如电动缝纫机、电动玩具等。

2．PWM 控制原理

利用可编程器件对电动机转动情况进行控制时通常采用脉冲宽度调制（Pulse Width Modulation，PWM）技术。简而言之，就是利用脉冲的宽度对电动机进行控制。PWM 技术在测量、通信等功率控制变换的领域应用广泛。

PWM 控制的基本原理：一段时间内加在惯性负载两端的 PWM 脉冲与相等时间内冲量相等的直流电加在负载上的电压等效，如果在时间 T 内脉冲宽度为 t_0，脉冲幅值为 U，由图 3-77 可得此时间内脉冲的等效直流电压为 $U_0=\frac{t_0U}{T}$，令 $\alpha=\frac{t_0}{T}$（该脉冲信号的占空比），则 $U_0=\alpha U$，即在脉冲幅值一定的情况下，等效直流电压与占空比成正比。脉宽调制原理图如图 3-77 所示。

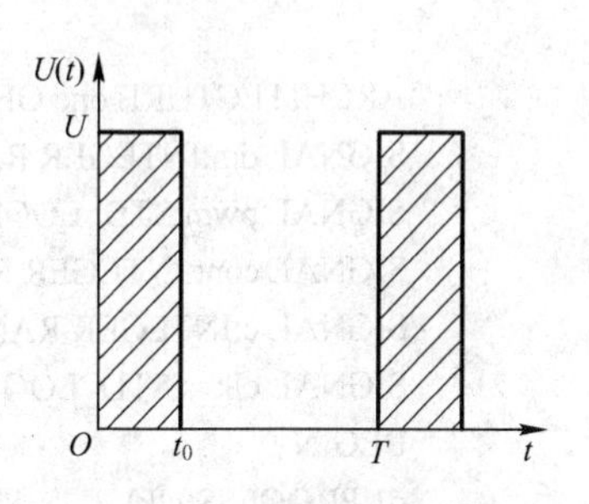

图 3-77　脉宽调制原理图

这样就得到了一种利用脉冲宽度来控制电动机转速的方法。需要改变等效直流电压的大小时，可以通过改变脉冲幅值 U 和占空比来实现，因为在实际系统设计中脉冲幅值一般是恒定的，所以通常通过控制占空比的大小实现等效直流电压在 0～U 之间任意调节，从而达到利用 PWM 技术实现对直流电动机转速进行调节的目的。

在 PWM 调速时，占空比 α 是一个重要参数，改变占空比的方法有定宽调频法、调宽调频法和定频调宽法三种。通常用定频调宽法，即周期/频率不变，改变 t_0，就改变了占空比。

利用计数器可生成一个周期为 T 的锯齿波信号，用控制信号 $x(t)$与该锯齿波信号进行比较，如果锯齿波信号比控制信号大就取高电平，反之取低电平。图 3-78 所示为控制信号 $x(t)$ 不变时 PWM 得到的脉冲信号，其占空比不变。图 3-79 所示为控制信号变化时得到的一系列生成占空比改变的脉冲信号。

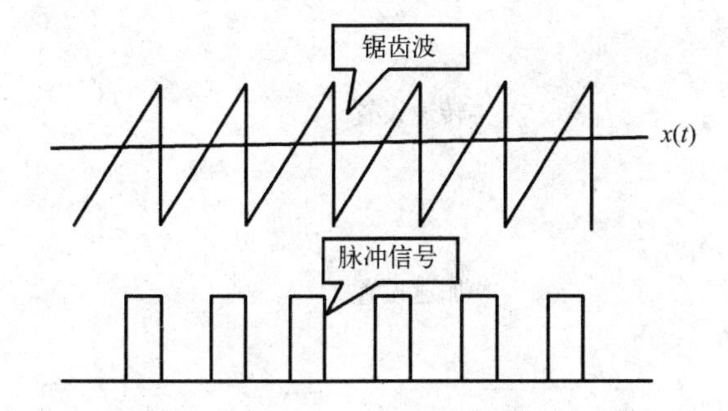

图 3-78　生成占空比不变的脉冲信号

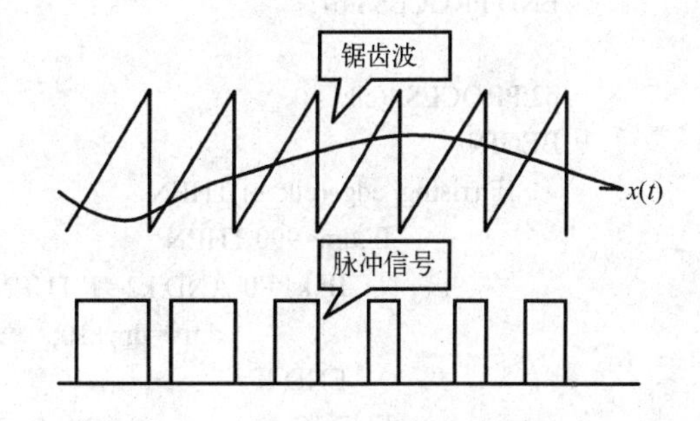

图 3-79　生成占空比改变的脉冲信号

3．PWM 控制直流电动机的设计示例

在下面的程序示例中，有电动机加速、减速、正/反转和急停控制按键。每按一次加/减速键，电动机加/减速一档。

```
LIBRARY IEEE;
USE IEEE.STD_LOGIC_1164.ALL;
USE IEEE.STD_LOGIC_ARITH.ALL;
USE IEEE.STD_LOGIC_UNSIGNED.ALL;

ENTITY motor IS
    PORT ( clk : IN STD_LOGIC;                                  --50MHz
           k1 :IN STD_LOGIC;                                    --加速控制
           k2:IN STD_LOGIC;                                     --减速控制
           ddr:IN STD_LOGIC;                                    --正/反转控制
           stop:IN STD_LOGIC;                                   --停止
           step: OUT STD_LOGIC_VECTOR(3 downto 0);
           pwm_a:OUT STD_LOGIC;                                 --正转控制
           pwm_b:OUT STD_LOGIC );                               --反转控制
```

```
END motor;

ARCHITECTURE one OF motor IS
SIGNAL dm:INTEGER RANGE 0 TO 1000:=500;              --用于控制占空比
SIGNAL pwm:STD_LOGIC:='1';                            --PWM 脉冲信号
SIGNAL cont:INTEGER RANGE 0 TO 1000:=0;              --用于 0～1000 的计数器计数
SIGNAL c:INTEGER RANGE 0 TO 250000:=0;               --用于分频计数
SIGNAL clk_s:STD_LOGIC;                               --100Hz 脉冲信号
BEGIN
p1:PROCESS(clk)                                       --分频得到 100Hz
BEGIN
IF c=250000 THEN    clk_s<=not clk_s;
                    c<=0;
ELSE
    IF (rising_edge(clk))THEN c<=c+1;
    END IF;
END IF;
END PROCESS p1;

p2:PROCESS(clk_s)                                     --转速设置
BEGIN
   IF (rising_edge(clk_s))THEN
          IF dm<990 THEN
              IF k1='0' AND k2='1' THEN               --加速设置
                     dm<=dm+10;
              END IF;
          END IF;
          IF dm>10 THEN                               --减速设置
              IF k1='1'and k2='0' THEN
                     dm<=dm-10;
              END IF;
          END IF;
   END IF;
END PROCESS p2;

p3:PROCESS(clk)                                       --PWM 控制
BEGIN
   IF (rising_edge(clk))THEN                          --计数范围 0～1000，得到锯齿波
        IF cont=1000 THEN
            cont<=0;
        ELSE cont<=cont+1;
        END IF;
   END IF;
   IF cont<dm THEN pwm<='1';                          --获得 PWM 信号
   ELSE pwm<='0';
   END IF;
```

```
END PROCESS p3;

p4:PROCESS(ddr,stop)                                    --正/反转控制和停止控制
BEGIN
    IF stop='0' THEN
                pwm_a<='0';
                pwm_b<='0';
    ELSE
        IF ddr='1'THEN
                pwm_a<=pwm;
                pwm_b<='0';
        ELSE
                pwm_b<=pwm;
                pwm_a<='0';
        END IF;
    END IF;
END PROCESS p4;
END;
```

3.5.2 步进电动机的控制设计

1．步进电动机工作原理

步进电动机具有快速起停、精确步进和定位的特点，因此广泛应用在工业过程控制及仪表领域，例如：数控机床、绘图仪、打印机以及光学仪器等。利用步进电动机带动螺旋电位器，调节电压或电源，从而实现对执行机械的旋转角度、移动距离等的控制。由于步进电动机直接用数字信号驱动，使用方便。

步进电动机实际上是一个数据/角度转换器。图 3-80 所示为三相步进电动机的结构的工作原理图。在图 3-80 中，电动机的定子有 6 个等分的磁极：A-A’、B-B’、C-C’，相邻两个磁极的夹角是 60°，并且相对的两个磁极组成一组。例如：当 A-A’绕组有电流通过时，该绕组相应的两个磁极就形成了 N 极和 S 极，并且每个磁极上各有五个均匀分布的矩形小齿（图中未画出）。而步进电动机的转子上有四十个矩形小齿均匀分布在圆周上，相邻矩形小齿间夹角为 9°。由于绕组通电对应的磁极产生磁场，会推动转子转动一定角度，使转子和定子上的小齿相对齐，故错齿是促进步进电动机旋转的原因。也就是说，A 相通电，BC 相不通电，A 相上的中心小齿与转子某小齿对齐；突然变为 B 相通电，AC 相不通电，由于转子齿没有与 B 相定子小齿对齐，B 相磁极迫使转子转动达到小齿对齐的状态，即电动机转子步进了一步。因此以一定的顺序给步进电动机通电则其转子会形成转动。

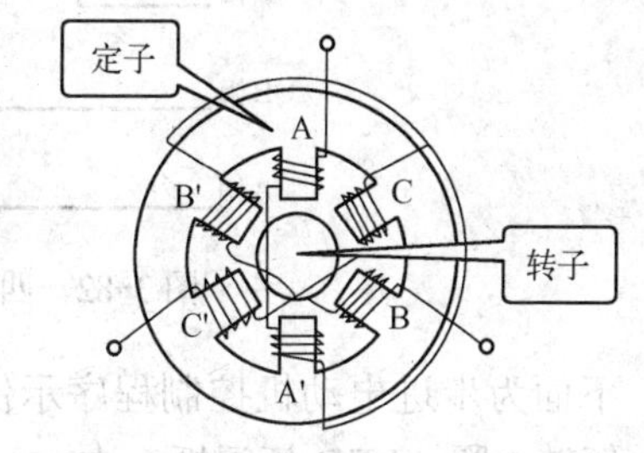

图 3-80 三相步进电动机结构的工作原理图

2．运转速度和旋转角度的控制

给步进电动机一个脉冲信号，电动机就转动一个特定的角度。

调节脉冲的周期可以控制步进电动机的运转速度。改变 A、B、C 三相绕组高低电平的宽度会导致通电、断电变化速率的变化，使电动机转速改变。

输入一个时钟脉冲则步进电动机三相绕组状态变化一次，故输入的时钟脉冲数决定了步进电动机旋转的角度。

3．步进电动机控制程序示例

常见的小型步进电动机一般为四相步进电动机，最小旋转角度为 1.8°。即给步进电动机一个脉冲信号，步进电动机就要转 1.8°，如果给步进电动机 200 个脉冲信号，电动机就要转过 360°，也就是一圈。

图 3-81 所示为四相步进电动机正向转动控制时序图；图 3-82 所示为四相步进电动机反向转动控制时序图。

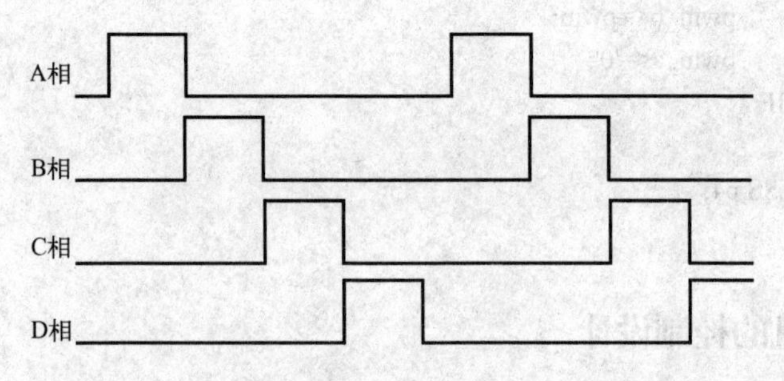

图 3-81　四相步进电动机正向转动控制时序图

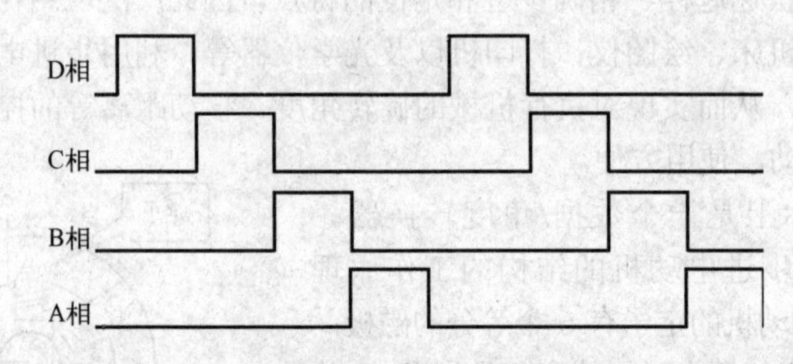

图 3-82　四相步进电动机反向转动控制时序图

下面为步进电动机控制程序示例。ddr 为步进电动机正反转控制按钮，stop 为急停按钮，每转 1 圈，LED 灯闪烁 1 次。

```
LIBRARY IEEE;
USE IEEE.STD_LOGIC_1164.ALL;
USE IEEE.STD_LOGIC_ARITH.ALL;
USE IEEE.STD_LOGIC_UNSIGNED.ALL;

ENTITY step_test IS
PORT(
        clk : IN STD_LOGIC;                    --系统时钟 50MHz
        stop: IN STD_LOGIC;                    --急停按钮
        ddr: IN STD_LOGIC;                     --正反转按钮
        a,b,c,d:OUT STD_LOGIC;                 --四相控制脉冲信号
```

```
        led: OUT STD_LOGIC );                              --步进电动机转动指示灯
    END step_test;

    ARCHITECTURE  behavioral  OF step_test  IS
    SIGANL cont:INTEGER RANGE 0 TO 249999:=0;
    SIGANL control: INTEGER RANGE 0 TO 3:=0;
    SIGANL clk_m: STD_LOGIC:='0';
    BEGIN
    P1:PROCESS(clk)                                        --分频得到 100Hz
        BEGIN
        IF (RISING_EDGE(clk)) THEN
            IF cont=249999   TEHN cont<=0; clk_m<=NOT clk_m;
            ELSE   cont<=cont+1;
            END IF;
        END IF;
    END PROCESS P1;
    P2:PROCESS(clk_m)                                      --生成步进电动机驱动脉冲
        BEGIN
        IF (RISING_EDGE(clk_m))THEN control<=control+1;
        END IF;
    END PROCESS P2;
    P3:PROCESS(stop,ddr,control)                           --运转控制进程
        BEGIN
        IF stop='0' THEN a<='0';b<='0';c<='0';d<='0';led<='0';       --急停控制
        ELSE
            IF ddr='0' THEN                                          --正转控制
                CASE control IS
                WHEN 0 =>a<='1';b<='0';c<='0';d<='1';led<='0';
                WHEN 1 =>a<='1';b<='1';c<='0';d<='0';led<='0';
                WHEN 2 =>a<='0';b<='1';c<='1';d<='0';led<='1';
                WHEN 3 =>a<='0';b<='0';c<='1';d<='1';led<='1';
                WHEN OTHERS=>NULL;
                END CASE;
            ELSE                                                     --反转控制
                CASE control IS
                WHEN 0 =>a<='1';b<='1';c<='0';d<='0';led<='0';
                WHEN 1 =>a<='1';b<='0';c<='0';d<='1';led<='0';
                WHEN 2 =>a<='0';b<='0';c<='1';d<='1';led<='1';
                WHEN 3 =>a<='0';b<='1';c<='1';d<='0';led<='1';
                WHEN OTHERS=>NULL;
                END CASE;
            END IF;
        END IF;
    END PROCESS P3;
    END behavioral;
```

3.5.3 测试文件的编写

1．仿真模型结构

Quartus II 从 10.0 版本后需要编写 test bench 测试文件并利用第三方工具 Model Sim 进行仿真。这里以上面步进电动机控制程序为例，初步介绍一下测试文件的编写方法和第三方工具 Model Sim 的使用方法。下面例子采用的 Quartus II 的版本为 11.1，Model Sim-Altera 版本为 10.0c。

test bench 测试文件可以用 VHDL、Verilog HDL 等语言编写，本书采用 VHDL 语言编写测试文件。测试文件与需要仿真的项目实体对应，为其提供激励信号，仿真结果以波形形式显示，用于验证设计实体的功能。图 3-83 所示为仿真模型结构，仿真模型结构顶层包含两个元件：待测试的设计项目 DUT（design under test）和激励驱动器（stimulus source）。顶层结构不包括任何外部端口，只包括连接两个元件的内部信号。

图 3-84 所示为应用测试文件进行仿真的流程。将设计项目文件综合编译后，应用测试激励文件在仿真平台上进行功能仿真以验证项目设计的功能是否达到要求。经过布局布线后在仿真平台上进行时序仿真，从而对布局布线后的设计进行时序分析。

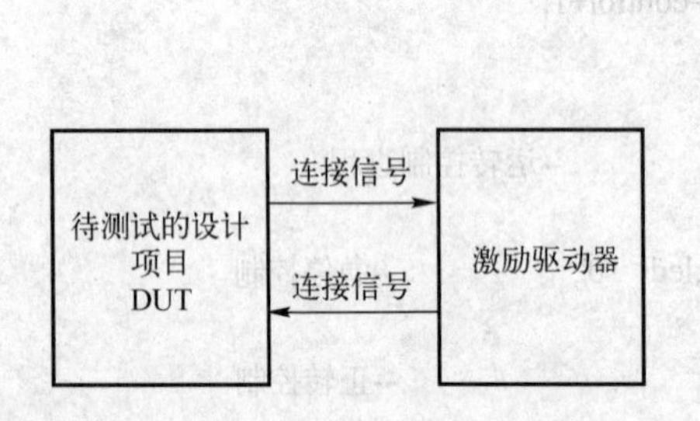

图 3-83 仿真模型结构

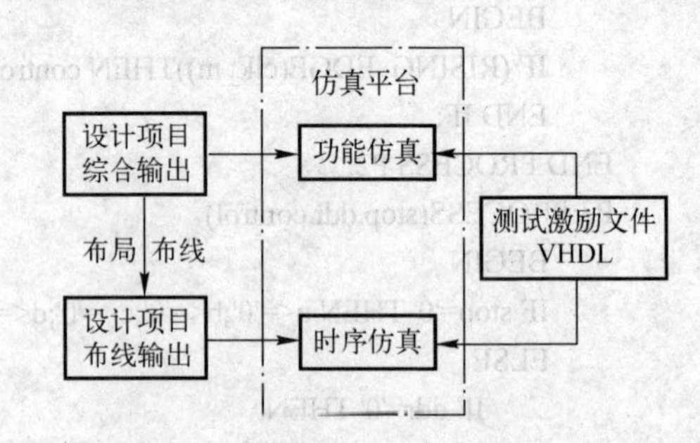

图 3-84 应用测试文件进行仿真的流程

2．测试文件的结构与编写

Test bench 文件应包括所测试元件 DUT 的元件声明和输入到 DUT 的激励描述。

1）调用的库和程序包：

```
LIBRARY IEEE;
USE IEEE.STD_LOGIC_1164.ALL;
USE IEEE.STD_LOGIC_ARITH.ALL;
USE IEEE.STD_LOGIC_UNSIGNED.ALL;
```

2）测试平台文件的空实体，不需要进行端口定义，即测试平台没有输入、输出端口，仅与被测试实体有连接信号。

```
ENTITY stepmotor_tb IS;
END stepmotor_tb;
```

3）结构体定义。

```
ARCHITECTURE test OF stepmotor_tb IS
```

4）被测试元件的声明，元件名必须与实体对应。

```
COMPONENT step_test IS
PORT(
        clk : IN STD_LOGIC;
        stop: IN STD_LOGIC;
        ddr: IN STD_LOGIC;
         a,b,c,d:OUT STD_LOGIC;
         led: OUT STD_LOGIC );
END COMPONENT step_test;
```

5）局部信号的声明，根据需要设置。

输入信号：

```
SIGNAL clk：STD_LOGIC:='0';
SIGNAL stop：STD_LOGIC:='0';
SIGNAL ddr：STD_LOGIC:='0';
```

输出信号：

```
SIGNAL a,b,c,d:STD_LOGIC;
SIGNAL led:STD_LOGIC;
```

时钟周期的定义：

```
CONSTANT clk_period:TIME:=10ns;
```

6）被测试元件的例化，将被测试元件的端口与测试文件的信号进行映射。

```
BEGIN
dut:step_test PORT MAP(clk=>clk,stop=>stop,ddr=>ddr,a=>a,b=>b,c=>c,d=>d,led=>led);
```

7）时钟信号产生进程。

```
generate_clock:PROCESS(clk)
BEGIN
clk<=NOT clk AFTER clk_period/2;
END PROCESS;
```

进程中时钟信号的生成也可以写成：

```
clk<='1';
WAIT FOR clk_period/2;
clk<='0';
WAIT FOR clk_period/2;
```

8）激励源产生进程。

```
tb:PROCESS
BEGIN
WAIT FOR 40 ns;
stop<='1';
WAIT FOR 2000 ns;
ddr<='1';
```

```
WAIT;
END PROCESS;
END;
```

保存测试文件如图 3-85 所示，在文本编辑器里完成该测试文件的编写后，保存时文件命名为“stepmotor_tb.vhd”，不要勾选“add file to current project”选项，即不加入到该工程文件夹列表内。

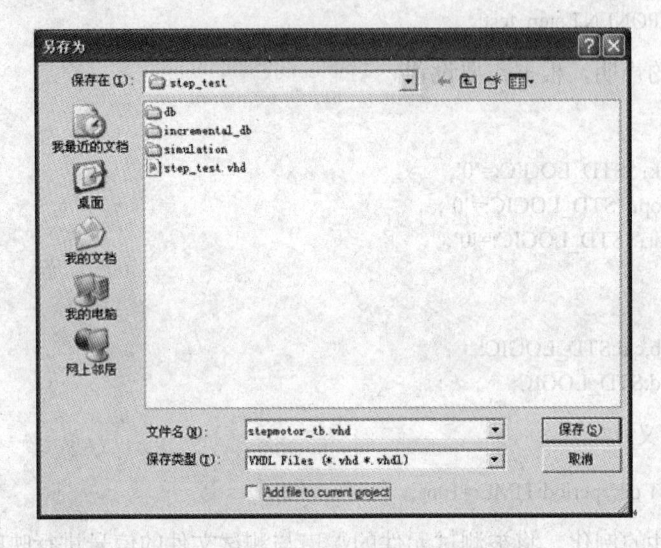

图 3-85　保存测试文件

3.5.4　Model Sim 的应用

1．Model Sim 路径设置

第一次使用 Model Sim 需要设置路径。从“Tools”菜单进入“option”选项，EDA 仿真工具 Model Sim-Altera 的路径设置如图 3-86 所示，在“EDA Tool Options”选项内设置 Model Sim-Altera 的路径。

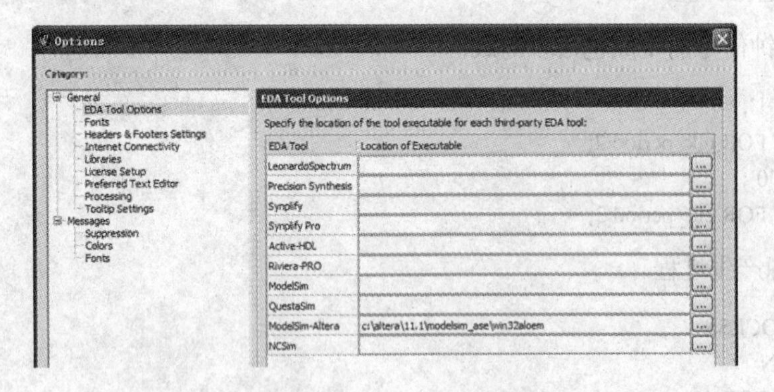

图 3-86　EDA 仿真工具 Model Sim-Altera 的路径设置

2．添加仿真测试文件

选择菜单“Assignment”的“Settings”→“EDA Tool Settings”→“simulation”项，对

仿真测试文件进行设置。

Simulation 项窗口如图 3-87 所示，在“Simulation”选项卡中的“EDA Netlist Writer settings”框中，设置 EDA 网表输出文件路径，本图例设置为前面步进电动机工程 step_test 文件夹的位置。在“NativeLink settings”框中选择“Compile test bench”选项卡，单击“Test Benches”按钮，进入图 3-88 所示的窗口。

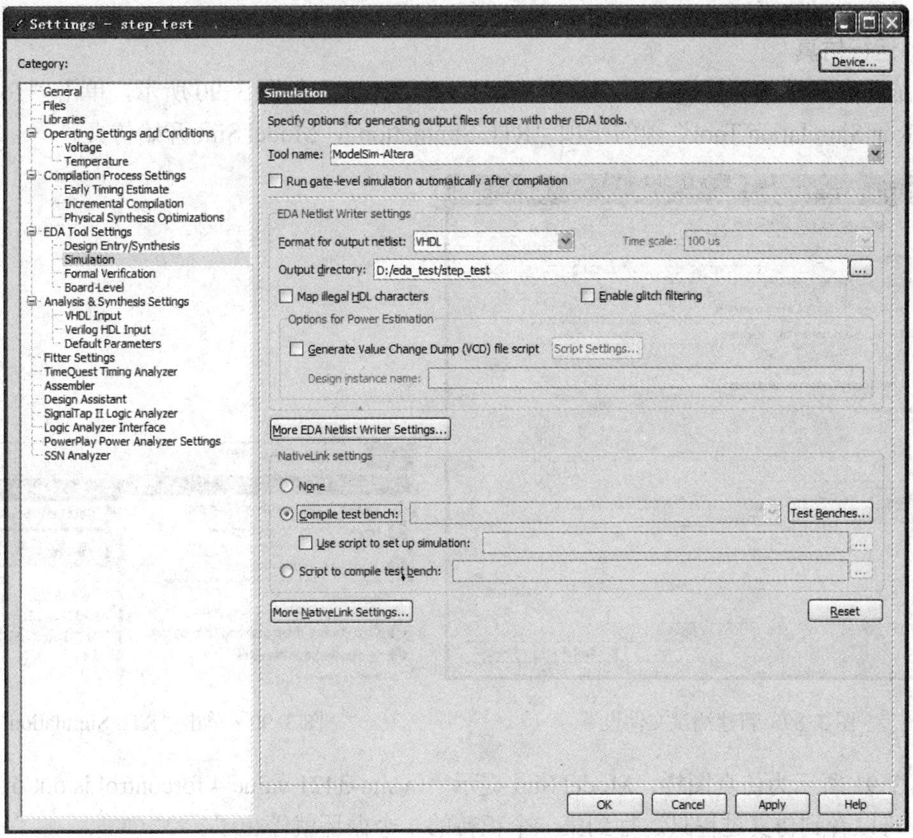

Settings - step_test
Category:
Device...
General
Files
Libraries
Operating Settings and Conditions
Voltage
Temperature
Compilation Process Settings
Early Timing Estimate
Incremental Compilation
Physical Synthesis Optimizations
EDA Tool Settings
Design Entry/Synthesis
Simulation
Formal Verification
Board-Level
Analysis & Synthesis Settings
VHDL Input
Verilog HDL Input
Default Parameters
Fitter Settings
TimeQuest Timing Analyzer
Assembler
Design Assistant
SignalTap II Logic Analyzer
Logic Analyzer Interface
PowerPlay Power Analyzer Settings
SSN Analyzer
Simulation
Specify options for generating output files for use with other EDA tools.
Tool name: ModelSim-Altera
Run gate-level simulation automatically after compilation
EDA Netlist Writer settings
Format for output netlist: VHDL
Time scale: 100 us
Output directory: D:/eda_test/step_test
Map illegal HDL characters
Enable glitch filtering
Options for Power Estimation
Generate Value Change Dump (VCD) file script
Script Settings...
Design instance name:
More EDA Netlist Writer Settings...
NativeLink settings
None
Compile test bench:
Test Benches...
Use script to set up simulation:
Script to compile test bench:
More NativeLink Settings...
Reset
OK
Cancel
Apply
Help

图 3-87 Simulation 项窗口

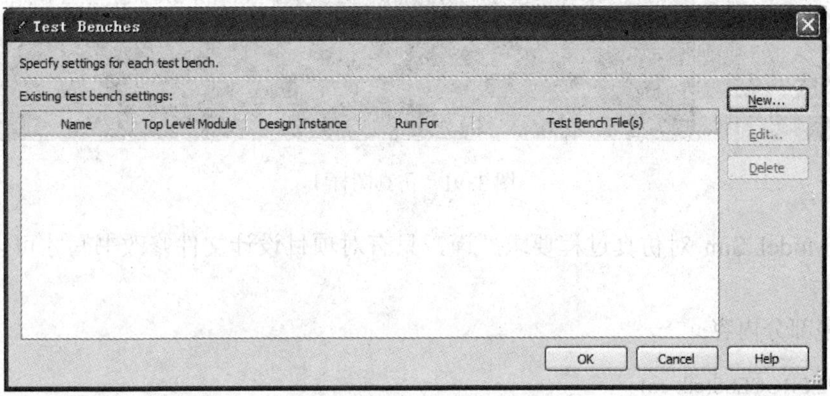

Test Benches
Specify settings for each test bench.
Existing test bench settings:
New...
Edit...
Delete

Name	Top Level Module	Design Instance	Run For	Test Bench File(s)

OK
Cancel
Help

图 3-88 Test Benches 窗口

单击图 3-88 所示的按钮“New…”添加测试文件。

新建测试文件设置如图 3-89 所示，填写 Test bench 名称和 Top level module，本例中二者名称相同。在“File name”项指定测试文件路径，单击“Add”按钮完成。依次单击“OK”按钮回到 Quaruts II 主工作界面。

注意：仿真测试环境设置一定要设置正确，否则无法正确关联到 Model Sim!

3. 运行仿真

完成仿真测试的环境设置后，单击“RTL Simulation”如图 3-90 所示，单击“Tools”菜单中“Run Simulation Tool”项的子项“RTL Simulation”，Model Sim 开始仿真。

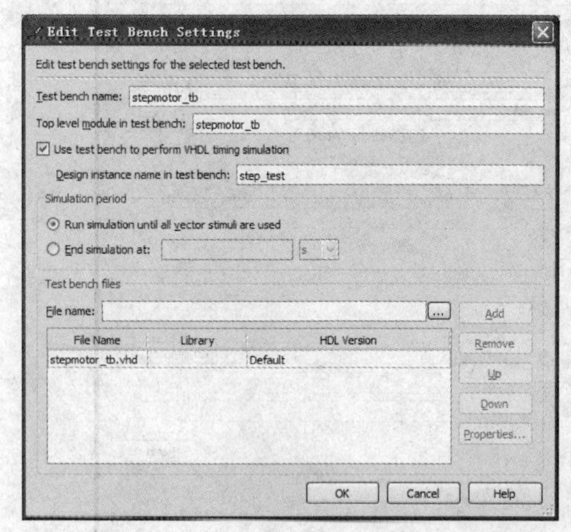

图 3-89 新建测试文件设置

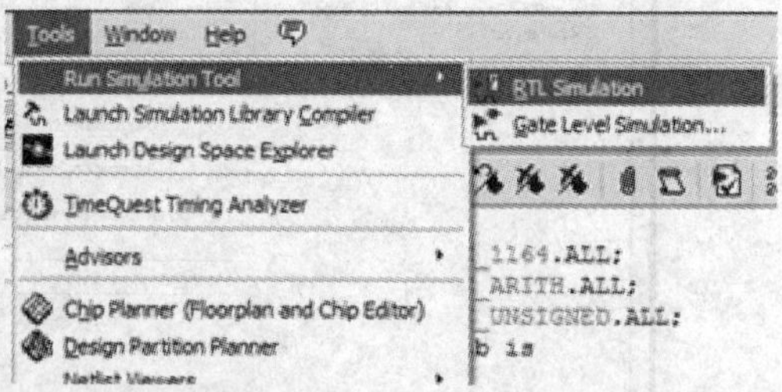

图 3-90 单击“RTL Simulation”

图 3-91 所示为仿真图样。Model Sim 提示“(vsim-3421 value 4 forcontrol is out of range 0 to 3.”，可以看到仿真过程只运行到第一个正转的一个循环就停止了。

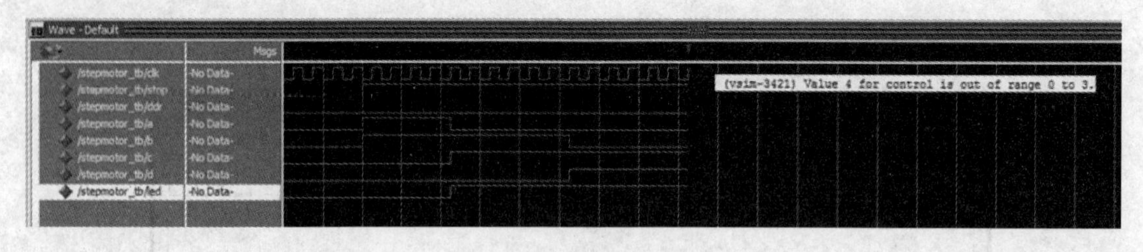

图 3-91 仿真图样 1

由于 Model Sim 对仿真过程要求严谨，只有对项目设计文件修改书写才可以得到正常结果。

原程序部分内容：

```
P2:PROCESS(clk_m)
    BEGIN
    IF (RISING_EDGE(clk_m))THEN control<=control+1;
```

```
        END IF;
    END PROCESS P2;
```

修改后的内容：

```
    P2:PROCESS(clk_m)
        BEGIN
        IF (RISING_EDGE(clk_m))THEN
            IF control=3 THEN control<=1;
            ELSE
                control<=control+1;
            END IF;
        END IF;
    END PROCESS P2;
```

再次编译后执行仿真，得到图 3-92 所示的仿真图样。当 stop 为低电平时，A、B、C、D 四相没有输出；当 stop 为高电平时，ddr 为低电平电动机正转控制信号输出，反之，反转控制信号输出。

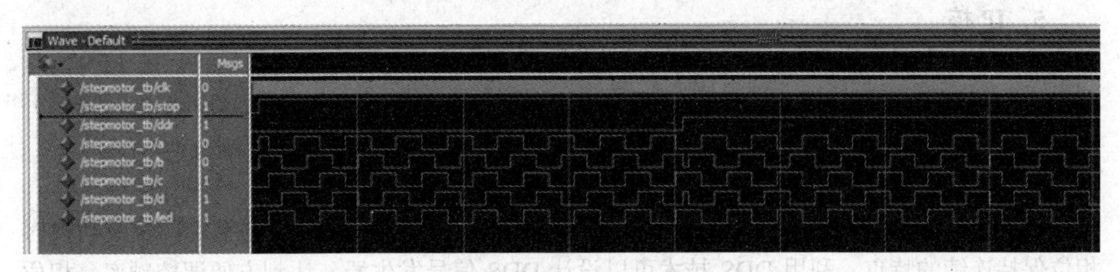

图 3-92　仿真图样 2

3.6　知识归纳与梳理

本项目应掌握的知识点如下所述。

1．有限状态机概念

有限状态机相当于一个控制单元，把一项功能的完成分解为若干步，每一步对应一个状态，通过预先设计的顺序在各个状态之间进行转换，状态转换的过程就是实现逻辑功能的过程。

常见的有限状态机按输出信号方式的不同分为 Moore（摩尔）型和 Mealy（米勒）型。

Moore 型状态机的输出只与当前的状态有关，与当前输入信号无关。Mealy 型状态机的输出不仅与当前状态有关，还与当前输入信号有关。

2．有限状态机设计常用描述方法

有限状态机设计通常包括说明部分、主控时序进程、主控组合进程及辅助进程等几个部分。

说明部分根据控制单元的逻辑功能确定所需状态后，给状态定义所需的数据类型；主控时序进程主要负责状态机运转和在时钟驱动下状态的转换；主控组合进程根据外部输入的控制信号和当前状态的状态值确定下一状态；辅助进程用于配合状态机工作的组合进程或时序进程。

有限状态机常用于通信接口设计、主控模块等方面。

3．用户自定义数据类型的语法格式

TYPE 语句的语法格式：

TYPE　数据类型名　IS　数据类型定义　OF　基本数据类型;

SUBTYPE 语句的格式：

SUBTYPE　子类型名　IS　基本数据类型　RANGE　约束范围;

4．数据类型转换方法

在 VHDL 语言中不同数据类型的对象之间不能直接代入或运算，需要进行数据类型转换来实现。例如：CONV_INTEGER(A)函数用于实现 STD_LOGIC_VECTOR 转换到 INTEGER 数据类型；CONV_STD_LOGIC_VECTOR(A,位长)函数用于实现 INTEGER、UNSIGNED、SIGNED 转换到 STD_LOGIC_VECTOR 数据类型。

5．IP 核

IP（知识产权）核是 ASIC、PLD 等芯片当中预先设计好的电路功能模块。IP 核分为软 IP、固 IP、硬 IP 三种。数字电路中常用的功能块（如 RAM、FIFO、乘法器以及加法器等）属于软核。在 Quartus II 中可应用宏功能模块定制向导完成相关 IP 核的定制设计。

6．DDS 直接数字合成器

DDS 是一种目前较常用的频率合成技术，具有频率分辨率较高、频率切换快及切换时相位保持连续的特点。利用 DDS 技术可以设计 DDS 信号发生器，达到方便调控频率、相位及幅度的目的。

7．嵌入式逻辑分析仪

SignalTap II Logic Analyzer 是 Altera Quartus II 自带的嵌入式逻辑分析仪，是功能强大且极具实用性的在线调试工具。应用 SignalTap II 可以捕获和显示实时信号，观察在系统设计中的硬件和软件之间的相互作用，方便用户调试。

8．测频原理

测频的本质就是得到单位时间内信号周期性变化的次数，或者得到信号完成一个周期性变化的时间 T，利用 $f=1/T$ 求出信号的频率。

常用的测频方法如下所述。

测周期法：较适合于低频信号的测量。

测频率法：较适合于高频信号的测量。

等精度测频法：测量精度与被测信号的频率无关，仅与基准信号的频率、稳压度有关，可以保证在整个测量频段内测量精度不变。

9．PWM 控制原理

PWM 是利用脉冲宽度来控制电动机转速的常用方法。一段时间内加在惯性负载两端的 PWM 脉冲与相等时间内冲量相等的直流电加在负载上的电压等效，使得在脉冲幅值一定的情况下，等效直流电压与占空比成正比。

10．仿真模型结构

仿真模型结构顶层包含两个元件：待测试的设计项目 DUT（design under test）和激励驱动器（stimulus source）。并且顶层结构不包括任何外部端口，只包括连接两个元件的内部信号。

test bench 测试文件可用 VHDL、Verilog HDL 等语言编写。测试文件与需要仿真的项目实体对应，为其提供激励信号，仿真结果以波形形式显示，用于验证设计实体的功能。

Quartus II 从 10.0 版本后需要编写 test bench 测试文件并利用第三方工具 model-sim 进行仿真。

联合调试的方法和 test bench 测试文件的编写方法需要掌握。

3.7 本章习题

1．简述两类典型有限状态机描述方法的特点。
2．概括应用有限状态机编写控制单元的一般步骤。
3．概括编写 A-D 转换控制模块的基本方法。
4．简述 IP 核的分类及特点。
5．简述 Quartus II 嵌入式分析仪的适用情况。
6．概括利用第三方工具 Model-sim 仿真测试的方法。

3.8 项目实践练习

3.8.1 实践练习 1——按键防抖动设计

1．实践练习目的

1）了解按键抖动的原因。
2）掌握按键防抖动的设计思路和基本方法。
3）学习按键防抖动设计的应用。

2．设计要求

由于机械触点的弹性作用，触点在闭合和断开的瞬间电接触情况不稳定，造成了电压信号的抖动现象，按键电平抖动如图 3-93 所示。键的抖动时间一般为 5～10ms。这种现象会引起 FPGA 对一次按键操作进行多次处理，造成错误判断。需要设法消除键按下或释放时的抖动现象。去抖动的方法有硬件去抖动和软件去抖动：硬件去抖是加入去抖动电路实现，软件去抖则可以应用软件编程设计相应时序逻辑电路进行去抖处理。

本次实践任务是设计按键去抖模块，对图 3-94 所示的 4 个独立按键结构进行去抖处理。要求利用有限状态机实现，并通过软件仿真或硬件验证来评价模块功能。

3．设计指导

利用有限状态机实现去抖动的设计思路是：提取按下键时的稳定状态，滤除前沿抖动和后沿抖动。

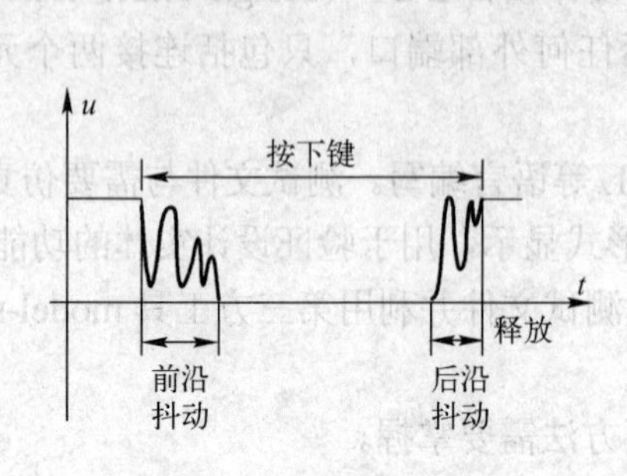

图 3-93　按键电平抖动

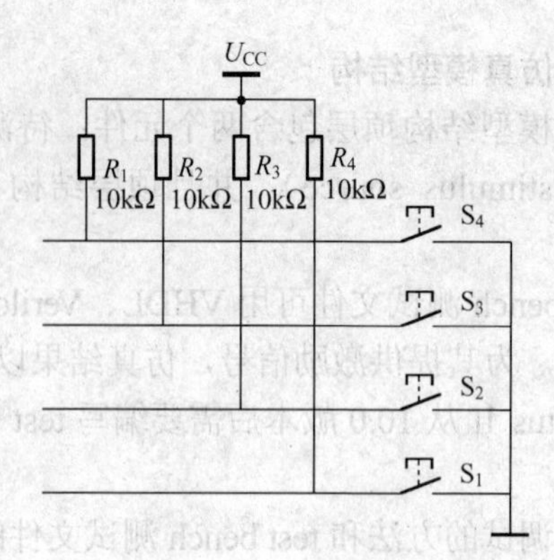

图 3-94　4 个独立按键结构

实现去抖动的基本方法：当检测到有键值输入时并不马上输出，当连续三次对按键信号取样都为低电平时，才确认键按下且处于稳定状态，输出一个低电平的按键信号。其中只要有一次取样不同则可认为按键已释放，输出高电平的按键信号，从而达到按键防抖动的目的。

防抖动的状态转换图如图 3-95 所示，reset 为复位信号，当其有效时进入 s_0 状态，当检测到低电平时，进入 s_1 状态，如果连续检测到 3 次低电平就进入 s_3 状态，输出低电平信号。在中间状态时，只要检测到高电平就立刻回到 s_0 状态，开始重新检测。

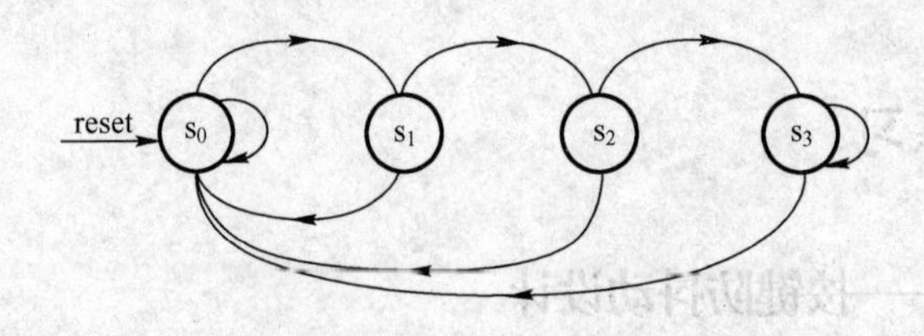

图 3-95　防抖动的状态转换图

图 3-96 所示为按键防抖动的仿真波形图。由仿真图形可以看出，按键输入信号 din 开始和结束时都产生抖动，经去抖模块处理后抖动消失。

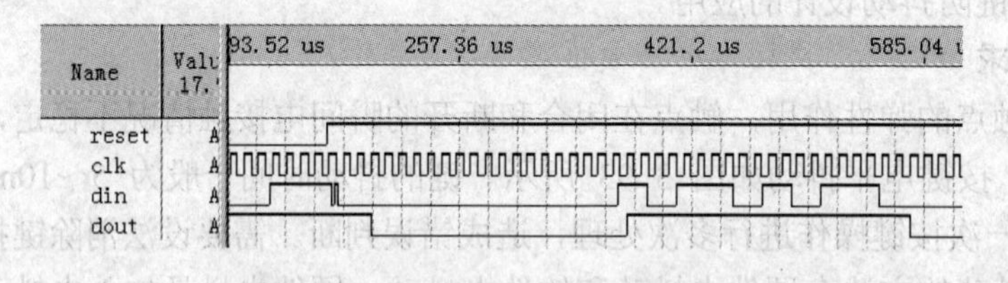

图 3-96　按键防抖动的仿真波形图

在实际应用中往往涉及多个按键，需要对每个按键进行防抖处理，可以将上述防抖动处理模块定义为一个元件，例如：

```
COMPONENT   fangdou   IS
PORT( clk,reset : IN STD_LOGIC;
          din     : IN STD_LOGIC;
          dout    :OUT STD_LOGIC);
```

```
END COMPONENT;
```

再在结构体中用 generate 生成语句和 for 语句调用，例如：

```
e1:FOR i IN 0 TO 3 GENERATE
u1:fandou PORT MAP(clk=>clk,reset=>reset,din=>din(i),dout=>dout(i));
END GENERATE;
```

4．设计步骤

1）建立工程，首先在硬盘相关目录下建立文件夹 ex3-1，启动 QuartusII 软件，新建一个工程项目，工程名为“fangdou”。

2）新建 VHDL 文件，完成 VHDL 程序的编写。

3）保存并进行程序的编译。如果出现错误提示，需修改，直至编译成功。

4）新建波形文件，导入测试节点，进行功能仿真设置。

5）保存波形文件并运行仿真，记录、分析仿真结果。

3.8.2 实践练习 2——矩阵键盘设计

1．实践练习目的

1）了解矩阵键盘的原理。

2）初步掌握矩阵键盘的控制方法。

3）进一步熟悉数字系统设计、制作和调试的方法与步骤。

2．设计要求

矩阵键盘常用做数字系统的输入设备，数码管是常用的数据显示设备。本次实践练习要求设计一个 4×4 矩阵键盘扫描模块，数码管和矩阵键盘如图 3-97 所示。要求程序下载后四位数码管显示“0000”，按下矩阵键盘上的某个按键后数码管显示按键值：按下 0～D 时数码管显示对应的数字，例如：按下按键 1 数码管显示“1111”；按下按键〈*〉时数码管显示“EEEE”；按下按键〈#〉时数码管显示“FFFF”，没有按键被按下时显示上一次的按键值。

3．设计指导

（1）设计思路

矩阵键盘又称为行列式键盘，用带有 I/O 口的线组成行列结构，按键设置在行列的交点上。4×4 的行列结构键盘可以构成 16 个按键。这种方法使得当按键数量平方增长时 I/O 口只是线性增长，这样就可以节省 I/O 口。

1）检测按键的方法。

矩阵键盘的原理图如图 3-98 所示，按键设置在行列线交叉点，行、列线分别连接到按键开关的两端。列线通过上拉电阻 R 接 U_{CC} 的电压，即列线的输出被嵌位在高电平状态。

判断按键中有无键按下时通过行线输入扫描信号，然后从列线读取到状态实现。其方法是依次给行线送低电平，检查列线的输出。如果列线信号全为高电平，则代表低电平所在的行中无按键按下；如果列线有输出为低电平，则低电平信号所在的行和出现低电平的列的交点处有按键按下。

设行扫描信号为 Kr_3～Kr_0，列线按键输出信号 Kc_3～Kc_0，与按键位置的关系如表 3-6 所示。例如：行扫描信号为“1110”，表示正在扫描“123A”这一行，如果该行没有按键按下，则列信号读出值为“1111”；反之，如果此时按下了键“A”，则列信号读出值为“0111”。

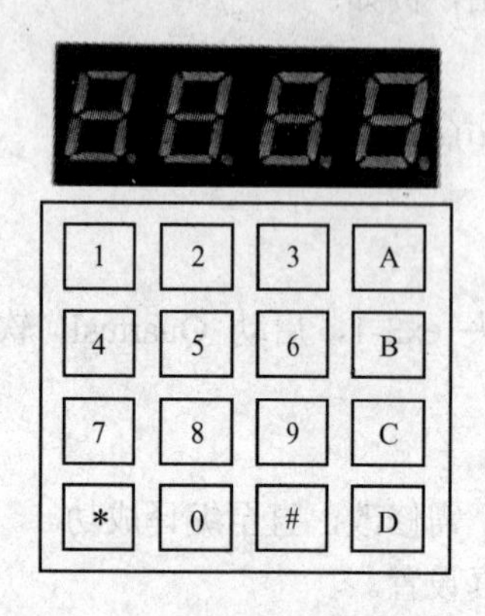

图 3-97　数码管和矩阵键盘

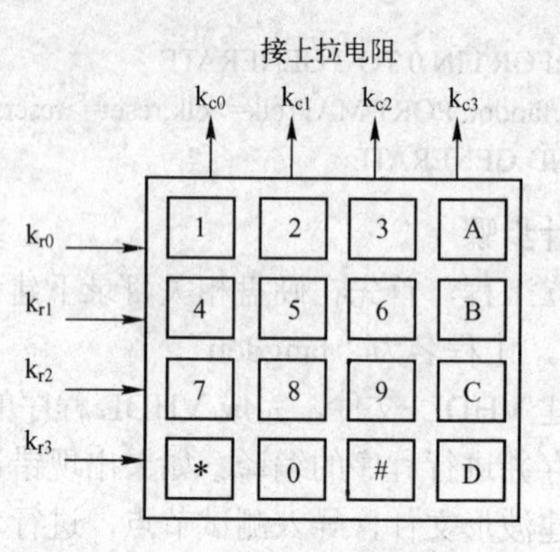

图 3-98　矩阵键盘原理图

表 3-6　行扫描信号、列线按键输入信号与按键位置的关系

Kr_3～Kr_0	Kc_3～Kc_0	对应的按键
1110	1110	1
	1101	2
	1011	3
	0111	A
1101	1110	4
	1101	5
	1011	6
	0111	B
1011	1110	7
	1101	8
	1011	9
	0111	C
0111	1110	*
	1101	9
	1011	#
	0111	D

2）矩阵键盘扫描模块结构分析。

矩阵键盘扫描模块的工作过程：先判断是否有键按下，如没有键按下，则继续扫描整个程序；如有键按下，就识别是哪一个键按下，最后通过显示器把该键所对应的键的序号显示出来。

图 3-99 所示为矩阵键盘扫描模块设计的顶层结构图。

在图 3-99 中，时钟模块用于将主时钟进行分频获得扫描频率；键盘行扫描电路是用于产生 Kr_3～Kr_0 信号，其变化顺序为 1110→1101→1011→0111→1110 循环扫描。

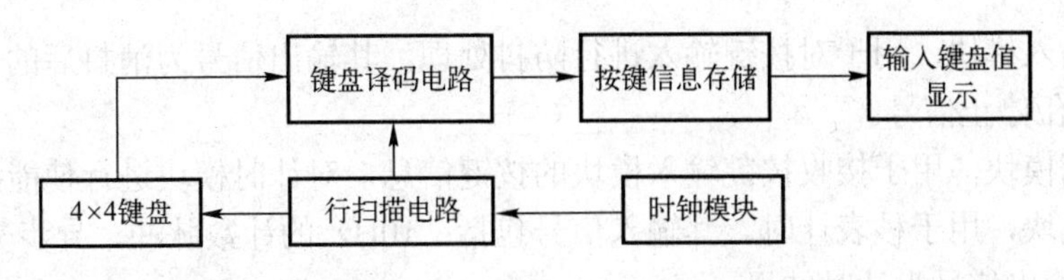

图 3-99　矩阵键盘扫描模块设计的顶层结构图

键盘译码电路是从 Kr_3～Kr_0 和 Kc_3～Kc_0 译出按键值的电路，键值对应表 3-6。

（2）设计步骤

1）建立工程，首先在硬盘相关目录下建立文件夹 ex3-2，启动 QuartusII 软件，新建一个工程项目，工程名为“key4_4”。

2）新建 VHDL 文件，完成功能模块的编写。

3）保存并进行程序的编译。如果出现错误提示，须修改，直至编译成功。

4）新建波形文件，导入测试节点，进行功能仿真设置。

5）保存波形文件并运行仿真，记录、分析仿真结果。

6）配置引脚，下载到硬件中验证。

（3）硬件环境

设计可以在 FPGA 开发板上实现，选择和开发板上 FPGA 器件相对应的型号，连接矩阵键盘，输出结果用七段数码管显示，根据开发板连接引脚，配置引脚，下载验证并调试。

3.8.3　实践练习 3——秒表设计

1．实践练习目的

1）掌握在数字钟设计的基础上完成秒表设计的方法。

2）进一步掌握简单数字系统的设计开发流程。

2．设计要求

1）用 5 个数码管分别显示分十位、分个位、秒十位、秒个位、0.1 秒位。

2）按下复位键时，秒表清零准备计时。在计时过程中只要按下复位就无条件清零。

3）开始/停止按键负责启动和终止秒表计时。停止计时时，显示并保持计时结果。

4）计时精度 0.1s。

3．设计指导

（1）设计思路

图 3-100 所示为秒表设计系统框图（参考），包括时钟分频模块、按键输入处理模块、主控模块、计时模块及显示处理模块五部分。

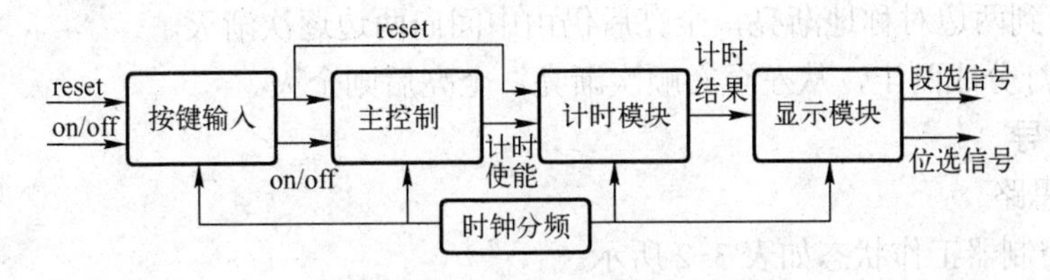

图 3-100　秒表设计系统框图

1）按键输入模块，用于对按键输入进行防抖处理，其输出信号为消抖后的 reset 复位信号和 on/off 开始/停止信号。

2）主控制模块，用于接收按键输入模块的按键信息，对计时模块进行使能控制。

3）计时模块，用于秒表计时。其输入信号包括：10Hz 的计数脉冲、异步复位信号和计时使能信号。输出信号为计时结果。

4）显示模块，用于控制数码管动态扫描，输出段选、位选信号给实验箱/开发板的数码管。

5）时钟分频模块，给各个模块提供工作时钟。在系统主时钟基础上进行分频：给按键输入模块提供防抖所需时钟信号；给主控制模块提供工作时钟；给计时模块提供 10Hz 计时脉冲；给显示模块提供动态扫描所需时钟。

（2）设计步骤

1）建立工程，首先在硬盘相关目录下建立文件夹 ex3-3，启动 QuartusII 软件，新建一个工程项目，工程名为“watch”。

2）新建 VHDL 文件，完成功能模块、顶层实体的编写。

3）保存并进行程序的编译。如果出现错误提示，需修改，直至编译成功。

4）新建波形文件，导入测试节点，进行功能仿真设置。

5）保存波形文件并运行仿真，记录、分析仿真结果。

6）配置引脚，下载到硬件中验证。

（3）硬件环境

设计可以在 FPGA 开发板上实现，选择和开发板上 FPGA 器件相对应的型号，连接按键，输出结果用七段数码管显示，根据开发板连接引脚配置引脚，下载验证并调试。

3.8.4　实践练习 4——多路彩灯控制器设计

1．实践练习目的

1）掌握分频器的设计方法。

2）掌握状态转化控制的设计方法。

3）掌握 EDA 技术的层次化设计方法。

4）学习 FPGA 芯片开发流程。

2．设计要求

（1）能控制 8 路彩灯按照两种节拍、三种花型循环变化

（2）两种节拍分别为 0.25s 和 0.5s

（3）变化花型

1）8 路彩灯从左至右按次序渐亮，全亮后逆次序渐灭。

2）从中间到两边对称地渐亮，全亮后仍由中间向两边逐次渐灭。

3）8 路彩灯分成两半，从左至右顺次渐亮，全亮后则全灭。

3．设计指导

（1）设计思路

8 路彩灯控制器工作状态如表 3-2 所示。

1）设计关键。

两种节拍的交替需要把 4Hz 的时钟脉冲二分频，得到一个 2Hz 的时钟脉冲，让这两种

时钟脉冲来交替控制花型循环即可。

2）顶层原理图：如图 3-101 所示。

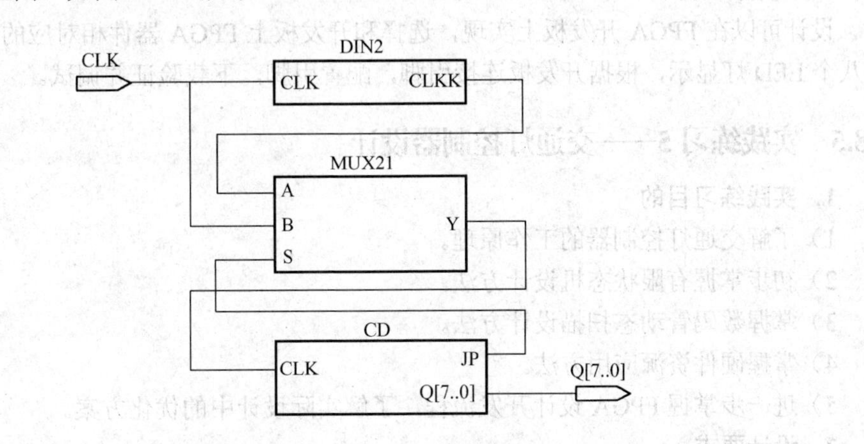

图 3-101　彩灯控制器顶层设计原理图

3）各模块功能。

DIV2：二分频模块，用于将 4Hz 的脉冲信号转换为 2Hz 的脉冲信号，二分频模块仿真波形图如图 3-102 所示。

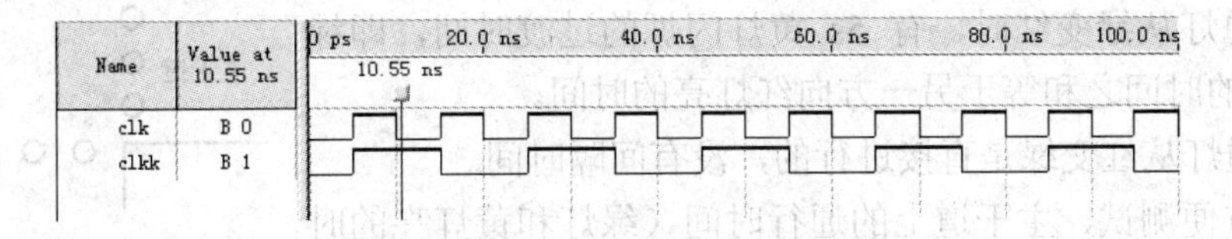

图 3-102　二分频模块仿真波形图

MUX21：二选一多路选择模块，用以实现两种节拍交替控制花型循环，二选一模块仿真波形图如图 3-103 所示。

CD：彩灯花型控制模块，用以对三种花型控制，仿真图样如图 3-13 所示。

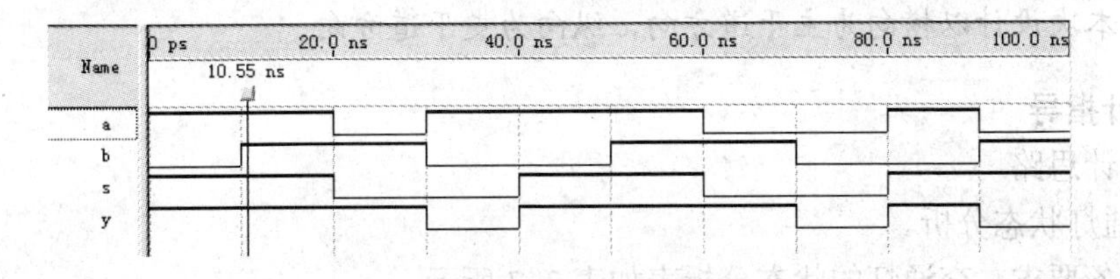

图 3-103　二选一模块仿真波形图

（2）设计步骤

1）建立工程，首先在硬盘相关目录下建立文件夹 ex3-4，启动 QuartusII 软件，新建一个工程项目，工程名为“cdkz”。

2）新建 VHDL 文件，完成功能模块、顶层实体的编写。

3）保存并进行程序的编译。如果出现错误提示，需修改，直至编译成功。

4）新建波形文件，导入测试节点，进行功能仿真设置。

5）保存波形文件并运行仿真，记录、分析仿真结果。

6）配置引脚，下载到硬件中验证。

（3）硬件环境

设计可以在 FPGA 开发板上实现，选择和开发板上 FPGA 器件相对应的型号，输出结果用八个 LED 灯显示，根据开发板连接引脚，配置引脚，下载验证并调试。

3.8.5 实践练习 5——交通灯控制器设计

1．实践练习目的

1）了解交通灯控制器的工作原理。

2）初步掌握有限状态机设计方法。

3）掌握数码管动态扫描设计方法。

4）掌握硬件资源应用方法。

5）进一步掌握 FPGA 设计开发流程，了解实际设计中的优化方案。

2．设计要求

交通灯位置示意图如图 3-104 所示，模拟十字路口交通信号灯主、支干道直行的工作过程，利用实验箱/开发板上的两组红、黄、绿 LED 灯作为交通信号灯，设计一个交通信号灯控制器。

具体要求如下：

1）交通灯从绿变红时，有 5s 黄灯闪烁的过渡时间，即绿灯和黄灯亮的时间之和等于另一方向红灯亮的时间。

2）交通灯从红变绿是直接进行的，没有间隔时间。

3）为方便测试，主干道上的通行时间（绿灯和黄灯亮的时间之和）为 30s，支干道的通行时间为 20s。

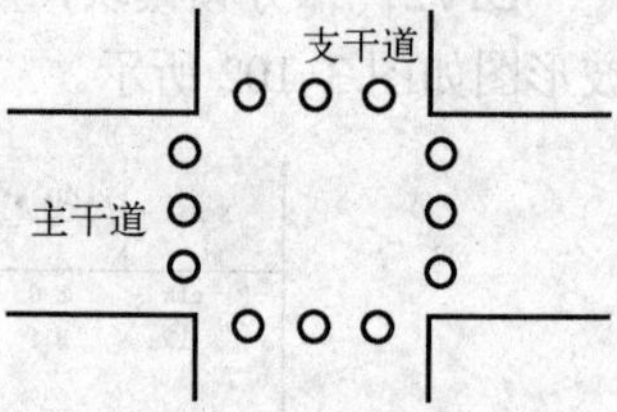

支干道

主干道

图 3-104 交通灯位置示意图

4）数码管用于显示主、支干道通行倒计时时间。

5）手动复位键（低电平作用有效）控制时，主、支干道红灯全亮。复位后，主干道绿灯先亮。

注意：本次设计以横向为主干道方向，纵向为支干道方向。

3．设计指导

（1）设计思路

1）交通灯状态分析。

根据任务要求，交通灯的状态分析表如表 3-7 所示。

表 3-7 交通灯的状态分析表

交通灯状态	主 干 道	支 干 道
1-紧急情况	红	红
2-主干道通行	绿 25s	红 30s
3-主干道通行	黄 5s	
4-支干道通行	红 20s	绿 15s
5-支干道通行		黄 5s

2）交通灯状态机控制方案。

图 3-105 所示为交通灯状态机流程图。

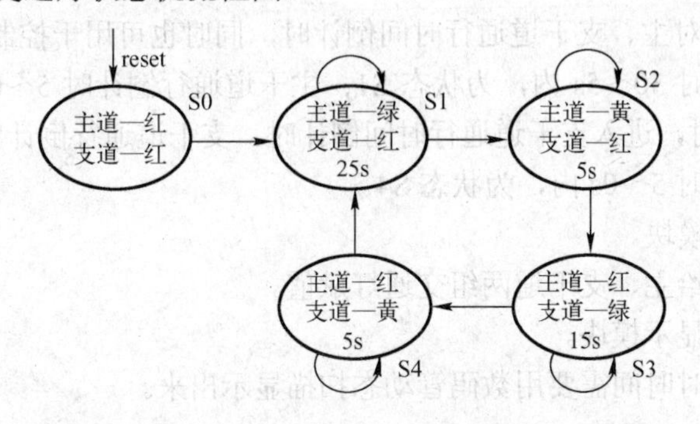

图 3-105　交通灯状态机流程图

S0 为紧急状态，复位键低电平有效，主、支干道均为红灯亮，反之则交通灯进行顺序循环变化，控制路口通行情况。

S1 状态：主干道情况：绿亮-黄灭-红灭，这里用“1”“0”表示亮灭，用 G1、Y1、R1 表示主干道交通灯，则情况为：G1-1、Y1-0、R1-0；支干道情况用 G2、Y2、R2 表示为：G2-0、Y2-0、R2-1。该状态持续 25s，进入 S2 状态。

S2 状态：主干道交通灯绿灯变为黄灯闪烁，具体情况为：G1-0、Y1-1、R1-0；支干道红灯依然保持，具体情况表示为：G2-0、Y2-0、R2-1。该状态持续 5s，进入 S3 状态。

S3 状态：主干道交通灯变为红灯亮，具体情况为：G1-0、Y1-0、R1-1；支干道红灯变为绿灯，具体情况表示为：G2-1、Y2-0、R2-0。该状态持续 15s，进入 S4 状态。

S4 状态：主干道交通灯红灯保持，具体情况为：G1-0、Y1-0、R1-1；支干道绿灯变为黄灯闪烁，具体情况表示为：G2-0、Y2-1、R2-0。该状态持续 5s，进入 S1 状态。

3）基本方案。

本项目设计采用模块化层次设计，分为分频模块、倒计时状态控制模块、信号灯显示模块、数码管扫描显示模块。整个设计采用多个进程方式编写，也可用其他形式。交通灯控制器顶层设计参考框图如图 3-106 所示。（注：并不表示仅为 4 个 process）

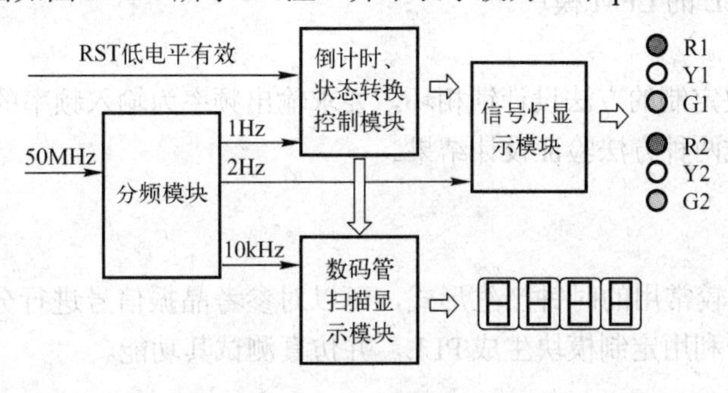

图 3-106　交通灯控制器顶层设计（参考）框图

其中：

（a）分频模块。

本次项目所用开发板晶振为 50MHz，需要进行分频以提供倒计时所需 1Hz 信号、黄灯闪烁用 2Hz 信号、数码管扫描所用 10kHz 时钟脉冲。

（b）倒计时状态控制模块。

倒计时模块用于对主、支干道通行时间倒计时，同时也可用于控制交通灯状态转换。例如：主干道通行倒计时 30～5s 内，为状态 S1；主干道通行倒计时 5～0s 内，为状态 S2；当主干道倒计时为 0s 时，进入支干道通行时间倒计时，支干道通行倒计时 20～5s 内，为状态 S3；支干道通行倒计时 5～0s 内，为状态 S4。

（c）信号灯显示模块。

对应不同状态，给主、支干道两组交通灯赋值。

（d）数码管扫描显示模块。

倒计时模块的计时时间需要用数码管动态扫描显示出来。

（2）设计步骤

1）建立工程，首先在硬盘相关目录下建立文件夹 ex3-5，启动 QuartusII 软件，新建一个工程项目，工程名为“traffic_leds”。

2）新建 VHDL 文件，完成功能模块、顶层实体的编写。

3）保存并进行程序的编译。如果出现错误提示，需修改，直至编译成功。

4）新建波形文件，导入测试节点，进行功能仿真设置。

5）保存波形文件并运行仿真，记录、分析仿真结果。

6）配置引脚，下载到硬件中验证。

（3）硬件环境

设计可以在 FPGA 开发板上实现，选择和开发板上 FPGA 器件相对应的型号，连接交通灯模块电路板，根据开发板连接引脚，配置引脚，下载验证并调试。

3.8.6 实践练习 6——锁相环应用设计

1．实践练习目的

1）了解锁相环的工作原理。

2）初步掌握锁相环 IP 核的定制方法。

3）学会调用 PLL 的 LPM 模块。

2．设计要求

采用宏功能模块定制的方法设计锁相环，要求输出频率为输入频率的两倍和 3/2 倍。用软件仿真和硬件测试两种方法验证设计结果。

3．设计指导

（1）设计思路

锁相环 PLL 是较常用的时钟产生形式，可以对参考晶振信号进行分频、倍频、占空比调整和相位调整等。利用定制模块生成 PLL，并仿真测试其功能。

（2）设计步骤

1）建立工程，首先在硬盘相关目录下建立文件夹 ex3-6，启动 QuartusII 软件，新建一个工程项目，工程名为“pll_test”。

2）新建 VHDL 文件，完成功能模块、顶层实体的编写。

生成 PLL 模块过程：

（a）选择 ALTPLL 宏功能模块。

在“TOOLS”菜单中选择“Mega Wizard Plug-in Manager”，在弹出的菜单中选择“create a new custom…”，选择定制 PLL 模块。选择 ALTPLL 宏功能模块如图 3-107 所示。

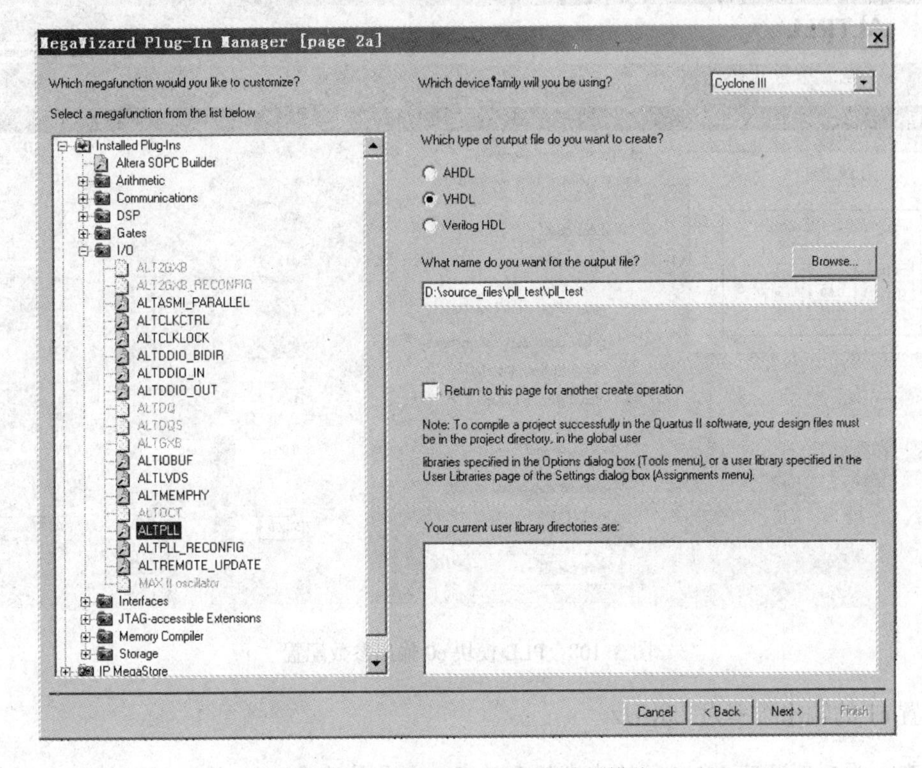

图 3-107　选择 ALTPLL 宏功能模块

（b）设置时钟源、PLL 类型及工作模式。

这里将参考时钟频率设置为 50MHz。该 PLL 的工作模式设置为标准模式。Cyclone PLL 支持三种模式：标准、零延迟缓冲和无补偿。这三种模式都允许倍频、分频、相位偏移和可编程占空比。

（c）设置可选输入、输出。

在 PLL 定制向导的第 4 页可以设置相关信号。Cyclone PLL 有 4 个信号：pllena、areset、prdena 和 locked。

pllena 用于启动 PLL，是高电平有效信号，即 pllena 变为高电平时，PLL 重新锁定并重新同步输入时钟。

areset 为 PLL 复位端，是高电平有效信号。

pfdena 信号用可编程开关控制着 PLL 中 PFD 的输出。当 PLL 失锁或输入时钟禁止时，系统会继续以最后锁定输出频率运行。

locked 为输出信号。当 locked 信号高电平时表明 PLL 时钟输出和 PLL 参考输入时钟稳定同相。

本次实践练习上述信号均不选用。

（d）设置 c0、c1 输出参数。

PLL 模块 c0 输出参数配置如图 3-108 所示，设置 PLL 模块 c0 输出的参数，包括 ratio 比值、相移量及占空比等。本次练习倍频因子为 2，相移量为 0，占空比为 50%。

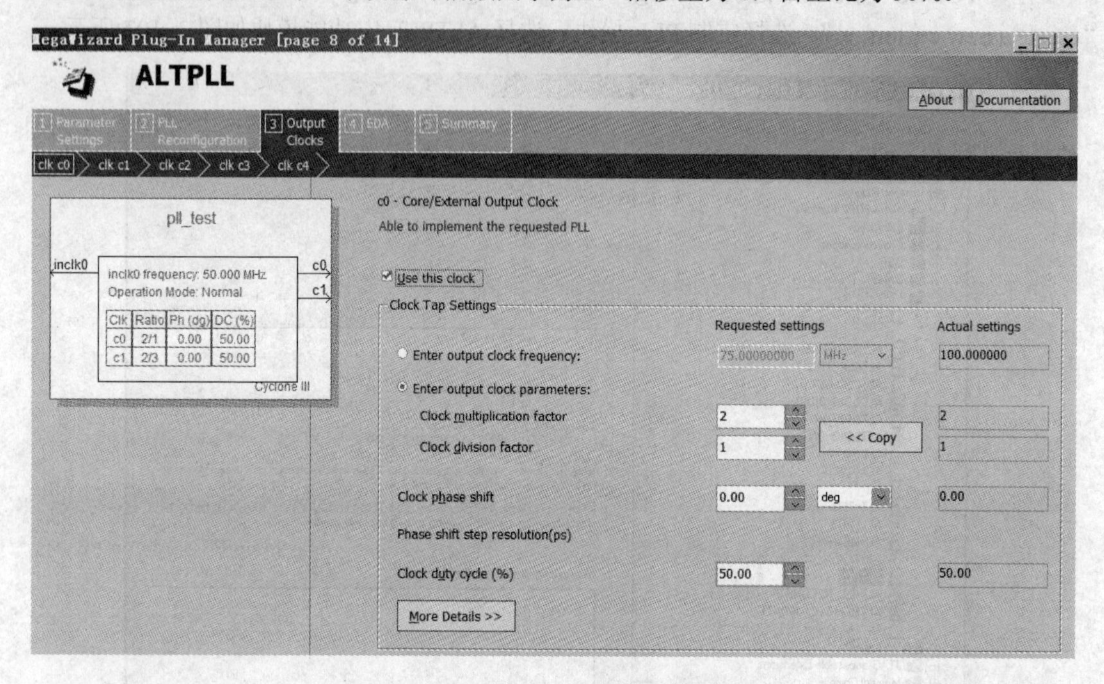

图 3-108　PLL 模块 c0 输出参数配置

设置 c1 的输出频率为 75MHz。

注意：前面设置了 50MHz 的基准频率并不一定是最终向 PLL 输入的时钟。PLL 是通过比例值来对输入频率进行综合的。本次练习中 c0 的 ratio=2，即输出频率为输入频率的两倍，c1 的频率为 75MHz，最终输出频率为输入频率的 3/2 倍。

e）完成设置后生成 PLL 模块文件。

仿真 PLL 模块过程：

调用定制好的 PLL 模块到顶层实体中：

```
LIBRARY IEEE;
USE IEEE.STD_LOGIC_1164.ALL;
ENTITY pll IS
PORT(
    clk0:IN STD_LOGIC;
    f0:OUT STD_LOGIC;
    f1:OUT STD_LOGIC);
END pll;

ARCHITECTURE one OF pll IS
COMPONENT pll_test IS
PORT(
```

```
        inclk0      : IN STD_LOGIC    := '0';
         c0         : OUT STD_LOGIC ;
            c1      : OUT STD_LOGIC);
    END COMPONENT pll_test;
    BEGIN
    u1:pll_test PORT MAP(inclk0=>clk0,c0=>f0,c1=>f1);
    END one;
```

设计仿真文件进行仿真，得到图 3-109 所示的仿真波形图。f0 的频率为 clk0 的两倍，f1 的频率为 clk0 的 3/2 倍。

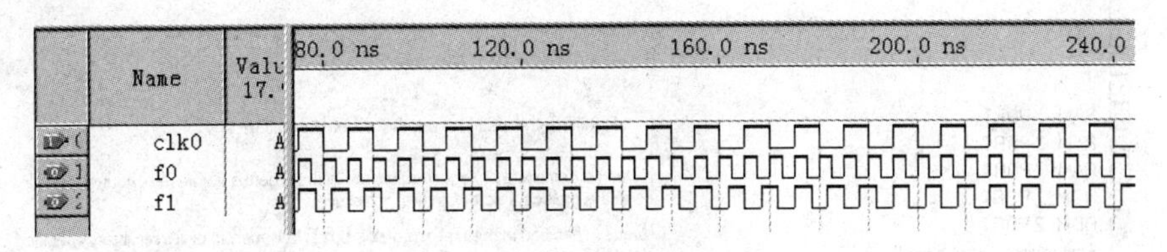

图 3-109　PLL 仿真波形图

3）实测 PLL 模块。

将相应引脚进行绑定并进行编译 PLL 设计，下载到 FPGA 中用频率计测试验证输出频率。

3.8.7　实践练习 7——RAM 应用设计

1．实践练习目的

1）了解 RAM 的工作原理。

2）初步掌握 RAM 宏功能单元的定制方法。

3）学会调用 RAM 的 LPM 模块。

2．设计要求

RAM 用于存储数据，可以读取或写入数据，适合用于实时的数据缓存。RAM 具有数据输入端、读写使能端、地址输入端、数据输出端及时钟端。

采用宏功能模块定制的方法设计 RAM，要求数据输入位宽 8bits，存储容量为 32B。用软件仿真验证设计结果。

3．设计指导

利用宏功能单元模块定制方法，在 FPGA 中可实现单端口 RAM、双端口 RAM、多端口 RAM、ROM 及 FIFO 等存储单元，读者可以根据需要进行选择定制。本次练习设计单端口 RAM，即 1 个端口进行读或写的操作。

（1）生成 RAM

1）新建工程。

2）在“TOOLS”菜单中，选择“Mega Wizard Plug-in Manager”，在弹出的菜单中选择“create a new custom megafunction variation”，在“Memory Complier”项中选择定制 RAM:1-PORT 模块。选择定制单口 RAM 如图 3-110 所示，指定输出文件的语言类型、名称和使用的器件类型，单击“Next”按钮。

3）设置数据宽度和容量。

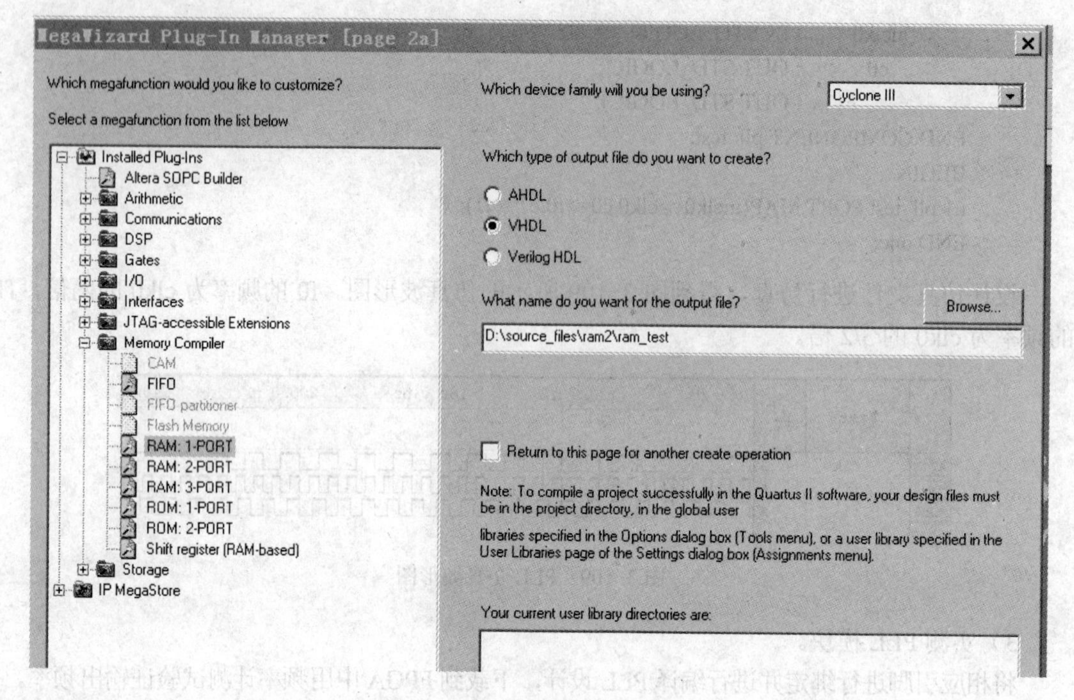

图 3-110　选择定制单口 RAM

本次练习数据宽度为 8bits，数据容量为 32words，其他均为默认设置。

4）设置端口寄存器、使能信号和清零信号。

本次练习均为默认设置。

5）设置单端口读写选择方式。

由于针对同一物理块 RAM 进行读写，在同一个时钟沿可能发生读写冲突。要求用户选择希望读出的输出值为该次写操作前的旧值 old data 还是新值 new data。如果选择旧值，则读操作将立即在本次时钟沿完成，读出旧值，写操作将在紧跟其后的时钟沿完成，把新值写入 RAM，避免同一时钟的读写冲突。

本次练习选择为 old data，即在写入同时读出原数据。

6）设置 RAM 初始化值。

可以选择.mif 文件或.HEX 文件对 RAM 进行初始化。

本次练习选择初始化为空。

7）生成 RAM 模块文件。

设置完相关参量，选择生成 RAM 模块文件。

（2）调用 RAM 模块

调用 RAM 模块如图 3-111 所示，顶层原理图文件中调用定制好的 RAM 模块，添加输入及输出端口。

（3）仿真 RAM 模块

图 3-112 所示为 RAM 模块仿真波形图。读写使能 wren 为高电平时写允许，低电平时读允许。在仿真图样中，读允许时，读出的是之前写入的数据。

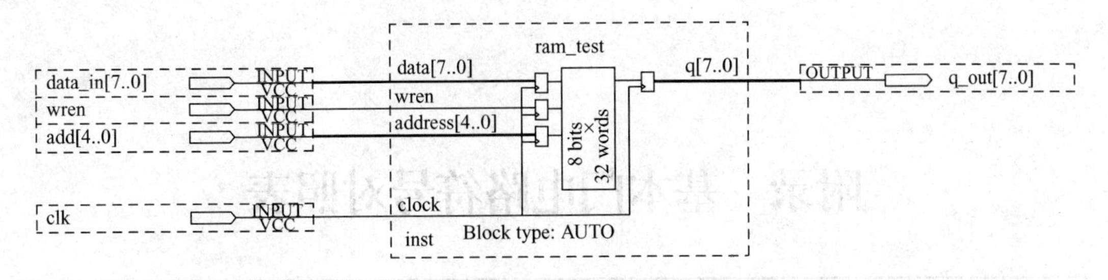

图 3-111　调用 RAM 模块

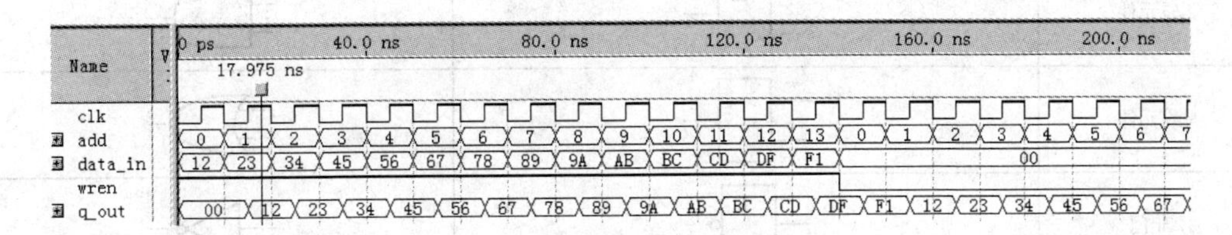

图 3-112　RAM 仿真波形图

附录　基本门电路符号对照表

名　称	国 标 符 号	国外流行符号
与元件	&	
或元件	≥1	
非门	1	
与非门 有非输出的与门	1 2 13 ≥1 12	
或非门 有非输出的或门	3 4 5 =1 6	
异或元件	=1	
同或门	=1	

参 考 文 献

[1] 潘松，黄继业．EDA 技术实用教程[M]．北京：科学出版社，2005．

[2] 焦素敏．EDA 应用技术[M]．北京：清华大学出版社，2005．

[3] 于润伟．数字系统设计与 EDA 技术[M]．北京：机械工业出版社，2006．

[4] 李洪伟，袁斯华．基于 Quartus II 的 FPGA/CPLD 设计[M]．北京：电子工业出版社，2006．

[5] 张庆玲，杨勇．FPGA 原理与实践[M]．北京：北京航空航天大学出版社，2006．

[6] 黄仁欣．EDA 技术实用教程[M]．北京：清华大学出版社，2006．

[7] 王开军，姜宇柏．面向 CPLD/FPGA 的 VHDL 设计[M]．北京：机械工业出版社，2007．

[8] 朱运利．EDA 技术应用[M]．2 版．北京：电子工业出版社，2007．

[9] 周润景，图雅，张丽敏．基于 Quartus II 的 FPGA/CPLD 数字系统设计实例[M]．北京：电子工业出版社，2007．

[10] 华清远见嵌入式培训中心．FPGA 应用开发入门与典型实例[M]．北京：人民邮电出版社，2008．

[11] 于润伟．EDA 基础与应用[M]．北京：机械工业出版社，2010．

[12] 王芳．CPLD/FPGA 技术应用[M]．北京：电子工业出版社，2011．

[13] 张永生．电子设计自动化[M]．2 版．北京：中国电力出版社，2011．

[14] 朱娜．EDA 技术实用教程[M]．北京：人民邮电出版社，2012．

[15] 龚江涛，唐亚平．EDA 技术应用[M]．北京：高等教育出版社，2012．

[16] 范文兵．数字电路与逻辑设计[M]．北京：清华大学出版社，2014．

精品教材推荐

CPLD/FPGA 应用项目教程

书号：ISBN 978-7-111-50701-7

定价：36.00 元　作者：张智慧

推荐简言：

☆ 9 个典型任务实施，逐步掌握硬件描述语言和可编程逻辑器件基本设计方法

☆ 结合硬件进行代码调试，全面理解 CPLD/FPGA 器件的开发设计流程

☆ 多个实践训练题目，在“做中学、学中做”中培养 EDA 核心职业能力

太阳能光伏组件制造技术

书号：ISBN 978-7-111-50688-1

定价：29.90 元　作者：詹新生

推荐简言：

☆江苏省示范性高职院校建设成果

☆校企合作共同编写，与企业生产对接，实用性强以实际太阳能光伏组件生产为主线编写，可操作性强

☆采用“项目-任务”的模式组织教学内容，体现“任务引领”的职业教育教学特色

西门子 S7-300 PLC 基础与应用 第 2 版

书号：ISBN 978-7-111-50675-1

定价：36.00 元　作者：吴丽

推荐简言：

☆语言简捷、通俗易懂、内容丰富

☆实用性强、理论联系实际，

☆每章有相关技能训练任务，

☆突出实践技能和应用能力的培养

电工电子技术基础与应用

书号：ISBN 978-7-111-50599-0

定价：46.00 元　作者：牛百齐

推荐简言：

☆内容编写条理、理论分析简明，通俗易懂，方便教学。

☆注重技能训练，突出知识应用，结构完整，选择性强。

☆简化了复杂理论推导,融入新技术、新工艺

S7-300 PLC、变频器与触摸屏综合应用教程

书号：ISBN 978-7-111-50552-5

定价：39.90 元　作者：侍寿永

推荐简言：

以工业典型应用为主线，按教学做一体化原则编写。通过实例讲解，通俗易懂，且项目易于操作和实现。知识点层层递进，融会贯通，便于教学和读者自学。图文并茂，强调实用，注重入门和应用能力的培养。

电力电子技术　第 2 版

书号：ISBN 978-7-111-29255-5

定价：26.00 元　作者：周渊深

获奖情况：普通高等教育“十一五”国家级规划教材

推荐简言：本书内容全面，涵盖了理论教学、实践教学等多个教学环节。实践性强，提供了典型电路的仿真和实验波形。体系新颖，提供了与理论分析相对应的仿真实验和实物实验波形，有利于加强学生的感性认识。

精品教材推荐